U0246186

机器人和人工智能伦理丛书

社交机器人
界限、潜力和挑战

Social Robots
Boundaries, Potential, Challenges

Marco Nørskov

[丹麦] 马尔科·内斯科乌————编

柳帅 张英飒————译

北京大学出版社
PEKING UNIVERSITY PRESS

著作权合同登记号 图字：01-2020-5567

图书在版编目（CIP）数据

社交机器人：界限、潜力和挑战 /（丹麦）马尔科·内斯科乌编；柳帅，张英飒译. —北京：北京大学出版社，2021.11
（机器人和人工智能伦理丛书）
ISBN 978-7-301-32651-0

Ⅰ.①社… Ⅱ.①马… ②柳… ③张… Ⅲ.①智能机器人—研究 Ⅳ.① TP242.6

中国版本图书馆 CIP 数据核字（2021）第 207102 号

书　　　名	社交机器人：界限、潜力和挑战
	SHEJIAO JIQIREN: JIEXIAN QIANLI HE TIAOZHAN
著作责任者	[丹麦] 马尔科·内斯科乌（Marco Nørskov）编　柳　帅　张英飒 译
责 任 编 辑	延城城
标 准 书 号	ISBN 978-7-301-32651-0
出 版 发 行	北京大学出版社
地　　　址	北京市海淀区成府路 205 号　100871
网　　　址	http://www.pup.cn　新浪微博 @ 北京大学出版社
电 子 邮 箱	编辑部 wsz@pup.cn　总编室 zpup@pup.cn
电　　　话	邮购部 010-62752015　发行部 010-62750672
	编辑部 010-62752022
印 刷 者	三河市北燕印装有限公司
经 销 者	新华书店
	965 毫米 × 1300 毫米　16 开本　23.75 印张　273 千字
	2021 年 11 月第 1 版　2023 年 12 月第 2 次印刷
定　　　价	79.00 元

目录 CONTENTS

编者序言

通过探索社交机器人学（social robotics）的潜力，我们正在尽可 能地拉伸社会交往空间的可塑性和界限。在当今这个时代，我们经常默认社会交往空间仅仅属于人类以及人际交往关系。然而机器人作为全新交往"伙伴"——不管是作为人类伙伴的替代还是补充——的出现，都在挑战着我们在各个层面上对自身作为个体和共同体成员的自我理解。对最近这一趋势的一个很有代表性的标志，是谢里·特克尔（Sherry Turkle）创造的术语——"机器人时刻"（robotic moment）：

> 我发现，人类逐渐开始不再仅仅把机器人看作宠物，而是也严肃地把它们看成潜在的朋友、知己甚至爱侣。我们似乎并不关心这些人工智能是否真的"知道"或"理解"我们与其"分享"的人类时刻。在机器人时刻下，它们只要表现出一种紧密的联系似乎就足够了。（Turkle 2012，p. 9）

然而这还不是事情的全部，因为社交机器人带来的交往体验感受虽然有所欠缺，但可能比一些人际交往的体验感受还要更好（参考上文）。

社交机器人：界限、潜力和挑战
Social Robots: Boundaries, Potential, Challenges

这本文集的目标，就是在这些科技发展及其前景的大背景下，探索我们与这种全新类型的社交伙伴之间的相遇所涉及的界限、潜力和挑战。

这本文集里面的文章是一系列彼此交织、相互结合的社交机器人学研究。我们从哲学的视点出发，但是由于社交机器人学本身是一个真正意义的交叉学科，书中一些章节也会涉及社会学和美学这些不同学科的各种思路。无须多言的是，这些研究绝对不能涵盖机器人学的全部内容。就像我在第六章中说的那样，"机器人"这个术语本身就是很模糊的，我们用它来指称很多类在本质上完全不同的机器——比如扫地机器人、遥控无人机、科幻机器人等等。"社交机器人学"这个词因此同样是模糊的，而非仅仅涵盖了人形机器人（humanoid robots）。文集中的大多数文章都把与人类外观非常相似的机器人作为研究重点，但其中一些章节也会讨论其他的一些机器人应用和交互语境，例如宠物机器人、增强社交机器人科技（augmented social robotic technology）、非本地化的机器人系统（non-localizable robotic system）等等。本书中所有文章的目标，都是为人机交互（human-robot interaction，HRI）的其中一些方面提供洞见和透彻的理解。社交机器人学的研究和发展要想在社交语境下导向可持续和负责任的机器人应用，就必须深入理解我们这里提到的这些问题。

xvi   由于这些技术具有潜在的风险和后果，大多数相关的哲学文献都自然而然地聚焦在伦理学问题上。尽管这本文集中很多章节也都处理了伦理道德问题，但我们这里提及的课题和问题的涵盖范围比这更广。"机器人 – 哲学"（robo-philosophy）这个可能最早由约翰娜·赛布特（参考 Johanna Seibt 2014）定义的标签似乎更为合适，因为这本文集涉及很多与哲学有关的思路流派；我们的目的是通过这本文集来开启更多激发理论和实践进展的讨论，而不是仅仅把现有的哲学理论单纯应用到机器人这一现象上。

社交机器人学的诞生，以及它在未来的发展导向，都会对所有学术领域带来挑战。而由于这门学科不断地将技术和想象力推至极限，因此很多对它的短期和长期应用，以及这些应用的语境都只是概念性的。当然这并不意味着它们是不相关的内容。恰恰相反，我们必须不断地去思考这些带来潜在风险的技术的界限、潜力和挑战，并以此来勤勉地保障所有利益相关方都能繁荣发展；这些利益相关方既包括个体，也包括公司和机构，甚至包括社会和人类整体。

这本文集涉及的课题包括社会政治问题、社会感知（social perception）、社会认知（social cognition）和社会认同（social recognition），以及如何在社交机器人学的领域内开展研究和前进方向的问题。这些章节以各种各样的方式相互关联，尽管如此，我希望读者觉得下文中的划分和综述对理解这些章节之间的关系有所帮助。[1]

第一部分：界限

考虑到机器人学领域的现状和短期前景，本书第一部分将会讨论人机交互的界限。更具体地说，第一部分会探究一些细节和概念

---

1 下文综述部分的文献引用只会包括那些把这些章节串联在一起的文献，因为与各个章节内容相关的文献引用信息都会列在每章的结尾。

层面的问题，例如真正意义上的社会交往所需要的认知能力，以及人类对社交机器人产生共情的现象。除此之外，我们还会讨论机器人能否成为道德施动者（moral agent），并探索机器人学在亲密关系中受到的限制。

机器人想要以和其他社会成员一样的身份全面进入我们的社交空间，至少要满足一些特定的最低要求。在第一章"论理解在人机交互中的重要性"中，朱莉娅·卡尼夫卡（Julia Knifka）就探索了哪些认知能力是必要的。通过援引阿尔弗雷德·舒茨（Alfred Schütz）的社会现象学研究，她考察了机器人是如何理解人类交往伙伴的肢体动作和行为的。她具体论证道，机器人不仅需要观察人类的行为并能模仿特定的社交线索；要想成为可以被我们理解的社交伴侣，机器人除了能恰当应对我们的行为之外，还必须同时具有理解、诠释信息以及相关场景语境的能力。她得出的结论是，除非机器人能够拥有我们人类的视角，从而在对他人动机的理解基础上参与共同行为（joint action），否则它们不可能进行真正的社会交往。

在第二章"与社交机器人共情：对'情绪的想象性知觉'的新探讨"中，乔希·雷德斯通（Josh Redstone）考察了卡特琳·米塞尔霍恩（Catrin Misselhorn）的"与无生命对象共情"这一观念，后者认为这一观念是我们的想象力和知觉之间某种交互作用的结果。雷德斯通指出了"想象力"这个概念的语义模糊性，并论证了我们最好把这里的共情理解为某种知觉幻象（perceptual illusion）。这篇文章不是要拒绝米塞尔霍恩的理论，而更像是对它的建构性改进。雷德斯通在自己之前研究的基础上，修改了米塞尔霍恩的理论框架，并将其运用到了森政弘（Masahiro Mori）的恐怖谷假设（Uncanny Valley hypothesis）上。

xvii

米塞尔霍恩自己是把恐怖感和共情失败（failure of empathy）联系在一起的，但雷德斯通认为在调整后的框架中，我们在面对高度拟真的机器人时体验到的恐怖感其实不是共情失败，而是共情持续（persistence of empathy）。这一章的结尾讨论了共情在米塞尔霍恩框架和作者自己的框架中的各自位置。既然机器人不具有真实的人类情感，那么人类对机器人的幻觉性和想象性的共情也就不是真正的共情。

假如机器人真的闯入了我们的社交空间并担负起人类过去担负的某些角色，那么我们就必须澄清机器人在这些新兴交互关系中的道德地位。拉法埃莱·罗多诺（Raffaele Rodogno）在第三章"机器人与道德界限"中批判性地讨论了社交机器人成为道德施动者和道德受动者（moral patient）的可能性。尽管大卫·贡克尔（David Gunkel）和马克·科克博格（Mark Coeckelbergh）持有反对意见，但作者的结论是，机器人在具备特定属性之前仍然不是道德考量的合适对象。作者论证道，由于机器人缺乏人类可辨认的利益诉求，我们没办法理性地解释它们道德考量的客观基础。然而在另一方面，罗多诺却没有排除"机器人是利益诉求的客体"（即机器人是派生的道德受动者）的可能性。至于在道德施动性这一点上，罗多诺采纳了某种形式的道德情感主义，并认为对特定情感的感受能力是获得核心道德知识的必要条件。这也意味着，只要机器人还不能体验到情感，它们就不是真正意义的道德施动者。简单来说，罗多诺的观点是，道德施动性和道德受动性（moral agency and patiency）这两个概念的结构和范围都受到了人类生理及其文化维度的制约。

人类的私密领域，尤其在涉及社交机器人学关注的应用场景和市场时，并不总是一成不变的。查尔斯·埃斯（Charles M. Ess）在第四

章"这和爱有什么关系？"中，通过研究人机之间的性关系去探索人机交互的极限在哪里。作者认为，尽管与机器人发生性关系并非不可设想，但机器人仍然没有能力作为真正意义的性爱伴侣与我们人类交往，因此也就无法实现莎拉·鲁迪克（Sara Ruddick）所谓的"完整性爱"（complete sex）。由于缺乏完整的自主性、真实的情感以及其他特质，机器人无法实现充分的亲密关系，因为这种关系依赖那些人类内在特征的双向性（mutuality）——尤其是欲求（desire）这种情绪的双向性。换句话说，完整性爱的特征是双方"欲求着被欲求"（desire to be desired），而社交机器人没有欲求的能力，因此人与机器人之间不可能实现双向欲求。埃斯同时还指出，用性爱机器人来将就凑合是有潜在的负面风险的，因为完整性爱实现和滋养了很多重要的人类美德，例如爱与尊重。即使机器人作为性爱伴侣在某些场景下或许完全合法，但埃斯仍然认为，在缺乏完整性爱的条件下，机器人不能激发和促进这些美德的形成，而这些美德对深厚的友谊关系和完整性爱都是必要的。如果我们把与机器人的性关系和我们在人际亲密关系中能达到的潜能混淆起来，这可能会导致我们无法作为朋友和爱人去实现有美德的幸福生活。

第二部分：潜力

即使面对着诸多界限与挑战，社交机器人领域仍然为跨学科研究和提高终端用户——"人机交互"中"人"的一端——的生活质量贡献了巨大的可能性。这本文集的第二部分会展示社交机器人的潜力以及这些潜力得以发挥的先决条件。在实践操作层面，我们将探索一种用来保证社交机器人能够以可持续、负责任的方式发展自己潜能的工具。我们会讨论一种受人机交互驱动的、自我实现的可能性，并在这之后指出，对去人类化（dehumanization）过程的研究将为恐怖谷现象——一种对用户体验造成了严重限制的现象——提供新的解读思路。最后，我们还将展示机器人表现与美学的结合如何向我们解释了人类本性的核心要素。

机器人技术早已被广泛应用于从战争到医护的各种关键任务（mission-critical）之中了。然而在第十二章（第三部分）中，我们会看到，风险相对较低的日常机器人应用同样会对我们产生深刻的影响。在第五章"机器人学与人工智能研究中的伦理委员会"中，约翰·沙林斯（John P. Sullins）分别从短期和长期技术前景这两方面，讨论了设立功能性的伦理委员会的必要性。在我们面临有可能引起混乱的技术时，这种委员会将有效地保障一种负责的、可持续的研究和发展。沙林斯认为，与那些声称"科技发展的现状还不需要这些监管机构"的言论恰恰相反，设立这类机构已经是非常紧迫的事情了。他很有建设性地列出了在个人和组织层面开展伦理审查的利与弊。沙林斯提出，为了保证伦理委员会的效率与可操作性，它们应该满足这样一种核心要求：我们应该对研究人员、程序员和工程师开展充分的伦理教育，以保证个体、社会和工业界把共生共荣看作一致目标。

我们对感觉、信念和欲望的归属问题，和我们对社交机器人的概念化（conceptualization）和理解方式是紧密相连的。第六章"人机交互的技术风险与潜力"将讨论我们对机器人的概念化这一根本问题。

xix

马尔科·内斯科乌（Marco Nørskov）将大卫·沙纳（David Shaner）提出的佛教中三重身心觉性（bodymind awareness）的理念应用到了人机交互的案例中。他指出，对机器人进行概念化背后的认识论机制本身就是一种人类的创造。沙纳借此强调了概念化过程背后的道德意涵。他借助这种受佛教启发的思想和海德格尔技术哲学进行了对话和比较，并因此试着辨析社交机器人带来的技术危机和潜力。内斯科乌进一步考察了一种人机交互模式的可能性，这种交互模式不能被还原为单纯的"储备资源"（standing reserve）；他随后讨论了一种受到人机交互驱动的、能够滋养人类自我实现的实践的可能性。

　　第七章的主题是恐怖谷假设，我们在前面的章节中也提到过这个话题。这个假说最早是森政弘教授在 1970 年发表的。他在那篇论文中认为机器人学研究不应该把机器人设计得太像人类，因为这种机器可能会在终端用户心中引发一种恐怖或怪异的感觉。阿德里亚诺·安杰卢奇（Adriano Angelucci）、皮耶路易吉·格拉齐亚尼（Pierluigi Graziani）和玛丽亚·格拉齐亚·罗西（Maria Grazia Rossi）在第七章的论文中也采用了和森政弘一样的标题——"恐怖谷"。考虑到恐怖谷现象对用户体验施加的严峻挑战，三位作者批判性地考察了机器人学和计算机图像学克服这一现象的技术尝试。如果机器人和图像动画达不到足够的逼真度，它们就会掉入恐怖谷之中而无法在人类交互伙伴心中引发共情的感受。如果这些机器人想要在人机交互中扮演社会成员（social actor）的角色，那么恐怖谷现象会为它们施加很严重的局限。虽然在此之前的研究主要关注的都是这种恐怖感的原因，但第七章的三位作者认为存在着另一个尚未被深入研究的领域：在人机交互语境下这种"恐怖感"的本质。这些作者强调了这一问题的哲学性质。他们进一步提议，所有"不愿意把落入恐怖谷的形象看作人类"的抗拒心理，都和认同（recognition）的问题相关。正是在这一语境下，这些作者在结论部分提出了一种新假说——我们对机器人的厌恶（disgust）感是和去人类化的过程关联在一起的。他们预言，对去人类化过程的仔细考察将会帮助我们对恐怖谷现象达成更全面的理解。

考虑到人际社交的复杂性（参考第一部分），我们往往用遥控机器人而不是全自动机器人来弥补相关技术的不足（参考 Ishiguro and Nishio 2007，p. 135）。也正是出于这个原因，遥控机器人在人机交互研究和其他应用领域中焕发了活力，并以各种创新的方式被利用起来。其中一个应用场景就是艺术——比如机器人作为"演员"登场表演话剧。冈希尔德·伯格格林（Gunhild Borggreen）在第八章"舞台上的谎言"中就向我们展示了机器人艺术和美学怎样反哺和启发了机器人学的研究。她的分析主要建立在平田奥里扎（Oriza Hirata）和石黑浩（Hiroshi Ishiguro）联合执导、由两个人形机器人联合主演的戏剧作品《工作的我》（*I, Worker*）的基础上。但伯格格林同时也讨论了《绿野仙踪》（*Wizard of Oz*）这部剧，以及它作为一种类似戏剧的、在实验室内开展的人机交互测试设定的概念。伯格格林在文章中专注于"骗局"（lies）这个概念——首先是《工作的我》的机器人演员表演的骗局，其次是《绿野仙踪》中的机器人对实验被试人的骗局（被试人对机器人的内部运作机制一无所知）——并讨论了美学如何揭示出"人之为人"相关的根本问题。在援引了约翰·奥斯丁（J. L. Austin）理论的基础上，伯格格林论证道，我们认为拥有了人类能力的机器人，其实都是按照人际交往范式去行动的"寄生虫"

xx

（parasite）——它们的假装（pretense）摧毁了我们现有的人际交往惯例（inter-human praxe）。伯格格林在最后的分析中指出，表现性理论（theory of performativity）和美学都可以有效地揭示，当我们通过特定规范习俗去回应世界的时候，在多大程度上是被社会"编程"了的，以及这种编程如何建立能动性（agency）。

第三部分：挑战

当我们要把社交机器人系统整合进社会之中的时候，这些机器人在本体论地位、社会地位、伦理地位上的模糊性就对我们的现有机构、自我理解和生活方式构成根本性的挑战。这本文集的第三部分会考察这些挑战。更具体地说，这些文章会考察我们在机器人的社会地位不明的情况下是如何对人机交互进行实证分析的。我们会讨论非本地化的机器人系统带来的伦理和法律问题，以及和性别机器人相关的一系列问题。在这之后，我们还会展示机器人系统对我们的意愿和行为施加的限制，以及它们对我们人类自主性和主体性的影响。

"社交成员意味着什么？人之为人又意味着什么？"社交机器人学正在实证和概念的双重意义上质疑我们对这些问题的那些制度性和功能性的理解。松崎泰宪（Hironori Matsuzaki）在第九章"机器人、人类、社交世界的边界"中审视了社交机器人对我们关于人机交互的理解造成的挑战，尤其是我们对社会性，以及如何从事批判性的实地研究的理解。在观察到"人类"（human being）这个概念在文化和历史上都并不稳定，以及论证了"人类"和"社会成员"的外延未必等同之后，松崎泰宪提议，我们应该用分析人际交互的方式来分析人机交互的社交层面。在社会学基本预设的基础上，这样做的结果就是松崎泰宪发展的一个研究人机交互的新框架，其目标是悬置那些潜在的人类学偏见。他提出的三元框架（triadic framework）为我们提供了一个概念工具，让我们可以对机器人交互以及它们在边界案例——比如那些机器人的地位对它的人类交往伙伴来说暧昧不清的案例——中的能动性进行实证分析。

机器人的行为应该归责给谁？制造商，用户，机器人自己，还是别人？无论如何回答这个问题，只要还能指出这么一个人或者一个东西，我们的法律和伦理框架就还有讨论这个问题的具体视点。然而如果机器人根本没有可识别的物理身体，那么这个问题会变得尤其复杂。马修·格拉登（Matthew E. Gladden）在第十章"分布式的智能他者"中接受了这个挑战。他在非本地化机器人的**自主性**（autonomy）、**意愿性**（volitionality）和**可本地化**（localizability）的基础上，发展了一套机器人作为道德和法律行动者的本体论框架。在这个全新本体论框架的基础上，格拉登讨论了机器人的行为在传统语境下的法律和道德责任问题，例如实用工具和群网络（swarm network），以及非本地化机器人的那些现在还没有被严格探讨的问题。作为**环境魔法**（ambient magic）的机器人、作为**分布式动物他者**（diffuse animal other）的机器人、作为**受爱戴的立法者和道德灯塔**的机器人是格拉登在文章里考虑的非本地化机器人的其中一些类型。最后，他还讨论了我们现有的伦理和法律理论如何应用和解释这些全新类型的实体。

社交机器人被有意设计成能够触发我们把周遭事物人格化的自然倾向的模样——例如我们会赋予某些事物以感受能力。性别在这方面也不是例外，它也作为机器人工程师的线索库之一被用来影响人类用户在交互中对他们的机器人产品的喜爱态度。格兰达·肖-加洛克（Glenda Shaw-Garlock）在第十一章"性别设计"中，针对机器人设计这一语境，提供了与性别研究相关的研究现状综述，这些研究基于人机交互研究、传播学研究和科学技术研究之上。随后她讨论了社交机器人的性别化意味着什么，并探讨了赋予机器人性别的一些后果。她考察了很多关于性别机器人带来的后果的研究文献，还讨论了这一问题的伦理维度。不仅如此，肖-加洛克还展示了一些克服性别刻板印象的建构性策略。最后，文章强调了机器人设计师在设计中接纳那些性别敏感的研究思路的重要性。

马丁·海德格尔（Martin Heidegger 2000）指出，当技术被看作某种中立的东西时，我们就会面临很大的风险——因为科学技术构成了我们对这个世界和自身的理解。米歇尔·拉波波特（Michele Rapoport）在第十二章"劝导性机器人科技与选择行动的自由"中向我们展示了，即使那些从事例行程序和日常琐碎活动，以及那些正在家政市场上销售的机器人科技，都在制约着我们的意愿和行动空间，并最终影响着我们的自主性和主体性。拉波特论证道，像智能冰箱、半自主汽车、健康监测装置这样的高科技设备都影响和控制了我们的自我监督机制。它们通过哄劝、规定和限制人类的决策和实施行为这些核心能力的可能性领域挑战了我们的个体自由。尽管这些设备看上去没什么问题，而且一开始也确实很有益处，但我们付出了将这些重要的人类能力外包给设备的代价，因为这些设备被编程好的监督功能并不总是对应着我们那些真实的、转瞬即逝的偏好。不仅如此，随处可见的智能科技不仅要指导我们的行为和选择——当我们没有作出"正确"的选择时，它们在预期上可以直接接管行动，因此对我们的自主性和主体性也有着深刻的影响。虽然这些新科技或许能以更有效 xxii 的方式参与对人类主体的"哄劝"和规训，但它们也凭借自己在人类日常活动中的无处不在和无孔不入，创造了一幅全新的伦理图景。

马尔·内斯科乌

奥尔胡斯（丹麦）

2015 年

参考文献

Heidegger, M. 2000."Die Frage nach der Technik."in *Vorträge und Aufsätze*, edited by Friedrich-Wilhelm von Herrmann, 5-36. Frankfurt am Main: Vittorio Klostermann. Original edition, 1953.

Ishiguro, H. and S. Nishio. 2007."Building Artificial Humans to Understand Humans."*The Japanese Society for Artificial Organs* 10(3): 133-42. doi: http://dx.doi.org/10.1007/s10047-007-0381-4.

Seibt, J. 2014."Introduction."In *Sociable Robots and the Future of Social Relations: Proceedings of Robo–Philosophy 2014*, edited by Johanna Seibt, Raul Hakli and Marco Nørskov, vii-viii. Amsterdam: IOS Press Ebooks.

Seibt, J., R. Hakli, and M. Nørskov, eds. 2014. *Sociable Robots and the Future of Social Relations: Proceedings of Robo–Philosophy 2014*, edited by J. Breuker,

N. Guarino, J.N. Kok, J. Liu, R. López de Mántaras, R. Mizoguchi, M. Musen, S.K. Pal and N. Zhong, *Frontiers in Artificial Intelligence and Applications*. Amsterdam: IOS Press Ebooks.

Turkle, S. 2012. *Alone Together: Why We Expect More from Technology and Less from Each Other*. New York: Basic Books. Original edition, 2011.

第一章

论理解在人机交互中的重要性

朱莉娅·卡尼夫卡

我将在这一章中论证，想要谈论人机交互这个问题，我们必须分析人类和机器人能否以及如何理解对方。这篇文章会呈现理解（understanding）在人类知觉经验上的不同标准和层次，这些标准和层次是从多种交互类型和机器人被赋予的角色中衍生出来的。我将论证，社会交往（social interaction）中的理解是由观察者的观察和对给定场景的阐释（interpretation）引导的；与此同时，理解也会被观察者的个人经验和文化经验所影响。在这一意义上，阿尔弗雷德·舒茨在人际交互（human-human interaction）上的社会现象学路径（socio-phenomenological approach）可以帮助澄清人机交互中与"理解"相关的可能性和困难。

导言

我们首先要预设，随着科技在模仿、复现人类行为方面的不断进步，未来的人机交互方式会与我们今天使用简单的科技产品的方式截然不同。虽然"交互"最开始指的是多智能体系统（multi-agent system，MAS），但这个术语的用法逐渐从对系统内部事件进行技术性描述，转向了对人类和机器人之间关系进行社会学描述。机器人学（robotics）经常会讨论人机交互的问题，而人机交互的一种非常特殊的形式就是专门研究社会交往的社交机器人学。如果"社交机器人"（social robot）这个理念预设了机器人会承担起社交伙伴或社交伴侣的角色，那么这一理念的持有者也常常会相信，当机器人的外观酷似人类（Kanda et al. 2007，Fong，Nourbakhsh，and Dautenhahn 2003）并且能够"表现出丰富的社交行为"（Breazeal 2004，p. 182）时，它们大体上就会被我们接纳。至于社交机器人学的远期目标，则是创造"能够以近似人类（humanlike）的方式与人类交往的人造自主体"（Zhao 2006，p. 405）。机器人的外观和行为表现之所以要近似人类，就是为了创出"与机器人交往就像与一个合作伙伴、一个能够回应我们行为的个体交往一样"的印象（Breazeal 2004，p. 182）。类比塞尔（Searle 1980）在人工智能领域内的强路径－弱路径区分，尤塔·韦伯（Jutta Weber 2014）也区分了关于人机交互的强路径和弱路径。[1] 人机交互中弱路径的基础假设是，情绪、社会性以及其他那些最终需要一个完整的心灵理论才能得到解释的人性特征在机器人上只能被模仿和假装，

4

---

1 作者在这里指的是美国当代哲学家约翰·塞尔（John Searle）的著名区分，即"强人工智能"（Strong AI）和"弱人工智能"（Weak AI）的区分。强人工智能的追随者认为机器能够拥有真正意义的智能，他们的目标是"人造人"，也就是拥有真实的思考能力和意识的机器。弱人工智能的追随者则认为机器永远不可能拥有真正意义的智能，而是永远只能表现出拥有智能的假象，他们的目标是看上去拥有人类的心灵能力但实际上并不拥有的信息处理机。——译者注

永远不可能被实现（realized）。与此相反，人机交互的强路径则相信，
人类有能力创造真正的社交机器人：

> 人机交互的强路径的目标是构建可以自主学习（self-learning）
> 的机器：它们能够进化，能够被教育，也能够形成真实的情绪和
> 社交行为。与人类相似，社交机器人也要通过和周围环境的交互
> 去学习，去作出它们自己的决定，形成它们自己的类型、社交行
> 为甚至行动目标。强路径的追随者们——例如辛西娅·布莉齐尔
> （Cynthia Breazeal）和罗德尼·布鲁克斯（Rodney Brooks）——朝
> 向真正的社交机器人而努力，这些社交机器人并不是假装出社会
> 性，而是拥有社会性（embody sociality）。（Weber 2014，p. 192）

机器人不仅有可能作为拥有"自己的类型"的全新物种而出现，
上文中的"拥有社会性"还意味着机器人将会变成社会性的存在，甚
至发展出同人类心灵一样的具有认知行为和交互能力的心灵。随之而
来的一个重要结果是：机器人将有能力理解我们。没有这种理解，社
会交往根本是不可能的，因为人与人之间的社会交往就是一个包含言
语行为和非言语行为的多层次现象，而这些行为都需要在交往场景的
语境下被理解和阐释。我在后文中至少会提及一个相关案例，也就是
观察肢体动作对于理解表层行为（surface behavior）的重要性。

"理解"这个概念在哲学中，尤其在解释学（hermeneutics）中有
着悠久的历史和复杂的研究方法，而解释学正是"关于理解的哲学"
（philosophy of understanding）。阿尔弗雷德·舒茨作为胡塞尔现象学的
追随者，他的一些概念可能会对我们分析人类与机器人之间的相互理

解有所帮助。舒茨想要为韦伯（Weber）的理解社会学（interpretative sociology）提供一个现象学的基础，但是他并不认为自己的工作是植根于解释学的。[1] 尽管如此，舒茨仍然使用了一些核心的解释学概念（参考 Staudigl 2014，p. 3），而"理解"就是其中之一。理解的过程总是伴随着与他者的交互，因此不能被还原为完全内在于单个主体中的理解行为。舒茨路径中的两个特点使得它尤其适合用来分析人类与机器人之间的相互理解到底可不可能：首先，他就"社会实在性（social reality）是如何被构建起来的"这一问题的看法在根本上是实践的（pragmatic），也就是说，他认为社会实在性在本质上是由社交行动和社会交往构成的。其次，社会交往的伙伴和对象不必是一个有意识的存在。按照舒茨的理解，整个社交世界是由一系列交互过程构成的，而在这些过程中，参与交互的主体在与他者的关联中、在与现存的社会文化范式的调和下，逐渐发展出了自己的思想、洞察和行动。舒茨的关注点主要包括：有意义的行动（meaningful action）的形成，对这些行动的理解如何在日常生活中产生，以及相互理解（mutual understanding）和社会关系一般而言是如何形成和演变的（Grathoff 1989，p. 181）。

首先，我会综述一下人机交互的不同路径和图景，从而刻画"理解"在人机交互中扮演的角色。有些人断言，理解应该超越对行为表现本身的单纯观察。然而我们会发现，观察才是在理解的不同层面上进行的。在一个交互过程中，对行为的观察总是伴随着对未来行动的

1　舒茨从来没有提到过"解释学"这个词，而且由于他的早逝，他大概也不熟悉"解释现象学"（hermeneutical phenomenology）这个新兴学科。

预期和对当前场景的阐释。这一点将通过那些建立在舒茨的社会现象学基础之上的概念得到证明。

与机器人的交互

小菅和宏（Kazuhiro Kosuge）教授曾经研究过人类和机器人一起跳华尔兹舞时的交互模式。他在研究中区分了上层交互和底层交互（high-level and low-level interaction）：

> 我们的研究目标是在"物理人机交互"（physical human-robot interaction，pHRI）中重现华尔兹舞的"物理人际交互"（physical human-human interaction，pHHI）。这意味着机器人将可以扮演跟舞者的角色，能够预测领舞人的下一个舞步（上层交互），并调整自己的身体以完成彼此配合的肢体动作（底层交互）。（Wang and Kosuge 2012，p. 3134）

双人舞在本质上就是社交性的，而华尔兹舞正是一个"展示人类的物理人际交互能力的典型案例"（同上）。在这个案例中，从牛顿物理学的视角，底层的物理人机交互可以被看作一个作用在双方身上的接触力（contact force）。而物理人际交互在王洪波和小菅和宏的上述论文中则是一种二阶行为，它需要机器人有高超的运动技巧，或者"知道"如何自己移动、如何估计和预测人类舞者的下一个动作（同上，同时请参考 Ikemoto, Minato, and Ishiguro 2008，p. 68）。然

而小菅和宏也承认：

> 然而由于绝大多数机器人都被用于娱乐和心理治疗，我们没法用它们来完成物理人机交互基础上的复杂任务。而要完成这些复杂任务，人类与机器人之间的物理交互是必不可少的。（Kosuge and Hirata 2004，p. 10）

> 在人与人之间相互配合的案例中，每个人的移动都基于他人的意向（intention）、从周围环境中获得的信息、关于被执行任务的知识等等。如果机器人也能在这些信息的基础上以近似人类的方式主动移动，我们就可以在与机器人进行物理交互的基础上有效地执行各种各样的任务。（同上）

6　　小菅和宏与平田泰久在论文（Kosuge and Hirata 2004）中强调，在基于肢体运动的物理交互中，并不单纯是物理力（physical forces）在起作用，其他认知能力——例如意向、从直接环境中获得的信息、运用和分类信息的知识等——也会为这种交互带来深刻的影响。

池本周平、港隆史和石黑浩（Ikemoto, Minato, and Ishiguro 2008）则采取了一个更为基础的路径。他们后退一步，研发出了"在运动学习（motor learning）开始之前就能够与人类进行物理交互的控制系统"（同上，p. 68）：在他们的研究中，"交互"具体指的是一个人帮助 CB[2]（Child-robot with Biomimetic Body，拥有仿生身体的儿童型机器人）机器人站立起来的任务，而任务成功与否则是在流畅度（smoothness）的三个范畴（流畅、不够流畅、站立失败；同上，p. 69）内来进行判断的。尽管物理人机交互是交互研究中一条非常底层而且必不可少的路径，但它仍然是"对人机交互的一种延伸拓展"，而且长远来看，"这个研究会帮助人形机器人在与人类老师的密切物理交互中发展自己的运动技巧和认知能力"（同上，p. 72）。

另一个反向目标则是部署机器人自己去当教师。这种情况更加丰富了机器人与人类教师之间的密切动态交互。

至此，我们进入了人机交互研究的另一个领域。这个领域关注的是机器人特定角色的分配问题。舒尔兹（Scholtz 2003）为机器人在工作环境下可能担任的角色做了分类：管理员（supervisor）、操作员（operator）、技工（mechanic）、同事（peer）和旁观者（bystander）。所有这些角色都是根据我们对机器人的控制程度来定义的。与其他人机交互研究者不同，舒尔兹这样解释他自己对人机交互的定义：

> 我用"人机交互"这个术语指"人类与机器人组队"的整体研究领域，而其中包括了对人类或机器人的介入行为（intervention）的研究。"介入"指的是以下这些情况，也就是机器人在当下场景中的预期行为是不恰当的，而用户或是修改方案，或是主动引导计划的实施，或是给机器人一些更具体的命令来改变它的行为。（Scholtz 2003，第二节）

这段引文说明，人机交互是非对称且非社交性的，它是在任务和目标导向下被实现出来的一种合力结果。古德里奇和舒尔兹（Goodrich and Schultz 2007，pp. 233-234）拓展了上文中的角色分类，在其中进一步囊括了信息使用者（information consumer；"人类并不控制机器人，而是使用机器人提供的信息"）和指导者（mentor；"机器人处于教授或领导人类的角色"）。这些角色的特征决定了人类与机器人仍然是不对等的，但即便如此，由于角色的调转，机器人被赋予了更高级的功能。[1] 其中，同事和指导者的角色尤其如此，因为机器人可以在一系列执行任务的过程中承担助理机器人的工作。类似的例子有教学用的 Robovie 机器人（Kanda et al. 2007, Chin, Wu, and Hong 2011）、可移动式全身人形博物馆导游的 Robotinho 机器人（Faber et al. 2009, Nieuwenhuisen and Behnke 2013）和作为社交中介员帮助自闭症儿童的 KASPAR 机器人（Dautenhahn 2007, Iacono et al. 2011）。通过赋予机器人以社交中介员、指导者或同事等角色，我们强调的正是人机交互中的社交层面。我们显然无须关心"是什么构成了社交"这一问题：社会交往似乎仅仅意味着以下事实，即人类正在与另一个实体（在这个案例中是与机器人）相遭遇，而这个遭遇的场景是社交性的。机器人会注意到人类，并且能够根据自己的角色来回答人类的问题。至于像打招呼之类的社交举止或更宽泛意义的社交行为，则是在此基础上的锦上添花。朱利安尼（Giuliani et al. 2013）甚至发问，社交行为对一个机器人来说真的有必要吗？为了回答这个问题，朱利安尼等人做了一个实验，将同一个酒保机器人的任务导向行为和社交导向行为进行比对。[2] 很有意思的是，侍酒这件事本身既是一种服务，也有它的社交意义。尤其在涉及机器人角色分配的时候，机器人有必要形成适合角色本身的性格特质（persona）。由于针对个体特征来收集数据相当困难，因此这些性格特质必然对应着一个潜在的对象群体。长远来看，

---

1 虽然人类仍然是机器人的最终掌控者，但当机器人是指导者或教师的时候，人类需要服从机器人的指令。我们可以预期这里肯定会有角色冲突的问题。

2 这个研究还证明了社会感知是高度依赖性别、年龄和国籍的。

其中的想法是机器人已经表现出特定的社交行为，并且能够根据其拥有者的个别需要而作出调整。举例来说，赛克曼和查拉这样概括：

> 社交机器人需要能够学习那些与它交互的人类的偏好和行为。如此一来，机器人就能调整自己的行为，从而实现更有效和友好的交互。（Sekman and Challa 2013，p. 49）

而多滕哈恩却强调：

> 然而，仍然没有被广泛接受的一点是，机器人的社交技能不仅仅只是一个让机器人显得更有吸引力的对人机交互界面的必要补充（add-on），而且还是构成机器人认知技能和它展示智慧水平的重要部分。（Dautenhahn 2007，p. 682）

要提高机器人的吸引力（attractiveness），我们应当采取的方式是不把机器人的社交行为拟人化（anthropomorphization）的同时让它显得更加智能（Dautenhahn 1998，p. 574）。要做到这一点，我们应当把"社交智能假设"（socially intelligent hypothesis）应用于机器人学。这个假设背后的想法是，智力最早先是承担了社交功能，而后才被用于解决抽象（比如数学）问题的（Dautenhahn 1998，1995，2007）。事实上，多滕哈恩指出：

> 社交智能体（socially intelligent agents，SIAs）不仅从观察者视角看来表现出了社交行为，而且它们还能识别和辨认其他智能

8

体，与它们建立并维持关系。（Dautenhahn 1998，p. 573）

拥有社交行为不仅意味着言语交互和情绪展示，而且还意味着发展出一套自己对交互过程的第一人称叙事（"自传式主体"；同上，p. 585），并以此促进社交理解。社交理解不仅植根于客观叙事式的语境中，而且还需要"共情式的共鸣"（empathic resonance；同上）。社交理解的这些核心内容与布莉齐尔强调的人机之间的安全社交是很相似的，也就是可读性（readability）、可信性（believability）和可理解性（understandability；Breazeal 2002，pp. 8-11）。

在这里，"可读性"保证了机器人会给出一些社交线索（social cues），从而使得人类能够预测它的行为表现。这意味着机器人的表达模式——例如面部表情和眼神等等——必须是清楚和容易理解的。这样一来——

机器人那些可观察的外在表现必须准确地反映出背后的运算过程，而这些运算过程又必须与人类的社交阐释和社交预期很好地对应起来。（同上，p. 10）

因此，机器人的运算过程必须能反映出它的行为表现。这个想法背后的预设是，人类社交行为是可读的，而可读性则是社交行为的标志。人类行为背后的"运算过程"——思考行为——是他人无法阅读的，不仅如此，有些社交行为本身也是不可读的。绝大多数社会交往都依赖一些非常隐晦的转瞬即逝的社交线索（例如微表情），这些线索甚至不会被看到或有意识地注意到，但人类仍然能够在潜意识中注意到它们，它们也可能影响我们与其他人类伙伴的后续交往。要想让人类对机器人的行为表现作出反应，可读性是非常重要的。机器人的行为表现还必须创造出一种"生命的幻象"（同上，p. 8）。[1] 布莉齐尔将它称为"可信性"。这种"生命的幻象"之所以让人信以为真，不仅是因为机器人看上去就像活的一样，同时也因为机器人表现出了人格特质（同上，p. 8，同时请参考 Dautenhahn 1995，1998）。机器人是否拥有可信性，很大程度上取决于用户的态度：观察者必须能够并且愿意运用那些复杂的社交能力和认知能力去预测、理解并用通常的社交概念阐释机器人的行为表现以及它背后的心灵状态（Breazeal 2002，p. 8）。尽管社会交往总是建立在双方参与意愿的基础上，机器人也必须表现出一些典型的人类社交行为来促进对方的意愿。社交机器人若要以近似人类的方式与人类交互，就必须能察觉、理解人类的自然社交行为的丰富性和复杂性。人与人会通过视线方向、面部表情、肢体动作、说话方式、语言等等（同上）形式展开交流。因此，机器人不仅必须表现出足够可信的社交线索，还要能够理解并回应它们。布莉齐尔把这个特点称为"人性意识"（human awareness；同上，p. 9）。人性意识不局限于交流和情绪的各个方面，它还包含了大量场景性、私人性、文化性和历史性的语境。想要模仿人类的社交方式，机器人必须能辨认出这个人是谁，识别出他正在做什么，并把握到他此时的情绪表达。机器人需要运用这些信息把这个人看作一个独特的个体来理解他的表层行为、推测他的意向或情绪等内在状态（同上）。机器人的

9

1　这里的英文是 illusion of life。作者想表达的意思是，机器人的行为表现要让与它交互的人类感觉它好像也是一个活生生的个体似的。——译者注

行为表现则包括了交流能力、交往技能和理解人类的能力。这里布莉齐尔进一步拓展了她的想法：

> 这样一个机器人必须能够在一生中不断调整和学习，将它与其他个体的共同经历吸收进它对自己的理解，对他人的理解，以及对它们之间的共同关系的理解之中。（同上，p. 1）

机器人要想以一种直观自然的方式和人类交往，就不能只理解这段交往中的人类行动者。布莉齐尔指出，这个机器人还必须能够理解它自己。在这里，"理解自己"的意思是"用社交概念理解自己的内在状态"（同上，p. 19）。除了理解人类的意向、信念和欲望之外，它也要理解自己的意向、信念和欲望。

至此我们已经从很多不同的视角讨论了人机交互：从纯粹物理学的视角，到赋予角色和性格特质的视角，再到通过人工社交智能实现社交理解的视角。在第一个视角中，机器人的肢体运动是作为物理力和步骤序列（step sequence）被计算的；认知因素，以及与肢体运动和空间调整相关的现象性质都被排除在外了。尽管华尔兹这类遵循特定舞步序列的舞蹈由于要求特定的位置距离关系，因此被认为是比较流程化的动作，但它仍然要求两位舞者的肢体达到相互的协调一致。参与者双方需要找到一个共同的节奏，并根据这个节奏来调整和同步各自的肢体运动（同时请参考 Janich 2012）。

当机器人具有特定的角色甚至合适的性格特质时，人机交互也就更专注于那些特定的社交场景之上。我们对机器人的期待是由它的角色来引导规定的，而机器人的性格特质可以帮助它作出大量的适合它角色的行为表现。至于那些承担了社交伴侣角色的机器人所要达到的程度则与此不同。社交机器人需要形成社交智能，作出直观自然的行为表现，并且必须能够在一定程度上理解人类和它自己。

理解的不同层面：观察肢体运动和行为

就交互而言，具身性（embodiment）所扮演的角色（参考 Dreyfus 1972）和"具身交互"（embodiment interaction；Dourish 2001，Gallagher 2013）的理念在相关研究中占据了主流；与此同样主流的是另一个想法，认知能力是植根于社交场景之中一系列身体能力的成果——如果二者搭配得当，前者最终一定会从后者中产生出来。与此类似，加拉格尔（Gallagher）论证道，"如果一个机器人要像大多数人类交互时所做的那样不间断地、相对可靠地运作，这个机器人肯定已经是一个 IT（交互理论，interaction theory）机器人了"（Gallagher 2013，p. 457）。他还提到，只要找到一个能与人类进行流畅具身交互的机器人，我们就可以在没有任何系统的心灵理论的情况下解决社会认知问题（同上，p. 458）。暂时搁下这一想法的可能后果不谈，我认同加拉格尔关于"认知依赖那些通过具身性（主要是交互主体性）的方式被识别和理解的行为"的立场（同上，p. 487）。加拉格尔在讨论发展研究（developmental study）时强调，人类不是被孤立出来的观察者，而是早就发现自己——

在交互主体性的具身化实践中被拖入了第二人称视角下的交

互。……即使在我们静静观察别人的时候，我们对他人的具身化经验也让我们能够把握到那个被称作"大规模解释学背景"的东西[1]——这个背景是由他人的那些早期经验以及正在持续的经验提供的，而我们对他人的具身化经验，也提供了我们理解能力的出发点。（同上）

加拉格尔大体上认同现象学的洞见。当我们深入到现象学的传统中时，尤其是关注第二人称视角的观察和外围交互主体性的时候，"大规模解释学背景"（同上，同时请参考 Gallagher 2001）的含义就变得很清楚了。[2]

当谈及社会交往时，我们需要考虑到，人类交互伙伴之间是以社交的方式相互联系着彼此的。严格来说，交互指的就是以主体间交互的方式被执行的一个联合行动。"主体间交互的方式"则意味着存在

1　由于缺乏更恰当的翻译，这里的 massive hermeneutical background（MHB）被我勉强译为"大规模解释学背景"。这个术语最早应该是布伦诺（Bruner）和卡尔玛（Kalmar）在 1998 年的《在自我建构中的叙事和元叙事》（"Narrative and Metanarrative in the Construction of Self"）一文中首先提出的。一般来讲，MHB 指的是儿童在正式接受教育之前就已经拥有的大量关于物理世界和他人行为的背景知识。举例来说，婴儿不需要别人教它，就能通过观察别人的面部表情来判断对方是否善意。这显然已经是一种非常初步的对他人的理解。加拉格尔这里指的正是这些儿童未经正式的学习和教育就已经掌握了的理解他人的技巧，而这些技巧构成了儿童学习更复杂技巧时必不可少的背景知识。——译者注

2　"外围交互主体性"的英文是 peripheral inter-subjectivity，根据我的理解，peripheral 这里指现象学所讨论的一类特殊的意向性模型。举例来说，当我在看墙上的一幅画时，画作本身当然是我的意向对象，但我同时也看到了墙壁（的一部分）。虽然我并没有特别注意墙壁本身，但它仍然作为画作的背景进入我的视线边缘。与此同理，peripheral inter-subjectivity 应当指的是那些我并不把他人当作首要的意向对象，但他人仍然以某种非主题化的方式被我的意识经验所把握的情况。感兴趣的读者可以参考胡塞尔的《欧洲科学危机和先验现象学》第三部分的 A 节。——译者注

一个由双方一起分享、一起介入的世界。双方都要理解他们共享的社
会实践和文化实践，并且每一方都需要理解对方。这个共享的社会文
化的生活世界是预先存在的，也是由我们的祖辈和同辈给予我们的。
被一同给予的，还有一个"现成的标准化模板……它是所有那些通常
出现在这个社交世界中的场景的未经质疑也不可质疑的指南"（Schütz
1970，p. 81）。这些模板一路传到了我们这代人手中，成了我们自己
经验宝库的一部分。不仅如此，它们还是指导我们如何处理不同场
景、实施行动、阐释这个社交生活世界的方针。这些传承下来的社会
文化知识并非仅被其中的某些个体接受，而是同时也被他们的同辈人
广泛地接受着（同上，pp. 190，82）。舒茨继续说道：

> 我的日常生活所处的世界绝对不是我的私人世界，它从一开
> 始就是交互主体的世界，一个由我和我的同辈人共享的世界，一
> 个同样被他人经历着和阐释着的世界。一言以蔽之，这是我们所
> 有人的世界。（同上，p. 163）

因此，社会交往和交互主体关系是预先给定的，而且也是我们的
日常经验和生活世界中最自然的部分。我们对社会的文化和历史现实
采取了所谓的"自然态度"（natural attitude；同上，p. 183）。这种态
度包括了我们的在世存在（being in this world），他人的身体性存在，
他们的"意识生活和彼此交流的可能性"（同上，p. 164），以及主体
之间的交往关系。自然态度不仅仅指向其他人类，还指向我们生活
世界中的所有东西和所有经验。我们的自然态度甚至也囊括了动物
和无生命的物体（同上，p. 169）。这个所谓的"普遍投射"（universal

11

projection；Luckmann 1983）让我们倾向于把行为表现接近人类的机器人加以人格化。行为表现接近人类就意味着机器人也表现出类似的社交线索和肢体语言。而理解的首要来源，就是观察一个人如何行动和阐释这些行动，而按照舒茨的说法，"某种程度上，这对很多实际目标来说就已经足够了"。身体对于表达性的动作和行动来说，就是一个"表达域"（Schütz 1991，p. 153）。[1] 这里澄清一下：表达性的行动指那些为了"把自己的内容投射到世界之中并向别人宣言自我"而实施的行动（同上，p. 162）。因此表达性的行动背后总是被明确意识到的动机。另一方面，表达性的动作则是那些举止、姿态和一般可以被察觉到和阐释的社交线索。当我察觉到一个表达性动作时，我会自动地赋予它某种情绪或其他特定的体验。

然而，人们对同一个表达性动作或观察到的外部事件的阐释可能是不同的，同样的动作或事件对一个人的意义不一定和对另一个人的意义相同。也许只有观察者才把它们看作他人某些心理活动的标志，而那些心理活动到底是"一个有意的暗示还是没有交流意向的表达性动作"（同上，p. 164）至少是一件可以争论的事。仅仅通过外部观察，我们一般很难说清一个人是否在有意行动。判断的结论取决于这个人是如何表现自己的行动的。而有意行动和无意行动的区别就在于发生在"观察到的外部事件"之前的思考过程上。

舒茨用了一个砍树的类比来解释观察者的角色，以及我们是如何理解并把意义投射到被观察物上的。他区分了三个不同层面的理解，以及这三个层面上砍树的行为对观察者来说分别意味着什么。

---

1 舒茨的这些引文是作者自己翻译的。

其中，前两个层面表达的是所谓的"场景的事实性"（facticity of the situation）以及自发性的肢体运动，而不考虑"现实体验"（lived experience；Schütz 1970，p. 172）以及行动背后的认知过程。

（1）在第一个层面，我们只考虑砍树这个事件本身。在看到了砍伐的行为之后，我们发现这可能是人或机器砍的。我们是通过把这个事件与我们的经验和知识的整体语境联系起来从而把这个事件识别为"砍树"的。

（2）第二个层面的理解则涉及肢体运动和"观察者自己的知觉经验"（同上）。砍伐者身体的每一个变化和运动都被看作其生命力和意识的标志。除此之外，我们并不预设任何关于行动、背后的动机和思考过程的判断。

这样一来，对"砍树"这个表达性运动的理解就依赖于时空上的临近性，以及观察者能把观察到的东西和他自己熟悉的东西进行比较的能力。然而，人类在用视觉观察表达性运动的时候，总会自动地执行知觉的认知过程。对于观察者的角色来说，这意味着"观察"从来不是单纯地运用视觉能力去看，我们会自动把被观察的东西看作(as)某个东西。在第一种情况下，我们把它看作"砍树"；在第二种情况下，我们把它看作"某人 / 某物在砍树"。

（3）值得注意的是，上文描述的对砍树的观察都是有距离感且事不关己的。然而到了第三步时，观察者不仅把砍伐者的肢体运动看作其生命力和意识的标志，同时还将其看作一个独特的行为或行动的标志。舒茨指出，观察者不仅会关注这个标志本身，而且也会关注"为了什么"（what for）。这意味着观察者会问自己，对于被观察者的体验来说，这些标志到底体现了什么。根据舒茨的分析：

12

在我看他的时候，我可能会把我对他肢体的知觉看作他的意识经验的标志。当我这样做的时候，我就把他的动作、言语和其他东西当作某种证据了。我会把我的注意力集中在我觉察到的那些标志的主观意义语境而不是客观意义语境（object meaning-context）上。作为一个直接的观察者，我就能够一下子把外在表现的成果，和这些成果背后的那个构成了他意识经验一部分的心理过程全都容纳进来。这种情况之所以可能，是因为他的现实体验与我对他的言语和姿态的客观阐释是同时发生的。（同上，p. 196）

我们倾向于越过表层行为，通过理解它背后的动机来理解这些行为表现[1]，这就带来了"对他人的真正理解"。对"外在行为表现"和"行为表现背后的意识经验"的理解扎根于那些我们已经熟悉的结构和模式中。这些结构和模式被我们知觉、经验、整合进不同的范畴，它们是我们在"社交生活世界生存下去"的工具或参考系。

理解不仅仅是被上面提到的这种典型化过程（typification）所刻画的，它同时也可以由一个客观叙事的场景来刻画。所有我们观察到的东西，都被我们阐释和整合进我们自己的经验领域。这是因为，只有每个人自己才对自己有优先通路（privileged access），也只有每个人自己才能通过反思性的自我阐释来把握自己。我们能够回溯那个改变了未来行为的过去：我们收集了"一大堆现成可用的知识"，这些知识

1　舒茨（2011, p. 121）区分了两类动机：为了什么（in-order-to）和因为什么（because-motives）。他是这样定义二者的："为了什么的动机是从那个已经被搭建起来的核心计划中诞生的，而因为什么的动机则与这个核心计划本身的搭建相关。"

构成了一个"阐释我们的过去经验和当下经验的模板",它也"决定了我们对未来事物的预期"(Schütz 1970，p. 74)。因此，这一堆知识构建起了所有的理解，并把它们置于理解的语境之中。

把上面对观察的解释转化到一个交互场景中，我们就可以说，当我们处在交互中的时候，我们同时也在观察、理解和阐释这个场景。所有我们观察到的他人的行为，例如社交线索，都被放置在我们整体经验的语境中，用来预判他人的期待。不仅如此，交互在某种意义上就是"满足期待"和"期待落空"的二选一。我们划归到社交伙伴头上的预期和意愿，也会反过来影响我们怎么对待他们。人类在很早的时候就获得了他们的这一堆知识并学习了这些"具身化实践"(embodied practice；Gallagher 2013，p. 557)，而后者则逐渐成为一种促进生活和社会交往的机制。

参与我们日常生活的机器人，如果要成为与我们对等的伴侣，不仅需要表现出可信的社交线索，而且也必须能够识别这些线索并作出恰当的反应。这一点不局限于交流和情绪的各个方面，它也包含大量场景性的、私人性的、文化性的和历史性的语境。如果这些语境真的被打包成一个典型化模板并植入机器人的软件程序中——这需要非常庞大的数据量，那么机器人或许真的能识别出表层行为，并把人类的肢体动作和场景性的标准化当作标志。按照舒茨的概括：

> 所有这些各种各样的典型化的总和，构成了一个社会文化世界和物理世界在其中得到阐释的参考系。这个参考系尽管有不一致的地方和内在的含混之处，但它仍然足够整体和透明，并且足以用来解决大部分现成的实际问题。(Schütz 1970，p. 119)

机器人可以担任中立观察者的角色，它能够翻译被观察到的行为并让这些行为表现和输入行为模式达成一致。如果机器人是为了承担特定的目标和角色而被制造的，那么现成的实际问题就是机器人需要在特定的场景中表现出特定的行为。我们需要做的则是把伴侣机器人可能遭遇的社交场景编成一个手册。这些社交场景会根据对应的恰当社交行为的典型化被分类。比方说，当机器人看到一个人哭的时候，它就要用拥抱和安慰作为反应。然而人类的行为和需求总会更加复杂。以哭为例，我们可能因为疼痛而哭，因为难过而哭，或者因为快乐而哭。如果我们在砍树的时候误判了树倒下的方向而被压在树下，这种情况中我们需要的显然不是拥抱，而是救援。即便在难过或喜极而泣的情况下的拥抱是恰当的，拥抱也可能会因为角色的不同而变得不恰当（例如在师生关系中的拥抱）。正如布莉齐尔所说，想要模仿人类的社交方式，机器人必须能辨认出这个人是谁，识别出他正在做什么，并且把握到他此时的情绪表达。虽然这些要求在技术上是能够实现的，但布莉齐尔还宣称，机器人还可以运用这些信息把这个人看作一个独特的个体，从而理解他的表层行为（Breazeal 2002，p. 9）。而对社会交往来说，一个人的行为动机以及我们是否能理解他的动机是至关重要的。我们把其他人对我们的理解当作理所当然的事情，我们还默认人与人之间是可以互换视角的。不同视角之间的这种可共享性使得一种真正的双向的社会交往成为可能。整个社交生活世界以及人与人之间的相互理解，都是以时空中共存的、可以体验到彼此的主体之间那种交互主体关系为基础的。真正的交互主体关系的基础，不仅在于对观察特征的获取和对他人正与我进行交往的认知，更在于对他人如何与我进行交往的认知。

　　在相对疏远的社会交往中，社交典型化和固定套路可能被用来建立比较克制的交往关系。但在相对亲密的社会交往中，我不仅把对方看作另一个人，更把他／她看作一个我在第二人称视角中关注的个体。归根结底，社会交往才是赋予生活以意义的东西。这并不必然意味着一个单独的人无法赋予交往以意义，或从因果上看，他无法参与一种有意义的交往——在人类看来，自己在世界中的行动本来就是有意义的。举例来说，人类与机器人合作可以是有意义的：工作对人来说是有意义的，而机器人可以完成一些和工作相关的任务。我们可以在工作环境中与机器人交往，甚至对它们表现出的情绪作出反应。多滕哈恩在讨论社交智能体（SIAs）的时候说："建造社交智能体的过程会被人类设计师对于'社交'的看法所影响，而能够表现出社交行为的机器人也会反过来影响人类对社会性的理解。"（Dautenhahn 1998，p. 573）无论结果如何，我们总要决定是否要沿着这个方向前进下去。因为归根结底，正如德国现象学家舒茨所说的那样，我的交往伙伴和我分享着相同的经验，而这是构成我们生活世界的至关重要的一部分。我们在日常生活中的经验是非常独特的，它们也在很大程度上塑造了我们。机器人似乎可以有某个特定的功能或角色，但人的一生中会承担非常多的不同角色——这些角色同时又仅仅是我们生命的很小一部分。我们能在一段真正有意义的交往关系中辨认出这些角色，但这些角色并不能定义作为人类的我们。

结论

15 在这一章中我试图证明，理解总是需要高阶的认知能力，才能在我们观察另一个存在的行为表现时解读出什么。社会交往不仅仅是一个双向的单纯的观察。交往伙伴双方都需要明确意识到对方和对方所处的场景，双方都要有能力回应彼此。一个机器人或许有能力回应我并识别出我的行为模式，但是真正的社会交往只有在我能从他人中看到自己，以及我知道他人能够站在我的视角上理解我的时候，才是可能的。理解总是意味着我们能够识别出对方行为背后的动机，以及能把他 / 她的动机转化为我自己的动机，并和对方一起去实现彼此共同想要的东西。

参考文献

Breazeal, C. 2002. *Designing Sociable Robots*, edited by Ronald C. Arkin, Intelligent Robotics and Autonomous Agents Series. Cambridge, MA: A Bradford book.

Breazeal, C. 2004."Social Interactions in HRI: The Robot View."*IEEE Transactions on Systems, Man, and Cybernetics Part C Applications and Reviews* 34(2): 181-6. doi: http://dx.doi.org/10.1109/Tsmcc.2004.826268.

Chin, K-Y., C-H. Wu, and Z-W. Hong. 2011."A Humanoid Robot as a Teaching Assistant for Primary Education."2011 Fifth International Conference on Genetic and Evolutionary Computing (ICGEC). 21-4. doi: http://dx.doi.org/10.1109/

ICGEC.2011.13.

Dautenhahn, K. 1995. "Getting to Know Each Other: Artificial Social Intelligence for Autonomous Robots." *Robotics and Autonomous Systems* 16(2-4): 333-56. doi: http://dx.doi.org/10.1016/0921-8890(95)00054-2.

Dautenhahn, K. 1998. "The Art of Designing Socially Intelligent Agents: Science, Fiction, and the Human in the Loop."*Applied Artificial Intelligence* 12(7-8): 573–617. doi: http://dx.doi.org/10.1080/088395198117550.

Dautenhahn, K. 2007. "Socially Intelligent Robots: Dimensions of Human-Robot Interaction." *Philosophical Transactions of the Royal Society of London. Series B, Biological Sciences* 362(1480): 679-704. doi: http://dx.doi.org/10.1098/rstb.2006.2004.

Dourish, P. 2001. *Where the Action Is: The Foundation of Embodied Interaction.* Cambridge, MA: MIT Press.

Dreyfus, H.L. 1972. *What Computers Can't Do: A Critique of Artificial Reason.* New York: Harper & Row.

Faber, F., M. Bennewitz, C. Eppner, A. Gorog, C. Gonsior, D. Joho, M. Schreiber, and S. Behnke. 2009. "The Humanoid Museum Tour Guide Robotinho." The 18th IEEE International Symposium on Robot and Human Interactive Communication, 2009. RO-MAN 2009. 891-6. doi: http://dx.doi.org/10.1109/ROMAN.2009.5326326.

Fong, T., I. Nourbakhsh, and K. Dautenhahn. 2003. "A Survey of Socially Interactive Robots." *Robotics and Autonomous Systems* 42(3-4): 143-66. doi: http://dx.doi.org/10.1016/S0921-8890(02)00372-X.

Gallagher, S. 2001. "The Practice of Mind. Theory, Simulation or Primary Interaction." *Journal of Consciousness* 8(5-7): 83-108. doi: http://dx.doi.org/10.1197/jamia.M1511.Database.

Gallagher, S. 2013. "You and I, Robot." *AI & Society* 28(4): 455-60. doi: http://dx.doi.org/10.1007/s00146-012-0420-4.

Giuliani, M., R.P.A. Petrick, M.E. Foster, A. Gaschler, A. Isard, M. Pateraki, and M. Sigalas. 2013. "Comparing Task-Based and Socially Intelligent Behaviour in a Robot Bartender." Proceedings of the 15th ACM on International Conference on Multimodal Interaction — ICMI '13. 263-70. doi: http://dx.doi.org/10.1145/2522848.2522869.

Goodrich, M.A. and A.C. Schulz. 2007. "Human-Robot Interaction: A Survey." *Foundations and Trends in Human-Computer Interaction* 1(3): 203-75. doi: http://dx.doi.org/10.1561/1100000005.

Grathoff, R. 1989. *Milieu und Lebenswelt. Einführung in die Phänomenologische Soziologie und die sozialphänomenologische Forschung*. Frankfurt am Main: Suhrkamp.

Iacono, I., H. Lehmann, P. Marti, B. Robins, and K. Dautenhahn. 2011. "Robots as Social Mediators for Children with Autism-a Preliminary Analysis Comparing Two Different Robotic Platforms." 2011 IEEE International Conference on Development and Learning (ICDL). 1-6. doi: http://dx.doi.org/10.1109/DEVLRN.2011.6037322.

Ikemoto, S., T. Minato, and H. Ishiguro. 2008. "Analysis of Physical Human-Robot Interaction for Motor Learning with Physical Help." *2008 8th IEEE-RAS International Conference on Humanoid Robots (Humanoids 2008)*: 67-72. doi: http://dx.doi.org/10.1109/ICHR.2008.4755933.

Janich, P. 2012. "Between Innovative Forms of Technology and Human Autonomy: Possibilities and Limitations of the Technical Substitution of Human Work." In *Robo- and Informationethics: Some Fundamentals*, edited by Michael Decker and Mathias Gutmann, 211-30. Münster: LIT Verlag.

Kanda, T., R. Sato, N. Saiwaki, and H. Ishiguro. 2007. "A Two-Month Field Trial in an Elementary School for Long-Term Human Robot Interaction." *IEEE Transactions on Robotics* 23(5): 962-71. doi: http://dx.doi.org/10.1109/TRO.2007.904904.

Kosuge, K. and Y. Hirata. 2004. "Human-Robot Interaction." Proceedings of the 2004 IEEE International Conference on Robotics and Biomimetics, August 22-26 2004, Shenyang, China. 8-11. doi: http://dx.doi.org/10.1109/ROBIO.2004.1521743.

Luckmann, T. 1983. "On Boundaries of the Social World." In *Life-World and Social Realities*, 40-67. Portsmouth: Heinemann.

Nieuwenhuisen, M. and S. Behnke. 2013. "Human-Like Interaction Skills for the Mobile Communication Robot Robotinho." *International Journal of Social Robotics. Special Issue on Emotional Expression and Its Applications* 5(4): 549-61. doi: http://dx.doi.org/10.1007/s12369-013-0206-y.

Scholtz, J. 2003. "Theory and Evaluation of Human Robot Interactions." System Sciences, 2003. Proceedings of the 36th Annual Hawaii International Conference on System Sciences (HICSS '03). doi: http://dx.doi.org/10.1109/HICSS.2003.1174284.

Schütz, A. 1970. *On Phenomenology and Social Relations. Selected Writings*, edited by Helmut R. Wagner. Chicago, IL: The University of Chicago Press.

Schütz, A. 1991. *Der sinnhafte Aufbau der sozialen Welt. Eine Einleitung in die verstehende Soziologie*. 5 ed. Frankfurt am Main: Suhrkamp.

Schütz, A. 2011. "Reflections on the Problem of Relevance." In *Collected Papers V. Phenomenology and the Social Sciences*, edited by Lester Embree. Dodrecht: Springer Netherlands. doi: http://dx.doi.org/10.1007/978-94-007-1515-8.

Searle, J.R. 1980. "Minds, Brains, and Programs." *The Behavioral and Brain*

Sciences 3(3): 417-57. doi: http://dx.doi.org/10.1017/S0140525X00005756.

Sekmen, A. and P. Challa. 2013. "Assessment of Adaptive Human-Robot Interactions." *Knowledge-Based Systems* 42: 49-59. doi: http://dx.doi.org/10.1016/j.knosys.2013.01.003.

Staudigl, M. 2014. "Reflections on the Relationship of 'Social Phenomenology' and Hermeneutics in Alfred Schütz. An Introduction." In *Schützian Phenomenology and Hermeneutic Traditions*, edited by Michael Staudigl and George Berguno, 1-6. Dodrecht: Springer Netherlands. doi: http://dx.doi.org/10.1007/978-94-007-6034-9_1.

Wang, H. and K. Kosuge. 2012. "Understanding and Reproducing Waltz Dancers' Body Dynamics in Physical Human-Robot Interaction." 2012 IEEE International Conference on Robotics and Automation (ICRA), 14-18 May 2012. 3134-40. doi: http://dx.doi.org/10.1109/ICRA.2012.6224862.

Weber, J. 2014. "Opacity Versus Transparency. Modelling Human–Robot Interaction in Personal Service Robotics." *Science, Technology & Innovation* 10: 187-99.

Zhao, S.Y. 2006. "Humanoid Social Robots as a Medium of Communication." *New Media & Society* 8(3): 401-19. doi: http://dx.doi. org/10.1177/1461444806061951.

与社交机器人共情：
对"情绪的想象性知觉"的新探讨

乔希·雷德斯通[1]

在社交机器人学这个领域，共情（empathy）对工程师和实证研究   19
员来说是一个很热的话题。在这一章中，我将考察一种关于人类对机
器人共情的哲学解释，也就是米塞尔霍恩（Misselhorn 2009）的提议：
我们对机器人的共情是通过知觉和想象力之间的一种交互作用（"想
象性知觉"；imaginative perception）产生的。我要论证的是，尽管米

1　我想感谢我的联合导师（co-supervisor）大卫·马瑟森（David Matheson）、我的同事本杰明·詹姆斯（Benjamin James）和萨拉·格兰杰（Sara Grainger），以及在"2014 年度机器人 – 哲学：社交机器人与社会关系的未来"（Robo–Philosophy 2014：Sociable Robots and the Future of Social Relations）学术会议的"共情与理解"（Empathy and Understanding）会场上的听众的宝贵意见。我也要感谢海蒂·麦博姆（Heidi Maibom）对这篇论文的反馈，是她教授了我关于共情方面的知识。我还要感谢我的联合导师盖·拉克鲁瓦（Guy Lacroix），他向我推荐了一些关于恐怖谷的非常有帮助的实证研究文献。我还要特别感谢我的本科导师韦恩·波罗迪（Wayne Borody），是他最早把森政弘教授对恐怖谷的研究介绍给我，而且激励我把我的两大热爱——机器人和哲学——结合成一个持续至今的研究课题。最后，感谢马尔科·内斯科乌为这本文集付出的所有努力和心血。

塞尔霍恩的解释框架确实捕捉到了人们事实上为什么对机器人有共情，但我们最好还是把这种情绪反应看作一种类似知觉幻象的东西，而不是真正意义的想象性知觉。接下来我会调整米塞尔霍恩的框架来论证这一点，然后探讨这个调整后的框架能不能解释我们对机器人的另外一种情绪反应，即恐怖谷现象（the uncanny valley phenomenon）。我会证明，人类是可以知觉（或错觉）到机器人拥有生命、情绪和心灵的。如果一个人同时认为机器人没有这些东西，那么这种看法和之前所说那种错觉之间的冲突就会让机器人显得很恐怖（eerie）。最后，我得出的是这样的结论：人类对机器人产生共情的案例都不是真正意义的共情。

导言

20 社交机器人学的先驱人物辛西娅·布莉齐尔曾经写道，社交机器人是一种"具有近似人类的社交智能"的机器人，"且与它交往就与另一个人交往一样"。换句话说，社交机器人设计背后的核心想法是，它就像人类彼此之间的交流互动和理解一样，能用同样的社交概念与人类交流互动和理解。不仅如此，社交机器人也必须能以这些社交概念来理解自己。根据布莉齐尔的说法，这些概念包括"对机器人的理解"，或者"共情"。"到了这个发展的顶峰，"布莉齐尔继续说道，"社交机器人能和我们成为朋友，我们也能和它们成为朋友。"（Breazeal 2002，p. 1）

在这一章的内容里，我会专注于其中一个社交概念，也就是共情。考虑到人类那种把其他事物人格化（anthropomorphize）的倾向，以及社交机器人所拥有的那种近似人类的社交行为和情绪面部表达，我们很容易想到，社交机器人能够促进人机之间的舒适交互，并鼓励那些与机器人交往的人类去和它们产生情绪纽带（参考 Breazeal 2002，2003a，b）。与社交机器人有过交往的人类，想必都对机器人情绪表达的感染力有亲身体会。事实上，实证研究人员已经开始探索人类对机器人共情的行为基础，其中一些研究表明，我们对那些外貌不太像人的机器人甚至也会表现出共情反应。举例来说，研究发现，在观察一个叫 Pleo 的恐龙宠物机器人的过程中，那些看到 Pleo 被虐待的人比那些观察到这个机器人被善待的人产生了更强的生理反应（physiological arousal）。这些实验的参与者也会报告说自己经历了负面情绪，并感受到了对机器人的"同情心"（empathic concern；Rosenthal-von der Pütten et al. 2012）。与此类似，研究人员也已经开始用 fMRI 成像技术来探索这种共情的神经基础（例如 Rosenthal-von der Pütten et al. 2013）。

人类会对机器人表现出共情反应，这是无可争议的事实。确实，如果机器人没有引起与它交往的人类的共情反应才奇怪呢，因为像布莉齐尔这样的工程师的目标就是要制造出能引起人类这种共情反应的机器人。然而考虑到社交机器人自己（至少目前来说）并不能体验到情绪，人类的反应就带来了一个很有意思的概念问题：把人对机器人的情绪反应理解为共情，真的合理吗？换句话说，当人类感觉自己对机器人产生了共情的时候，这**真的**是共情吗？据我所知，米塞尔霍恩是最早注意到这个问题的哲学家，她不仅引起了我们对这个问题的注意，而且还提供了一个粗略的概念框架来

解释人类对机器人以及其他近似人类的人造品产生共情是如何可能的。她的核心主张是，对机器人的共情是知觉与想象力之间的交互作用（interplay）的结果，她称之为"情绪的想象性知觉"。换句话说，她认为人类之所以对机器人产生共情，是因为他们"想象式地知觉"到机器人在感受和表达情绪，尽管机器人根本做不到。而本章的一个目标就是考察这个想象性知觉的框架能否解释我们对社交机器人的共情，以及如果不能的话，我们有没有什么办法改进这个框架。[1]

首先，为了给讨论设定一个语境，我会用一个科幻中的直观案例把上面提到的概念问题说得更具体一些。然后我会引入并解释人对机器人的另一种非常值得关注的情绪反应，也就是恐怖谷现象。米塞尔霍恩也试图用她的想象性知觉框架去解释这个现象。在这之后，我会仔细考察米塞尔霍恩概念框架的细节。我要尝试论证，尽管她的理论捕捉到了为什么人们觉得自己对机器人产生了共情，但在概念上，我们最好还是把这些现象刻画为类似知觉幻象的东西，而不是想象性知觉。由于米塞尔霍恩的另一个目标是解释恐怖谷现象，我在这里也会探讨，我们此处所捍卫的调整之后的新框架能不能解释这个现象。在进行分析的时候，我不仅会考虑共情的各种情绪或情感样态，还会考虑认知共情或"心灵理论"的问题。在文章的最后，我会回答"把人类对机器人的情绪反应理解为共情到底合不合理"这个问题。但我们首先还是先来考察对机器人共情的相关概念问题的细节。

---

1 我在 2014 年的论文中相对粗浅地考察过这个问题。我在下文中会尝试推进其中一些想法，并且讨论我之前对恐怖谷现象的一些研究。

从共情到恐怖

2012 年的一部名为《机器人与弗兰克》（*Robot & Frank*）的电影讲述了关于弗兰克的故事。弗兰克是生活在不远的将来的一个独居而且有点儿痴呆的退休人员。他的儿子亨特担心自己父亲的幸福和生活状况，就给他买了一个家用机器人，这个机器人提供了友谊和认知刺激，并鼓励弗兰克多活动身体，比如散散步，搞搞园艺。弗兰克一开始把机器人看成麻烦而非伴侣，但是很快他就借助机器人重启了自己的飞贼事业。在他们俩成功实施了一系列盗窃并且吸引了当地警方的注意之后，弗兰克面临一个艰难的抉择：他必须决定要不要删除机器人的记忆，从而销毁自己的犯罪证据并保护自己和家人不被盗窃行为的后果影响。而此时，弗兰克已经开始慢慢把机器人看成人类——甚至一个朋友——而不仅仅是一台机器了，于是他越来越犹豫要不要删掉它的记忆。当警察已经上门准备逮捕他的时候，弗兰克被他所面对的选择深深地困扰着，以至于机器人不得不提醒他，自己"不是一个人，只是一种更高级的模仿"，并要求弗兰克清除了自己的记忆，从而完成了自己的终极使命——为弗兰克提供帮助。

22

我觉得这个例子让米塞尔霍恩提出的概念问题更具体了一些。如果弗兰克的机器人拥有的类人特征都只是一个"更高级的模仿"——换句话说，如果弗兰克的机器人不是一个有能力拥有真实经验的真人，而只是一个模仿人类的机器——那么弗兰克对机器人的情绪经验，尤其是当他删除记忆时就像杀了机器人一样的感觉，这些情绪真的是共情、同情或者别的什么共情反应吗？同样的问题也可以用来问之前提到的实证研究中的那些实验参与者们（Rosenthal-von der Pütten et al. 2012，Rosenthal-von der Pütten et al. 2013）。当然这些参与者对 Pleo 遭受的虐待有某种同情反应，但如果 Pleo 不能感受到情绪、痛苦、不适，这些人对 Pleo 的反应真的能算同情吗？以及其他那些对人形机器人的表面上看是同情的回应，真的是同情吗？

　　就像我在导言里说的，米塞尔霍恩不仅仅提出了这些有趣的哲学问题，她还提供了一个框架，按照她所说的，可以"解释我们对无生命对象的共情是如何可能的"（Misserlhorn 2009，p. 356）。[1] 她特别指出，人们在和社交机器人这样的人造物交往的时候并没有真的感知到情绪表达，因为这些人造物根本感受不到情绪，也因此不能真的表达情绪。[2] 米塞尔霍恩于是断定，人类对机器人产生共情的过程必然涉及了想象力的作用，这种现象被她称为"情绪的想象性知觉"。在下文中，我将解释米塞尔霍恩所谓的情绪的想象性知觉是怎么运转的。然而首先，米塞尔霍恩的概念框架还有另一个值得注意的方面，也就是在她看来，对针对无生命对象的共情的理解会帮助我们解释人类对机器人的另一个值得重视的情绪反应：所谓的"恐怖谷"现象。既然米塞尔霍恩的主要目标之一就是解释这个现象，我们在这里先简短地讨论一下恐怖谷，并借此为她解释对无生命对象的共情的框架提供一个基本语境。

　　著名的机器人学家森政弘教授描述了所谓的恐怖谷现象。他观察到，与人类外表相似的人造物，例如玩具机器人和假肢，只要它

　　1　既然社交机器人可以移动和做面部表情等等，它们当然不是那种典型的无生命对象。我在这一章最后会讨论这一点。
　　2　相关的讨论可以参考丹尼特的论文（Dennett 1981）。

们的外观和动作在一定程度上像人，就能引起一种熟悉感和亲近感。[1]
然而，当人造物在外表和动作上非常非常像人的时候——比如说一只
摸着有些冰冷的被硅制皮肤覆盖的人造手——那么它就不再引起亲近
感，而是会引发一种恐怖感。森政弘观察到，上面提到的人造手会开
始显得怪异恐怖。基于这些观察，他推理出"如果一个假肢的动作都
有这么明显的负面效果，那么造出一个完整的机器人会大大加剧这种
恐怖感"（Mori 2012，p. 100）。

　　森政弘的恐怖谷假设内容如下：像机器人这样的人造物，当它的
外表和动作更接近机器人，也就是更机械而不是近似人类的时候，可
以引起我们的某种亲近感或"亲和感"。不仅如此，机器人的外表和
动作越像人，我们对它的亲近感就会越强。然而如果机器人非常非常
像人——例如一个有硅制皮肤、头发、面部表情等等的机器人——则
不能引起我们的正面情绪反应，反而会激起一种恐怖感。当我们用图
像表示的时候，如果用 X 轴表示与人类的相似程度，Y 轴表示它的亲
近感和亲和感，那么从亲近到恐怖的变化就像一条 U 形曲线——这被
称作恐怖谷现象。

　　需要注意的是，历史学家姜敏秀（Minsoo Kang 2011）指出，在
森政弘开展这些后来导向恐怖谷假设的观察的那个年代，"还不存在
非常近似人类的机器人，所以我们没办法验证有没有跳出恐怖谷模型
的案例"（同上，p. 47）。确实，森政弘的假说直到将近 40 年之后的

　　1　森政弘用的日本词"shinwakan"有很多不同的翻译。它有时候像是"熟悉感"
（familiarity），有时候是"亲近感"（affinity）。还有学者建议翻译成"亲和感"（likeability；
Bartneck et al.2009），因为熟悉感可以随时间和重复刺激而改变。由于我对日语了解甚少，这
里只能听取他们的专业意见。

今天，才引起了有办法检验这个假设的实证研究人员的重视。很幸运的是，这些经验研究工作现在正有序进行。

另一个值得注意的事情是，就我们对近似人类的人造物的情绪反应的范围而言，米塞尔霍恩不是把它理解为亲近、亲和以及恐怖，而是理解为**共情**和恐怖。换句话说，森政弘（同上）最早用日语词"shinwakan"指称的东西，被米塞尔霍恩指称为共情。她宣称，我们在恐怖谷现象中体验到的恐怖感是我们对人造物共情失败的结果，而这种失败本身又是想象性知觉失败的结果。当然了，在米塞尔霍恩为恐怖谷现象提供这样的解释之前，她需要一个概念框架来解释我们对人造物的共情，而人造物，如她所说，没有"真实的情绪或情绪表达"（Misselhorn 2009，p. 352）。这是她的想象性知觉框架背后的理论动机。在讨论想象性知觉之前，让我们来看几个被称为共情的情绪和认知现象的例子，为这些讨论作最后的铺垫。

论共情

对很多人来说，"共情"在日常交流中的含义是"设身处地站在别人角度想问题"（参考 Misselhorn 2009，Maibom 2007，Darwall 1998，Goldman 1989）。当然就像哲学家海蒂·麦博姆（Heidi Maibom 2012）所说的那样，与共情有关的术语有时候不那么清楚。完全不同的术语可能指的是同一种或类似的情绪反应现象。比如说，"同情"（sympathy）有时候被用来指称"同情心"（例如 Batson 2011）。我们已经看到，一些学者（Rosenthal-von der Pütten et al. 2012，Rosenthal-von der Pütten et al.

2013）所谓的"同情心"就是我说的"同情"。但首先必须指出的是，人们一般会区分共情的情感样态（variety）和认知样态。我在下面会给出一些样态，这些内容援引自麦博姆（Maibom 2012，2014）对共情给出的出色讨论。

我们首先来看共情的情感样态。根据麦博姆所说，当一个人的情绪体验和另一个人的情绪体验有所共鸣，或在性质上相似（similarly valenced）的时候，他／她就会体验到情感共情。不仅如此，这个人不仅是对自己产生情绪，而且也对身处另一个场景中的他人产生情绪。举例来说，我的同事被一所顶尖大学的研究生院录取，而且对加入这样一个学院的前景非常开心。如果我在听到这个消息的时候为我的同事开心，那么就可以说我对她共情了。然而要注意，只有当我**为她**而感受到这种情绪时——也就是说，我是为她开心，而不只是单纯地开心——我的开心才算是共情。

根据麦博姆（同上）的说法，同情是一种与共情非常相似的情绪反应，但它们之间有一个重要的差别。共情是一种与他人的情绪体验有所共鸣的情绪体验，而同情则是对他人福祉的一种情绪反应。所以当一个人感到同情的时候，他的情绪体验与对方的情绪体验可能在性质上相似，但却未必完全一样。不过与共情类似，同情也是一种对他人，而非对自己产生的情绪。比如说，假设我的同事没有被研究生院录取而是被拒绝了。她可能对自己的处境很难过，但话说回来，她也可能一点儿都不难过，可能她觉得研究生院其实并不适合她。不管她的情绪是什么，如果我为她感到难过——因为我知道她非常聪明而且可能会非常享受研究生院的学习——同时也对她的处境表示担心，那么我就在同情她。

另外两个与共情和同情相关的情绪反应现象，是情绪传染（emotional contagion）和个人痛苦（personal distress）。在麦博姆看来，情绪传染指的是一个人"接住了"另一个人的情绪，比如你在摇滚乐或足球赛现场感受到的群众的激情。或者想想当别人冲你笑的时候，你不自觉地也冲对方笑。这些都是情绪传染的例子。与共情和同情都不一样的是，当一个人体验到情绪传染时，他是在对自己而非他人产生这种情绪。与情绪传染一样，在个人痛苦中，一个人的情绪也是指向自己而非他人的。最后还有认知共情（cognitive empathy），也就是通常说的"心灵理论"（theory of mind）。心灵理论涉及的是对别人思维、信念、欲望等等的理解。考虑到我在本章中至此为止的主要兴趣都在于我们对社交机器人的情绪反应，这里我就只讨论情绪的情感样态，而把认知共情的话题留到后面。

论情绪的想象性知觉

现在我就可以解释米塞尔霍恩到底是怎么回答"人类对无生命对象的共情如何可能"这一问题的了。米塞尔霍恩首先从麦博姆讨论共情的思路出发。根据麦博姆的看法，"当 S 知觉到 O 正在以 T 的方式表达自己的情绪体验 E，而且这一知觉导致 S 为 O 感到 E，那么 S 对 O 的情绪 E 产生了共情"（Maibom 2007，p. 168）。[1] 但请注意，米塞

1　这里我和米塞尔霍恩（Misselhorn 2009）一样借用了麦博姆的表述方式：S 指一个主体；O 指另一个人；E 指一种情绪体验；T 指情绪的表达方式。需要注意，我这里概括的只是麦博姆讨论过的很多种思路之一。如果对麦博姆讨论的其他思路感兴趣，请参考她 2007 年的论文。

尔霍恩并不认为机器人真的拥有情绪体验。为了保留这一立场，她稍微调整了麦博姆的思路，改成了以下内容："如果 S 想象性地知觉到一个无生命对象正在以 T 的方式表达自己的情绪体验 E，而且这一想象性知觉导致 S 为这个无生命对象感到 E，那么 S 就对这个无生命对象的'情绪'E 产生了共情"（Misserlhorn 2009，pp. 351-352）。

我们是在什么意义上说想象性知觉是"想象性"的呢？根据米塞尔霍恩所说，在想象性知觉的过程中，想象并不仅仅是命题性的。换句话说，想象性知觉并不是主动地去想象一个具体的事物的，比如闭上眼睛想象一只带翅膀的马，或者用米塞尔霍恩自己的例子，把一个香蕉想象成电话。相反，当米塞尔霍恩说"想象性知觉"的时候，她指的是一个更加自发和无意识的过程，而不是一个主动和有意识的想象行为。具体而言她认为，是知觉对象 A 和另一类对象 B 之间显著的相似性，导致那些通常只有在我们知觉到 B 时才被激活的概念，在我们知觉到 A 时也被激活了。她进一步指出，这些概念的激活会影响被知觉对象的"现象感受"（phenomenal feel）。然而在她看来，这概念激活并不会影响到知觉的内容。换句话说，一个人知觉到 A 而且知道自己在知觉 A，但由于 A 和 B 之间的相似性，她的想象性知觉会导致她对 A 的知觉在现象感受上就像在知觉 B 一样。不仅如此，当被知觉对象的相关特征足够大量和显著的时候，即使知觉者知道她在知觉 A 而不是 B，这种相似感仍然会非常强烈。用米塞尔霍恩自己的话说：

26

　　　无生命对象的类人特征 M 会激活我们对人类的概念 N，因此，看到无生命对象以 T 的方式表达情绪，在某种程度上就像看

到一个人在以 T 的方式表达情绪一样。比如说玩偶脸部的类人特征会激活我们对人脸的概念，因此，看到玩偶在笑就像看到一个人在笑。考虑到我们对面部表情的知觉会引发我们自己的相同情绪，我们从而就在本质上解释了与无生命对象共情是如何可能的。（2009，p. 354）[1]

米塞尔霍恩认为，上述过程是一个想象的过程，并且明确指出那个被对象 M 激活的概念 N 是"处于'离线'状态中被把握的，出于这个原因，这是一种想象活动，但不是主动的想象"（同上）。这并没有完全说服我相信这个过程真的是想象，但我确实承认，米塞尔霍恩的概念框架在解释人类为什么会对机器人共情时捕捉到了一些正确的东西。她认为人造物的类人特征可以激活一些与人类相关的概念，并影响我们对社交机器人的知觉的"现象感受"——我觉得这挺有道理的。但我也认为，比起"想象性知觉"，我们在术语上还可以有一些更精确的描述方式。在我看来，特别是米塞尔霍恩称作"想象性知觉"的东西，我们最好还是把它理解为一种类似知觉幻象的东西——比如错觉（misperception）。

我之所以很犹豫要不要把所有这些现象都刻画为想象活动，其中一个理由就是因为"想象性的"（imaginative）和"想象"（imagination）这些词的含义非常灵活。比方说，有时候我们因为一些事物是假想的（pretend）就会称它们是虚构的（imaginary）——例如米塞尔霍恩的

1　根据我之前的讨论，米塞尔霍恩这里提到的现象也可以被理解为情绪传染。我自己并不觉得这是真正的共情。

香蕉电话的例子——而有时候我们也把一些错觉说成虚构的。设想一下，一个小女孩以为自己看到了衣柜里有鬼，于是非常害怕。当然她衣柜里没有鬼，所以我们会说这个鬼"只存在于她的想象中"。小女孩的父母可能会说"这只是你的想象……你看啊，里面根本没有鬼！"之类的话来缓解她的恐惧。原来小女孩在黑暗中误以为是鬼的东西，到了白天仔细一看只不过是一堆衣服或者一箱玩具。尽管我们在日常中会说这个鬼"只在小孩子的想象里"，但我觉得在术语上一种更恰当的刻画是说，这种对鬼的体验其实是一种错觉。无须多言，我觉得被米塞尔霍恩刻画为想象力知觉的现象也是同理。

　　这时候你可能会觉得奇怪：我们把小女孩衣柜里的鬼说成虚构的鬼，还是对鬼的某种错觉，其中到底有什么区别呢？如果我们确实能把上述场景理解为想象活动，那除了"想象"这个词在语义上很含混最好弃而不用之外，还有什么理由接受我的理论呢？一种这样做的理由是，在讨论共情的研究文献中已经有一条非常成熟的、把共情理解为想象的思路了。与米塞尔霍恩所谓的情绪的想象力知觉不同，这些思路确实会涉及主动的想象行为。以麦博姆的另一个刻画为例，"当 S 想象自己处于场景 C 之中，而且这个想象的结果是导致 S 为 O 感到情绪 E，那么 S 对 O 在场景 C 中的情绪感受 E 产生了共情"[1]（Maibom 2007，p. 173）——这种思路被称作"模拟"（simulation）。当一个人以模拟的方式共情时，她用想象力把自己投射到另一个人的场景之中，或者想象自己就是那个人，然后用想象力模拟对方的情绪体验的样子。按照麦博姆的解释，模拟成功的结果是 S 对场景 C 中的个体 O

27

1　这里 C 指的是特定的场景或情景。

产生了共情体验。这种想象显然和米塞尔霍恩分析的那种想象活动很不一样。而既然上面描述的这种把共情理解为想象的思路已经很成熟了——而且"想象性的"和"虚构的"这些词的意义有时是很含混的——或许我们应该调整一下米塞尔霍恩的框架。

我此前已经暗示了其中一个调整方向：与其把人对机器人的共情理解为情绪的想象性知觉，还不如把它理解为类似知觉幻象的东西——或者类似错觉的东西。为了解释对机器人的共情和知觉幻象之间的相似性，我们不妨考虑一下霓虹色扩散（neon color spreading）这个经典的视觉错觉。当我们观察一幅白色背景上主要由黑线构成的图片时就会产生这种错觉。图片中有一个小区域——比如图片中央的圆形区域——里面的线不是黑色的，而是彩色的。在观察这种颜色扩散图的时候，人们会报告说那些彩色线交叉地方的背景会焕发出和线的颜色接近的光。当然细看的时候，人们能看出来那些交点的背景本身只是白色的。然而就算一个人已经意识到这种现象只是错觉——就像月亮错觉（Moon illusion）和缪勒－莱尔错觉（Müller-Lyer illusion）等等其他视觉错觉，甚至是像麦格克效应（McGurk effect）这种声学错觉——人在观察图片的时候还是会继续体验到颜色扩散效应。[1]

我们对霓虹色扩散错觉背后的机制细节尚不清楚，而且这也不是本章的主题。这些机制可能和我们对机器人的共情经验背后的机制完全不同，但为了捍卫这个类比，请读者考虑一下，当一个人体验到颜色扩散错觉的时候，他有一个关于彩色背景的现象经验，但现实中只

---

[1]　一图胜千言。我推荐读者自己去体验一下这些错觉。迈克尔·巴赫（Michael Bach）是弗莱堡大学的视觉研究人员，他的个人主页是一个很好的相关资源，上面保存了霓虹色扩散错觉等等很多视觉错觉：https://michaelbach.de/ot/col-neon/index.html。

有白色背景上的一些相互交叉的彩色线条而已。不仅如此，即使他知道背景其实没有颜色，也还是会体验到这个错觉。换句话说，不管这个错觉背后的知觉机制是什么，这个机制很可能是在认知上无法穿透的（cognitively impenetrable）。我认为，这种知觉错觉在很多方面都和人们对社交机器人的共情很相似。首先，米塞尔霍恩和我都会毫无疑问地同意，即使机器人自己无法感受到情绪，我们仍然可以对它有共情或同情的情感体验。所以说，就像人可以在颜色扩散错觉中有某种对彩色背景现象经验，那么人也可以对社交机器人的情绪表达和行为有共情经验，即使机器人本身并不能感受到情绪。其次，即使我们**知道**机器人无法感受到情绪，但我们仍然可能在看到机器人被虐待时候的情绪表达时想要躲开。因此，人们对机器人的共情经验背后的知觉过程或许也是在认知上无法穿透的。这是支持我们对机器人的共情和经验到知觉错觉之间类比的另一个理由，因为即使我们已经知道色彩扩散图的背景事实上没有颜色，而仅仅是纯白色的背景，但我们仍然会体验到这种错觉。

我认为共情和感知错觉之间的类比还是比较显而易见的，而且这个类比的一个优点是可以避免"想象性的"和"想象"这些语义含混的词语可能带来的混淆。它还能避免受到另一种混淆带来的干扰，即一种由我们对想象性共情通路（比如由模拟 [simulation] 引起共情的通路）既有理解引起的混淆。当然我需要强调，我这里呈现的概念框架更像是一个调整（modify）米塞尔霍恩框架的尝试，而不是完全拒绝她的框架。我已经说过，我只是觉得这个框架更精确地刻画了米塞尔霍恩称之为"想象性知觉"的东西，而且保留了她用这个术语指称的那个知觉过程的机制。同时如果我们还记得的话，米塞尔霍恩的目

29　标除了解释我们对无生命对象的共情如何可能之外，还要解释恐怖谷现象。现在我会考察这个修改后的框架是不是也能对这个目标有所帮助，以及我们还能不能对这个框架作出新的调整或拓展来实现这个目标。

共情与恐怖谷

之前我提到过，米塞尔霍恩对恐怖谷现象的解释是，共情失败——也就是情绪的想象性知觉的失败——导致了一种恐怖感。[1]她这样描述这种失败：

> 因为人造物的特征和人类具有相似性，人类的概念又会被激活和不断地被引发。这会导致一种像格式塔切换（gestalt switch）[2]一般、在四种场景之间的快速切换：概念的单纯激活，对该概念应用阈值的触发，概念应用的失败导致的概念彻底被关闭，以及在持续发生的知觉过程中出现的重新激活。（Misselhorn 2009，pp. 356-357）

这里可能涉及的问题是：为什么在面对社交机器人或其他近似人

1　在这一节中，我也会尝试改进我在之前的著作中关于恐怖谷现象的讨论（参考 Redstone 2013）。

2　格式塔切换发生在一个静态图片好像动了起来的时候。一个经典的例子是 Necker 立方，一个静态的 2D 图像，但在观察者盯着它看的时候会导致方向的快速切换。

类的人造物时，共情失败就会引发一种恐怖感的体验呢？有趣的是，有证据表明，我们对类人人造物的情绪反应会受到这些人造物所展示出的情绪的影响，而根据我之前对共情和情绪传染的讨论，这也是很正常的。所以米塞尔霍恩把共情失败解释为恐怖谷现象背后的原因也不是完全没有道理。一个例子就是廷威尔等人（Tinwell et al. 2011）的实验：他们曾经用计算机生成的人脸动画来研究人们对脸部情绪的反应会不会受到不协调情绪表达的影响。这些人脸表现了所有人类文化共通的六种情绪表达——恐惧、愤怒、厌恶、惊讶、难过和开心，而作为对照组的人脸是没有情绪的。这个研究发现，与计算机生成的脸相比，实验参与者还是更喜欢真实的脸。但我认为这个实验中最有趣的发现是，当计算机生成的人脸上半部分被遮住的时候，参与者更加讨厌这些脸了。同时，这种遮挡也让参与者感到困惑——他们没办法判断部分被遮住的人脸在表达什么样的情绪。所以，也许反常和不协调的情绪面部表达会引起一种恐怖感，或者说它们至少让这些脸更不招人喜欢，即它们比起那些和人类的情绪面部表达更像的脸来说显得更不亲和了。如果机器人拥有类似的反常和不协调的面部表达，那么根据廷威尔等人的研究发现，我们就很容易想象我们的共情是如何被干扰的了——而这本身又会导致机器人看起来非常怪异。

30

然而就像我之前讨论过的那样，很多种不同的情绪和认知现象都被称作"共情"。不仅如此，有时候不同的研究人员还会用完全不同的术语来指称同一种共情现象（参考 Maibom 2012，2014）。所以要判断共情失败能不能解释恐怖谷现象，我们还需要澄清这里考察的到底是哪种共情。我们记得米塞尔霍恩用"共情"去代替"亲近感""熟悉感"和"亲和感"，也就是日语词"shinwakan"的常见翻译。然而根据我之前对不同种类共情的概述，米塞尔霍恩所讨论的那种人类对机器人共情的案例实际上展示出的只是同情——尤其是她提到的两个实证研究，即分别用机器人（Bartneck et al. 2005）和计算机生成的人类动画（Slater et al. 2006）去做米尔格伦（Milgram）风格的服从实验。在前一个实验中，20 位实验参与者全都对小玩具机器人施行了他们被告知是致命的电击，这些玩具机器人也会对模拟的电击作出非常逼真的回应。有些参与者承认即使知道机器人感觉不到疼痛，他们仍然为机器人感到难过。[1]

先把这些观察放在一边，我不能理解为什么同情失败或共情失败会导致一种恐怖感。但既然我这里的目标是建构而非批判，我想先提供一种解释这个现象的方式。首先我认为，人类在与神似人类的人造物交往时之所以会体验到恐怖感，并不是因为发生了共情失败，而是因为出现了共情**持续**（persistence of empathy）。其次，我觉得这种持续不仅可能发生在情绪共情中，也能发生在认知共情中。为了证明我的想法，我们来看一下恩斯特·詹奇（Ernst Jentsch 2008）对自动机（automata），也就是现代机器人先驱的观察。詹奇的工作在当代对恐怖谷现象的研究中常常被提及，这显然是因为他的论文大概是第一篇从科学视角探索恐怖谷现象的论文，而且也因为他对自动机的观察和森政弘对人形机器人的观察非常相似。詹奇特别指出，自动机在"展示出

31

1　我的同事本杰明·詹姆斯以及 2014 年在丹麦奥尔胡斯举办的"机器人 – 哲学"（Robo-Philosophy）会议的现场观众向我指出，鼓励人类在米尔格伦实验中去"惩罚"别的行动者，不管是人还是机器，这本身就是很"恐怖"的想法。詹姆斯和我也在疑惑，唆使别人去惩罚机器人是不是道德的。因为尽管机器人感受不到疼痛，但机器人的疼痛表现可能导致惩罚它的人自己感受到个人痛苦，就像弗兰克在被迫删除机器人记忆的时候感受到的痛苦一样。

它和一些身体功能或心灵功能相结合"时会显得格外恐怖。他解释道：

> 在很多敏感的人看来，一个真人大小的蜡像或其他材质的人像，即使在我们发现它不是活人之后，仍然让我们感到不适（unpleasantness）。这种不适可能是在我们更仔细地看蜡像的细节时，自动重复产生的一些半意识（semiconscious）的派生怀疑；也可能只是萦绕心灵中的对蜡像的不适的最初印象的鲜活回忆……

他继续说道：

> 这个时候，自动机就会造成一些对很多人来说非常不适的印象……一个能自己睁眼闭眼的玩偶，或者一个很小的自动机玩具，可能不会导致特别多的不适感；但另一方面，一个真人大小、能实现复杂任务——吹小号、跳舞等等的机器，则很容易给人一种不适感。机器人的技巧越优秀，它的外形构造越接近自然，这种效果表现得就越强烈。（同上，pp. 222-223）

我们从詹奇的观察中能看到，恐怖谷现象的背后不仅仅是情感共情。或许社交机器人之所以会引发一种恐怖感，不仅因为它们看似能感受情绪，而且也因为它们看上去是活的且可以思考。如果确实如此，那么我认为我们对机器人的共情——不管是情感的还是认知的——在恐怖谷现象中并没有失败。我觉得这个想法和石黑浩（Hiroshi Ishiguro 2006，2007）的提议是一致的：在不同层面的认知过程中，非常近似人类的机器人可能被看作完全不同的东西。根据石黑浩的想法，人们可能在意识层面把机器人看作机器，但是由于机器人的拟人外表和行为，在无意识层面（unconscious level）把机器人看作人类。所以说，如果用更现代的术语来重新表述詹奇的观察的话，由于人类知觉系统的自动性（automaticity）和认知不可穿透性（cognitive impenetrability），即使我知道机器人不是活的、没有情绪、没有像我们一样的心灵，我也有可能**继续**在机器人身上知觉到生命、情绪和心灵。[1]

32   我认为我上面概述的这些内容，和我前一节中提到的调整之后的米塞尔霍恩解释对机器人共情的框架是完全兼容的。但我确实承认，到此为止的这些内容都有些猜测的成分，所以从现在开始，我会概述一些我觉得支持这个新框架的实证发现。其中一个发现是恐怖谷现象似乎涉及范畴化困难（categorization difficulty）。在这里，"范畴化"指的是对一个东西划分进某个范畴的尝试，比如"有生命的"/"无生命的"、"人类的"/"非人类的"。近年来的一篇论文（Burleigh, Schoenherr, and Lacroix 2013）进行了两个探究恐怖谷现象的经验研究。[2] 其中一个研究的结果说明，范畴化困难助长了感官刺激引发恐怖感的能力。研究人员把这种对恐怖谷现象的解释称作"范畴冲突假说"（category conflict hypothesis）。在这项研究中，他们用 7 刻度的李克特量表（Likert-scales）来测量参与者体验到恐怖感的程度。但

---

1 大卫·马瑟森向我指出，如果知道人造物不是活的，但它又让观察者产生了有生命的强烈印象，这也会导致观察者产生一种有人在试图欺骗他的感受（甚至可能是恶意的），这样一来也可能引发某种不适感。我觉得这个提议挺靠谱的，而且对未来的实证研究可能是一个很有成果的课题。

2 我想感谢盖·拉克鲁瓦向我提起这篇非常出色的论文，并且感谢他与我关于范畴化困难和恐怖谷现象的讨论。

除了探究我们能否用范畴化困难解释恐怖谷现象之外，研究人员还测试了受试者是否会因为一些反常的特征和真实等级对感官刺激打出过于严苛的分数。他们用计算机生成的图像制造了两个范畴连续图谱（continuum of images），其中一个是跨范畴连续图谱（between category continuum of images）——人脸逐渐变形为动物特征的脸（比如山羊鼻和山羊耳朵），另一个是单一范畴连续图谱（within category continuum of images），其中被操纵的是这些脸的真实性等级。在这两种实验条件下，他们都在一系列图像中加入了一些反常特征（比如大小眼）。在真实等级的图谱中，他们发现参与者对恐怖感的打分和图像的真实等级之间存在的是线性关系，也就是说，在数据中观察不到恐怖谷。但有趣的是，当参与者给包含了人脸特征和动物脸特征的图像造成的含混范畴的感官刺激打分的时候，研究人员则发现了恐怖谷效应。不仅如此，参与者对恐怖程度打分最高的，正是那些对象范畴最含混的图像，也就是"主观看来'像人'和'像动物'的大致中点"（同上，p. 770）。

在另外一项系列研究（Yamada，Kawabe，and Ihaya 2013）中，研究人员使用了一种被称作"形变"（morphing）的技术来制造一系列逐渐变化的图像，例如从人像逐渐形变到卡通人像再形变到人形毛绒玩具的图像。实验人员把这一系列形变图像被随机展示给参与者，要求他们用李克特量表给图像的亲和感（而不是恐怖感）打分并把图像中的物体归到一个特定的范畴下（如真人或卡通人等等）。他们用参与者的反应时长作为量化图像范畴含混度的标准，发现参与者在范畴化那些范畴含混的图像时耗时更长——比如那些同时包含了两个不同范畴特征的图像。有意思的是，他们还发现，范畴化用时最长的时候，

33

也正是参与者给图像的亲和感打分最低的时候。

可以看出，这两篇论文的研究结果都表明，负面评价最强烈的地方似乎出现在范畴边界上。伯利等人的论文（Burleigh et al. 2013）还指出，由呈现给实验参与者的范畴含混的感官刺激引发的恐怖感，是一种类似认知失调（cognitive dissonance）的现象，也就是当一个人同时考虑两个彼此矛盾的信念时会感受到的那种心理不适感（参考 Festinger 1957）。在恐怖机器人的案例中，它们之所以引起恐怖感，可能就是因为参与者关于机器人的信念（它们不是活的）和她对机器人的知觉（它看上去是活的）之间出现了矛盾。无论如何，我认为伯利论文中的这个类比与詹奇关于恐怖自动机的讨论以及石黑浩（Ishiguro 2006，2007）对人形机器人的有意识／无意识认知的理解，彼此之间都是相吻合的。

我需要补充的一点是，尽管这两个研究都没有考察生命（animacy）的问题，但有很多其他经验研究都对"人类什么时候以及出于什么理由认为某个物体是活的"作出过探究。其中一项研究（Looser and Wheatley 2010）的发现也与我这一节中概述的内容吻合。这些实验者试图借助真人脸和人体模型脸的一系列形变图像，找到人们开始认为一张脸是真人脸的那个连续谱上的分界点。他们在不同的实验条件下观察到，参与者开始认为这是活人的脸的那个点，差不多也就是他们开始认为它有能动性和经验这些心灵特征的点（参考 Gray，Gray，and Wegner 2007）。研究人员还观察到，花费了参与者最长时间才把图像归到真人范畴或人体模型范畴的那些点，差不多也就是参与者开始认为图像有心灵特征的点。这一实验的结论是，参与者是在有生命和无生命的范畴边界上开始观察到心灵特征的。同样有意思的是，尽管这个实验没有探究恐怖谷现象，但研究报告称，其中一些实验参与者在那些接近范畴边界的图像上体验到了"很恐怖而且不舒服"的感觉（Looser and Wheatley 2010，p. 1860）。

另一个专门探究恐怖谷现象是否涉及心灵知觉的实证研究也同样支持我的框架。研究人员进行了两个实验（Gray and Wegner 2012），其中实验参与者所受到的感官刺激的能动性等级（levels of agency）和体验感觉（experience of the stimuli）都被操纵了。在其中一个实验中，他们把关于一台电脑的两种描述随机分配给参与者：一组参与者被告知，这台电脑只是一台非常强大的超级计算机，而另一组参与者被告知，这台电脑非常强大以至于可以体验到疼痛或口渴的感觉。在另一个实验中，他们给了参与者一张男人的照片。第一组参与者被告知图片里的男人是"正常的"，第二组参与者被告知这个男人无法体验到感觉，最后一组参与者被告知这个男人没有能动性。他们让不同组的参与者用李克特量表自己观察这个男人和那个超级计算机时产生的"不安感"（unnervingness）打分。研究人员发现，被告知电脑可以体验到感觉的那组参与者给自己的不安感打分更高。同样，被告知这个男人无法体验到感觉的那组参与者给自己的不安感打分最高。这些结果表明，当体验感受的能力——所谓的"心灵特征"之一（Gray，Gray，Wegner 2007）出现在人们觉得不该出现的地方（电脑的案例），或者在人们觉得应该出现的地方没有出现（男人的案例）的时候，就会导致人们觉得不安。这项研究的结论是，这是因为"高级认知"自古以来就被看作人类的定义性特征，而且因为"人类在根本上就被看作有体验感受的，所以一个没有体验感受的人……应该被看作令人不安的"（Gray and Wegner 2012，p. 126）。

34

　　之前我提到过，我们应该把同情之外的其他共情经验样态也看作恐怖谷现象的可能因素。如果我到此为止考察的经验证据能说明什么的话，那它说明的一定是我们不应该只关注情感共情或同情，而是也应该把认知共情包括在研究范围之内。然而读者对我到此为止的结论可能有一些担忧：仅仅知觉到对方的心灵特征，这还不能算是完整的认知共情行为。这个想法或许没错，但我认为，就人类知觉到机器人表现出意向行为而言——也就是机器人表现出目标导向的行为，好像它们有心灵而且在思考自己正在做什么似的——我的想法是有前景的。举例来说，在塞金等人（Saygin et al. 2011）对恐怖谷现象的探究中，研究人员用 fMRI 成像技术检查了参与者观察到机器人目标导向行为时的脑状态。这个实验有三个场景，其中参与者观察到了机械呆板的机器人、人形机器人和真人分别做挥手致意的动作的模样。有趣的是，实验发现在人形机器人的场景下，参与者大脑中被称作"行为知觉系统"[1]（action-perception system，APS）的区域的活跃等级最高，而这一区域在第一个和第三个场景中的活跃程度都比较低。塞金等人的结论是，机械呆板的机器人和真人的外表对应着行为知觉系统可以预期的行为；而在人形机器人的场景下，行为知觉系统的活跃程度之所以更高，是因为人形机器人的鲜活外表与它的机械动作并不一致。这一解释不仅提供了一些关于恐怖谷现象神经学基础的洞见，还向我们提示

35

　　1　行为知觉系统包括了侧颞（lateral temporal）、顶叶内前部（anterior intraparietal）、下额叶／腹侧前运动皮层腹部的运动皮层（inferior frontal/ventral premotor cortices）这些大脑结构，其中一些区域也组成了一些人称作"镜像神经元系统"（mirror neuron system，MNS）的东西。很多人认为，镜像神经元系统包括了人执行行为和观察到别人执行同样的行为时都会触发的神经元。根据亚科博尼（Iacoboni 2009）所说，镜像神经元或许能够解释人们如何表征他人的心灵内容，因此镜像神经元构成了共情的神经学基础。

了这一点：人们是把机器人当作意向行动者，而不是无心灵的自动机来看待的。用丹尼特（Dennett 1989）的术语来说，我们可以认为人们在理解机器人的行为模式时采取了"意向性立场"（Intentional Stance）。

结论

我在这一章中的目标是确定人类对机器人的共情是不是真正意义的共情。我回答这一问题时采取的路径是考察米塞尔霍恩解释对机器人共情如何可能的框架。我尝试说明，一方面她的共情理论捕捉到了一些正确的东西——主要是社交机器人和人类之间的相似性会导致我们在观察机器人时体验到和观察真人时类似的现象感受——但我们最好还是把这种共情刻画为类似知觉幻象的东西，而不是想象性知觉。至于米塞尔霍恩的另一个目标，也就是解释恐怖谷现象，我认为出于对错觉的考虑，我对她的框架作出的调整也能够保留并解释关于恐怖谷现象的经验研究成果。

虽然我尽了最大努力写出一篇建构性而不是批判性的文章，而且虽然我确实认为米塞尔霍恩的概念框架正确地捕捉到了人们为什么对机器人有共情，但我必须简短地讨论一下她的理论的另一个问题：米塞尔霍恩的理论首先是用来解释我们对**无生命对象**（inanimate object）的共情的，但我已经说明了社交机器人绝对不是典型的无生命对象。恰恰相反，尽管社交机器人的行为表现事实上没有情绪表达，但它们看上去是有的。机器人的这些行为也很容易在我们心中引发一种"它们是有生命的"的错觉。不仅如此，机器人的行为常常是目标导向和意向性（intentional）的，这会让它们在观察者眼中显得好像有心灵一般。因此，人们对这些无生命机器人产生共情的重要原因之一，正是它们看上去常常并不像无生命的东西。

最后，我必须回答最开始提出的问题，也就是人类对机器人的共情到底是不是真正意义的共情。如果我们接受米塞尔霍恩的想象性知觉框架，那么在我看来，人对社交机器人感受到的共情并不是真正意义的共情。当然了，我们可以用想象共情，也可以用模拟来共情。但如果机器人事实上无法感受到情绪，那么我们对它们根本就没什么可以共情的东西，这也是我为什么认为人对社交机器人感受到的共情并不是真正意义上共情的原因。米塞尔霍恩调整之后的框架也是这样的：我们有的只是对共情经验的幻觉，而不是真正意义上的共情。和这种真正的共情不同，我们有的只是误以为社交机器人能感受情绪，误以为它们有生命，误以为它们有近似人类的心灵的想法。社交机器人会导致我们的心灵"出差错"，我们也会因此错误感知到这些事实上并不存在的特征。我们的心灵在某种意义上错误地感知着其他心灵。所以尽管人可能对机器人有共情或同情——就像弗兰克对他的机器人伴侣那样，这些案例在我看来并不是真正意义的共情。然而我必须承认，在社交机器人和认知共情的情况中更可能出现真正的共情。我在这一章中并没有深入探索这个想法，但我认为它确实值得我们展开更深入的讨论。因为尽管机器人并没有真正的大脑，但人类大脑和机器人的"硅脑"其实都是一种信息处理系统。那么虽然机器人无法感受到情绪，但他们或许能够以某种方式思考（相关讨论可以参考Turing 1950）。或许唯一能解决我们对社交机器人能否有真正共情这一问题的办法，就是继续制造更多的社交机器人。一旦我们到达了被布莉齐尔（Breazeal 2002，p. 1）称作社交机器人学"发展巅峰"的时刻，我们或许就会发现机器人其实是有能力体验它们自己的情绪的。

参考文献

Bach, M. n.d. "Neon Color Spreading." Accessed October 10, 2014. https://www. michaelbach.de/ot/col-neon/index.html.

Bartneck, C., T. Kanda, H. Ishiguro, and N. Hagita. 2009. "My Robotic Doppelgänger: A Critical Look at the Uncanny valley." The 18th IEEE International Symposium on Robot and Human Interactive Communication, 2009. RO-MAN 2009, Sept. 27 2009-Oct. 2 2009. 269-76. doi: http://dx.doi. org/10.1109/ROMAN.2009.5326351.

Bartneck, C., C. Rosalia, R. Menges, and I. Deckers. 2005. "Robot Abuse: A Limitation of the Media Equation." *Proceedings of the Interact 2005 Workshop on Agent Abuse*, Rome, Italy.

Batson, C.D. 2011. *Altruism in Humans*. New York: Oxford University Press.

Breazeal, C. 2002. *Designing Sociable Robots*. Cambridge, MA: MIT Press.

Breazeal, C. 2003a. "Emotion and Sociable Humanoid Robots." *International Journal of Human-Computer Studies* 59(1-2): 119-55. doi: http://dx.doi. org/10.1016/S1071-5819(03)00018-1.

Breazeal, C. 2003b. "Toward Sociable Robots." *Robotics and Autonomous Systems* 42(3-4): 167-75. doi: http://dx.doi.org/10.1016/S0921-8890(02)00373-1.

Burleigh, T.J., J.R. Schoenherr, and G.L. Lacroix. 2013. "Does the Uncanny Valley Exist? An Empirical Test of the Relationship between Eeriness and the Human

Likeness of Digitally Created Faces." *Computers in Human Behavior* 29: 759-71.

Darwall, S. 1998. "Empathy, Sympathy, Care." *Philosophical Studies* 89: 261-82.

Dennett, D.C. 1981. "Why You Can't Make a Computer That Feels Pain." In *Brainstorms: Philosophical Essays on Minds and Psychology*, 190-229. Cambridge, MA: MIT Press.

Dennett, D.C. 1989. *The Intentional Stance*. Cambridge, MA: MIT Press.

Festinger, L. 1957. *A Theory of Cognitive Dissonance*. Evanston: Row & Peterson.

Goldman, A.I. 1989. "Interpretation Psychologized." *Mind & Language* 4(3): 161-85. doi: http://dx.doi.org/10.1111/j.1468-0017.1989.tb00249.x.

Gray, H.M., K. Gray, and D.M. Wegner. 2007. "Dimensions of Mind Perception." *Science* 315(5812): 619. doi: http://dx.doi.org/10.1126/science.1134475.

Gray, K. and D.M. Wegner. 2012. "Feeling Robots and Human Zombies: Mind Perception and the Uncanny Valley." *Cognition* 125(1): 125-30. doi: http://dx.doi.org/10.1016/j.cognition.2012.06.007.

Iacoboni, M. 2009. "Imitation, Empathy, and Mirror Neurons." *Annual Review of Psychology* 60(1): 653-70. doi: http://dx.doi.org/10.1146/annurev.psych.60.110707.163604.

Ishiguro, H. 2006. "Android Science: Conscious and Subconscious Recognition." *Connection Science* 18(4): 319–32. doi: http://dx.doi. org/10.1080/09540090600873953.

Ishiguro, H. 2007. "Scientific Issues Concerning Androids." *The International Journal of Robotics Research* 26(1): 105-17. doi: http://dx.doi. org/10.1177/0278364907074474.

Jentsch, E.A. 2008. "On the Psychology of the Uncanny." In *Uncanny Modernity: Cultural Theories, Modern Anxieties*, translated by Roy Sellars, edited by Jo Collins and John Jervis, 216-28. New York: Palgrave MacMillan. Original edition, 1906.

Kang, M. 2011. *Sublime Dreams of Living Machines: The Automaton in the European Imagination*. Cambridge, MA: Harvard University Press.

Looser, C.E. and T. Wheatley. 2010. "The Tipping Point of Animacy: How, When, and Where We Perceive Life in a Face." *Psychological Science* 21(12): 1854-1862. doi: http://dx.doi.org/10.1177/0956797610388044.

Maibom, H.L. 2007. "The Presence of Others." *Philosophical Studies* 132(2): 161-90. doi: http://dx.doi.org/10.1007/s11098-004-0018-x.

Maibom, H.L. 2012. "The Many Faces of Empathy and Their Relation to Prosocial Action and Aggression Inhibition." *Wiley Interdisciplinary Reviews: Cognitive Science* 3(2): 253-63. doi: http://dx.doi.org/10.1002/wcs.1165.

Maibom, H.L. 2014. "Introduction: (Almost) Everything You Ever Wanted to Know About Empathy." In *Empathy and Morality*, edited by Heidi L Maibom, 1-40. Toronto: Oxford University Press. doi: http://dx.doi.org/10.1093/acprof:oso/9780199969470.003.0001.

Misselhorn, C. 2009. "Empathy with Inanimate Objects and the Uncanny Valley." *Minds and Machines* 19(3): 345-59. doi: http://dx.doi.org/10.1007/s11023009-9158-2.

Mori, M., K.F. MacDorman, and N. Kageki. 2012. "The Uncanny Valley." *IEEE Robotics & Automation Magazine* 19(2): 98-100. Original edition, 1970. doi: http://dx.doi.org/10.1109/MRA.2012.2192811.

Redstone, J. 2013. "Beyond the Uncanny Valley: A Theory of Eeriness for Android Science Research." MA thesis, Carleton University.

Redstone, J. 2014. "Making Sense of Empathy with Social Robots." In *Sociable Robots and the Future of Social Relations: Proceedings of Robo–Philosophy 2014*, edited by Johanna Seibt, Raul Hakli and Marco Nørskov, 171-7. Amsterdam: IOS Press Ebooks. doi: http://dx.doi.org/10.3233/978-1-61499-480-0-171.

Rosenthal-von der Pütten, A.M., N.C. Krämer, L. Hoffmann, S. Sobieraj, and S.C. Eimler. 2012. "An Experimental Study on Emotional Reactions Towards a

Robot." *International Journal of Social Robotics* 5(1): 17-34. doi: http:// dx.doi. org/10.1007/s12369-012-0173-8.

Rosenthal-von der Pütten, A.M., F.P. Schulte, S.C. Eimler, L. Hoffmann, S. Sobieraj, S. Maderwald, N.C. Krämer, and M. Brand. 2013. "Neural Correlates of Empathy Towards Robots." *HRI 2013 Proceedings*, 8th ACM/ IEEE International Conference on Human-Robot Interaction, Tokyo, Japan. 215-16. doi: http://dx.doi.org/10.1109/HRI.2013.6483578.

Saygin, A.P., T. Chaminade, H. Ishiguro, J. Driver, and C. Frith. 2011. "The Thing That Should Not Be: Predictive Coding and the Uncanny Valley in Perceiving Human and Humanoid Robot Actions." *Social Cognitive and Affective Neuroscience* 7(4): 413-22. doi: http://dx.doi.org/10.1093/scan/nsr025.

Schreier, J. 2012. *Robot & Frank*. USA: Samuel Goldwyn Films.

Slater, M., A. Antley, A. Davison, D. Swapp, C. Guger, C. Barker, N. Pistrang, and M.V. Sanchez-Vives. 2006. "A Virtual Reprise of the Stanley Milgram Obedience Experiments." *PLoS ONE* 1(1):e39. doi: http://dx.doi.org/10.1371/ journal. pone.0000039.

Tinwell, A., M. Grimshaw, D.A. Nabi, and A. Williams. 2011. "Facial Expression of Emotion and Perception of the Uncanny Valley in Virtual Characters." *Computers in Human Behavior* 27(2): 741-9. doi: http://dx.doi.org/10.1016/j. chb.2010.10.018.

Turing, A.M. 1950. "Computing Machinery and Intelligence." *Mind* 59(236): 433-60. doi: http://dx.doi.org/10.1093/mind/LIX.236.433.

Yamada, Y., T. Kawabe, and K. Ihaya. 2013. "Categorization Difficulty Is Associated with Negative Evaluation in the "Uncanny Valley" Phenomenon." *Japanese Psychological Research* 55(1): 20-32. doi: http://dx.doi.org/10.1111/ j.1468-5884.2012.00538.x.

第三章

机器人与道德界限

拉法埃菜·罗多诺

我在这一章想讨论的问题是，我们能否合理地把机器人看作道德 39
施动者和道德受动者？我对两个问题的回答都是有条件的否定：只要
机器人还缺少某些关键属性，它们就既不是道德施动者也不是道德受
动者。这个结论当然没什么新颖的，然而它最近受到了很多哲学家的
持续批评（Coeckelbergh 2014，Gunkel 2014）。本章的新颖之处在于，
我在捍卫这个回答时提出的论证可以躲过这些批判。我的论证策略
是，通过考察道德实践的心理学和生物学基础以尝试论证，至少目前
来看，机器人在这些基础上与人类的相关差异使得它们无法占据主动
或被动的道德角色。[1]

---

1 考虑到中文语境下的读者可能不太熟悉这些道德哲学概念的使用，译者在这里作一
个简要的澄清。主动的道德角色指的是前文的道德施动者，只有道德施动者的行为才能接受
道德评价。我们通常认为动物不是道德施动者，例如在八达岭动物园咬死游客的老虎，即使
老虎的行为造成了悲惨的后果，我们也不认为这只老虎在任何意义上是不道德的。被动的道
德角色则对应前文的道德受动者，而只有针对道德受动者的行为才能接受道德评价。尽管动
物不是道德施动者，但很多人认为它们仍然是道德受动者，例如折磨动物被认为是不道德的
行为。——译者注

导言

机器人在什么情况下可以被看作对自身的行动负道德责任的道德施动者？机器人有权利吗？机器人可能被伤害或虐待吗？我想除了那些机器人狂热分子之外，大多数人在面对这些问题时都会持有一定程度的怀疑。机器人当然**不是**道德施动者，它们当然**不能**被伤害或虐待。说白了，它们顶多是一堆包裹成人形的电路板和电线而已。除了理智清醒的成年人类之外，根本没有其他道德施动者。而只有那些有自己的利益诉求（interest）的生物，其中最典型的是人类这种有感受能力的生物，才是道德受动者。这个回答当然有些粗糙，但我们由此可以看到那些对于回答上述问题来说非常关键的争议点。

我们确实用电路板创造过奇迹。多亏了某些电路系统，我们建造的一些机器已经在不可胜数的任务上打败了人类。那为什么不能至少在原则上承认，我们可以建造出足够复杂的、能够作为施动者或受动者成为我们的道德共同体成员的机器人呢？我在这一章中并不否认，这件事没准在将来的某一天真的会实现。然而我现在想论证的是，那一天现在还没有到来；但如果真的到了那一天，那时候的机器人确实会由于和人类太过相似，以至于决定制造一个机器人的伦理意义将不亚于决定生一个孩子的伦理意义。

机器人与道德施动性

一个东西——儿童、机器人或成年人——在什么条件下算是道德 40
施动者呢？一种回答可能是：只要能够按照我们认为正确的道德准则
去行动，就应该算是道德施动者。然而我们仔细想一下就会发现，这
个回答是不充分的。我们通常不会，也不应该把那些碰巧作出符合正
确道德准则的行动的东西看作道德施动者。

我们来考虑一个最简单的涉及道德行动的场景，比如说，现在唯
一在道德上重要的行为就是"不要按红色按钮"。接下来，你告诉你
两岁大的孩子，他在任何情况下都不许按那个红色按钮。接下来我们
假设，你的孩子在红色按钮附近的时候，确实会注意不要按它。我希
望我的读者此时也都同意，我们不会也不应该把这个孩子看作道德施
动者，至少不应该只根据他在红色按钮附近的表现就对这一问题下
判断。

那到底是什么使得一个东西成了道德施动者呢？我在接下来的讨
论中不会提供完整的答案，但我会通过解释道德性（morality）这一实
践操作的结构性质给出一个局部有效的答案。我请大家把道德性看作
一个特殊的评价领域，它的对立面是那些无关道德的评价领域，例如
审美和礼节规范的评价领域。那么这样一来，道德判断（或它们表达
的道德准则）相比那些无关道德的判断到底有什么独特之处呢？

我这里用以回答这一问题的研究方法将会解释，当我们在判断中
运用关键的道德概念，尤其是运用"道德错误"（morally wrong）这个
概念的时候，我们究竟在做什么。这里的想法是，如果一个行动者无

法掌握"把一个行为评价为道德上错的"这个道德实践的核心要素，不管是什么原因导致了它这方面的无能，那么就算它能够作出符合道德准则的行动，它也不能算是道德施动者。

我们现在的任务不是对"道德错误"进行语义学分析——很多理论认为这个术语是最基础的，因此也没办法对它作进一步的语义学分析。与此相反，我们的任务是澄清，在什么条件下可以断定某个个体胜任地（competently）使用了"道德错误"的概念。根据这一立场，只有拥有认知能力的主体才被认为能够拥有概念（concept possession；Brandom 1994，Dummett 1993，Millikan 2000）。举例来说，拥有"猫"的概念大概就意味着该主体能够在猫和其他东西之间作出区分，并在和猫有关的事情上完成逻辑推理。这种理解概念的方式和"作为用法的意义"（meaning as use）这一想法有紧密关系：学会一个概念的意义，就是学会如何使用这个概念，也就是学会如何用这个概念作出有理有据的断言。[1]

41   以知觉断言为例，根据"意义作为用法"的理论，知觉断言的部分意义是：当这个袜子看上去是红色的，而我们又没有挫败性证据（defeating evidence）说它不是红色时，我们就有理由断言这个袜子是

---

1   根据这种对概念的理解，概念分析不再是陈述概念的真值条件的定义，而是陈述概念的辩护（justification）条件的刻画。要确定一个概念的意义，我们要找到一个人习得这个概念需要满足的条件集 C。这里的想法是，很多概念的条件集 C 都完全是由概念的辩护条件决定的，因此每个条件集 C 都对应着唯一的概念，我们也可以说这个条件集 C 唯一地定义了那个概念（Pollock 1974，第一章）。

红色的。[1] 根据这类分析，"红色"这个概念至少是部分地被有根据的（justified）红的视觉经验构成的。[2]

回到道德错误的概念上，这种立场把对"道德错误"这一概念的分析和找到这个概念的条件等同起来——只有在这些条件下，一个人才有理由断言某件事在道德上是错误的。我的具体想法在圈内不算新颖，这种想法只不过是现在所谓的新情感主义（neo-sentimentalism about morality）的一个具体版本。根据这种理论，"道德错误"这个概念的意义至少是部分地被有根据地感受到的某种情绪或情感构成的。

至于是哪些情感才与道德相关，新情感主义者内部也是有分歧的。[3] 根据其中一种观点（Gibbard 1992）来看，判断张三打李四是道德上错的，说的就是李四和其他中立旁观者对张三的行径感到一种合适的 / 恰当的 / 有理由的（appropriate/fitting/rational）愤慨，而张三也在这一程度上为自己的行为感到内疚。还有学者（Skorupski 2010）

1　这里需要简要地澄清译者的一个翻译原则。在当代的知识论（epistemology）研究中，"I am justified in believing that p"是很常见的一种对认知主体满足了某种认知规范性条件的表达，它的直译是"我对命题 p 的信念是得到了辩护的"。这样的中文翻译并不符合汉语的表达习惯，而且当 p 的命题内容足够冗长时，中文直译几乎是不可读的。出于上述考虑，译者将类似的表达均翻译为"我有理由相信 p"。有时候我会用"有根据的"替代"有理由的"。严格来说，认知理由（epistemic reason）和认知辩护（epistemic justification）在知识论上并不等价，但二者的理论差别与这篇文章的核心论证是无关的。因此，译者别出心裁的翻译在大大增强了可读性的同时并不会误导中文读者。——译者注

2　然而这并不是要否认"红色"在真值条件定义的层面是语义基础（semantically primitive）的，以及"红的知觉经验"是通过"红色"来定义的或可以从"红色"的意义中分析出来。

3　新情感主义者与情感主义者的分歧更大。情感主义者虽然同意情感在道德判断中扮演了很多角色，但否认我们的道德判断必然涉及情感的规范性归属，比如他们否认"X 是错的，当且仅当我们有理由对 X 产生情绪 E"这类命题。

认为，（有根据的）生气或愤慨在这个语境中是与道德无关的；他们认为一种有根据的责备才是那种部分地构成了"道德错误"意义的情感，不管这指的是张三的自我责备还是我们对张三的责备。

总之不管这些具体的分歧如何，新情感主义认为，只有当某个个体掌握了对道德情感的规范性归属（normative attribution）之后，也就是只有当他／她明白了在哪些道德场景下应该产生哪些道德情感之后，这一个体才算是正确运用了"道德错误"的概念，即作出了正确的道德判断。[1]因此，假设内疚这种情感构成了"道德错误"的部分意义，那么就可以推出，那些没理解"一个人只应该为自己负责的行为感到内疚"的人也就没有掌握"道德错误"这个概念。这样的个体（比如一个儿童）或许会错误地因为猫折磨老鼠就认定猫是邪恶的。与此类似，在面对全新的或更复杂的道德问题和道德场景时，一个人在道德情感归属方面的经验、想象力和技能，都可以帮助他判断一个行为在道德上是不是可被允许的。

42　　最后我们要强调的是，想完全理解"道德错误"的意义，**唯一**的方式就是亲身体验道德情感。要推出这个结论，我们可以回到对"红色"的分析上，并特别注意，"红色"这个概念的部分意义是由有根据的红色**视觉经验**构成的。设想一个拥有高科技设备的盲人，当她用手指触摸一个物体的时候，高科技设备就会告诉她这个物体表面反射

1　由于找不到更符合合汉语习惯的翻译，我将 attribution 直译作"归属"。这里作者想表达的意思是，判断一个行为是不是道德上错的，就是判断我们应不应该对这个行为产生道德情绪（愤慨、内疚、责备等等）。我应该对一个行为感到内疚，也就是我应该把内疚的情绪"归属"给这个行为。之所以强调这种归属是规范性的，是因为它涉及了应然的维度（我**应该**对这个行为感到内疚）。——译者注

的光的频率。我们接下来假设，她通过学习知道了700—790THz 频段的光就是人们所说的紫罗兰色，600—700THz 频段的光对应人们所说的蓝色或靛蓝色，405—480THz 频段的光对应人们所说的红色，等等。只要她摸到一个物体，在高科技设备的帮助下，她就能像有正常视觉的人一样进行颜色相关的推理。所以在大多数情况下，她看上去也像是"红色"概念的胜任使用者。

然而由于视觉主体的"红色"概念在本质上就包含了视觉感知的（visuo-perceptual）要素，这个盲人永远会缺失"红色"的现象性质。因此她无法真正掌握那些健全的颜色概念使用者基于现象性质作出的推理的意义。举例来说，她完全无法理解，为什么那些比较明亮的颜色（对她来说也就是频率比较低的光）经常被看作愉悦但容易让人感到厌倦的颜色。她无法理解颜色和愉悦、疲倦、焦虑、宁静等等这些心灵状态之间的关联——因为这些关联正是通过颜色的现象性质产生的。

类似的结论在新情感主义对"道德错误"的分析中同样成立。我们可以考虑"被冤枉"这一想法，或者其他任何你觉得出现了不公正情景时所有的想法。这些想法正是生气和愤慨这些道德情感现象性质的核心部分。我们在感受到生气或愤慨的情绪时，我们的感受不仅仅是觉得有些规范被违反了——因为毕竟还有很多其他类型的规范，比如审美规范、处事规范、礼节规范，而违反这些规范不会带来冤枉或不公正的体验。但是当我们感受到生气和愤慨（或者内疚和责备）的情绪时，我们感受到的违反规范是带有道德色彩的，也就是冤枉或不公正。

再回到颜色的类比上，正如盲人即使有高科技仪器也仍然无法掌握一些重要的、非盲人使用颜色概念的方式一样，那些缺乏情绪感受的人或事物也没办法掌握那些通过现象性质才能传达给我们的、"道德错误"概念中的意义。对这些个体而言，它们很难在违反道德规范和违反其他规范之间作出区分，因为违反道德规范所带来的独特的现象性质对它们来说是不存在的。这些独特的现象性质不仅包括独特的道德情感，也包括独特的动机（motivation），例如责备、报复惩罚和补偿等等。换句话说，在没有情感的存在者这里，道德性的一个非常基础的层面是处于系统性的缺失状态的。

43   我们在文学作品中能找到更生动的例子。想想陀思妥耶夫斯基《罪与罚》的主角拉斯科尔尼科夫在小说第一部分中杀了放高利贷的老妇人和她妹妹之后的经历。小说的剩下六个部分都在生动地描绘拉斯科尔尼科夫是怎样无法接受自己犯下的罪行的。他的内疚、忏悔的需求和赎罪的欲望先让他的身体病倒，然后差点儿把他逼疯。拉斯科尔尼科夫的情绪感受说明并且构成了"他犯下了恐怖的罪行"这个洞见。那些毫无情感的人或事物怎么可能把握得到这个洞见？

这里我想表达的是，"道德错误"的概念和它激活的道德实践都**要求**一个情感基础。而关键在于，如果这个断言是对的，那么只要机器人无法感受到相关的道德情感，它就不能被看作道德施动者。只是这一断言有两种解读方式。根据比较严苛的解读，任何一个不道德或不公正发生的场景都应当伴随着相关情绪（生气、愤慨或者新情感主义者提出的其他情绪）的产生。我认为这一解读是不合理的，而新情感主义者不支持也不需要支持这个解读，所以我把它放在一边。

而根据比较宽松的解读，我们可以把上文的断言理解为：一个人不需要在她作出道德判断的每个场景都体验到这些道德情感，她只需要拥有情绪感受的能力就可以了。根据这种立场，我们在学习掌握道德判断相比其他判断而言的特殊性，以及在学习正确地判断的过程中，是需要亲身体验道德情感的。而一旦我们掌握了这些内容之后，尽管我们在作道德判断的时候仍然会**常常**体验到这些情感，但我们并不必须每次都体验它们。这些个体已经形成了对道德情感的敏感性，这些情感即使偶尔不出现，也仍然会引导他们的判断和行动。[1] 因此，在情感经验、理解和敏感性的基础上，你有时候可能会以非常平静的方式，在感受不到任何生气、愤慨、内疚和责备的情况下，谴责某个人的不道德行为。简而言之，机器人能否成为道德施动者取决于它们是否拥有以下这个东西——

感受：有经历那些道德情感的能力，并且在道德发展的过程中确实感受过这些情感。[2]

1　比方说，我们的羞耻心常常会导致我们做和不做一些行为。一个无耻的人，也就是一个缺乏羞耻心的人，倾向于做那些很多人会觉得可耻的事情（参考 Deonna、Rodogno、and Teroni 2011 对这个问题的讨论）。

2　科克博格（Coeckelbergh 2010）提出了一个表面上看很相似但实际上完全不同的观点。他认为我们只要创造一些看上去有情绪感受的机器人就够了。他的论证背后的想法是，即使是人与人之间，我们也没办法完全确定另一个人真的有情绪感受、意识和心灵。我们唯一能绝对确信地知道的是，我们与其他人类之间的道德游戏和我们与那些看上去能感受道德情绪的机器人之间的道德游戏一样，都是建立在表象的基础上的。在下一节中，我会讨论这类论证并且指出确定性（certainty）不是也不应该是这里的关键。如果我们有好的理由相信（而不是绝对确信）一个个体无法体验到道德情感，而只能系统性地伪装出自己的情感，我们就不会把它看作道德施动者。

44 　　更准确地说，根据新情感主义，道德施动性不仅需要**感受**，还需要能对道德情感作出规范性的归属。我们已经说明，光是能感到内疚是不够的，道德施动者必须还能判断什么时候应该感觉到内疚。所以除了**感受**之外，我们还要考虑到道德施动性的下述要求——

　　　　正确归属：正确归属道德情感的能力。

　　这时候有人可能会说，道德施动性只需要**正确归属**就够了，不需要**感受**。毕竟如果某个东西很擅长正确地归属道德情感，那么它也就很擅长作正确的道德判断。那些相信机器人有可能成为道德施动者的人应该很喜欢这个思路，因为**正确归属**看上去并不涉及情绪感受这个很难在机器人身上实现的能力。

　　针对这个论证，我们至少有两类回复。首先，如果道德判断的能力确实如上文所说在本质上是现象性的，那么无情感的个体就永远无法全面掌握道德判断以及它所涉及的相关事项。我们在把道德概念和无情感个体之间的关系类比为颜色概念和盲人之间的关系时已经论证过这一点了。如果这个论证还不够的话，我们还可以借用心灵哲学和语言哲学中的另一个论证，也就是塞尔（Searle 1980）著名的"中文之屋"论证（Chinese room argument）。

　　假设你独自待在屋子里，并且正在使用一个电脑程序来回答从门缝中塞进来的中文汉字。你完全不懂中文，但通过使用电脑程序来操作符号和数字，你给出了恰当的中文字符串愚弄了屋子外面的人，让他们以为屋里真的有一个会说中文的人。与此类似，我认为即使无情感的机器人通过正确归属道德情感的能力，真的能够成功复制人类共同体的道德判断（如果它们真的能在没有**感受**的条件下做到这一点的话），它们仍然不能**理解**（understand）这些判断。它们像是完成了一些操作，但丝毫不能掌握这些操作的意义。

其次应该考虑一下，我们究竟为什么会认为没有情绪感受能力的东西反而有正确归属情绪的能力？至少对人类而言，后者是建立在前者的基础之上的。举例来说，虽然儿童在 8 岁之前就能产生内疚的情绪，但他们在 8—12 岁之间才获得了正确归属内疚所必需的能力（Harris 1989，pp. 140-145，Tangney and Dearing 2002）。如果内疚与道德性之间的关联正如新情感主义者所说的那样，那我们是通过亲身体验内疚的道德情绪来才学会作道德评价的。要正确作出道德评价，我们需要有学会正确**感受**（feel）内疚的能力。如果我们不可能创造出能感受内疚或其他道德情感的机器人，那赋予它们正确归属内疚的能力又有什么意义？机器人反正也不能通过亲身体验内疚来学会作道德评价。

与此相比，让机器人不借助任何道德情感，而是通过一个禁止列表（list of proscriptions）来实现自我运转好像还是个更合理的思路。这个禁止列表是根据那些**能够**并且**确实**感到内疚的存在（例如人类）对内疚的正确归属设计出来的。然而，这样运行的机器人顶多被我们接纳为我们道德共同体之内的施动者——这还是在我们相信它们有运用道德准则和解决道德准则之间的潜在冲突的能力的前提下。[1]但这并

45

1　这里有一些需要注意的问题。很多道德语境很难说有一个让精确界定的道德规范彼此处于清晰的等级关系的结构。在这些语境中，道德施动者会面临道德规范之间的冲突，并且需要创造性地用新的规范来解决冲突。这时我们感受道德情感的能力是引导我们的关键，这会让那些无情感的个体无法参与这类语境，而我觉得这些语境在日常生活中并不少见。

不意味着它们可以被融贯地看作道德施动者。某种意义上，这种机器人就像红色按钮案例中的小孩，而两者之间唯一的区别就是机器人的禁止列表上除了"不要按红色按钮"之外还有很多别的内容。这种机器人或许能够保证不做道德上错的行为，但我们不能因此说它们掌握了这种道德实践的意义。[1]

作为道德考量的非派生（non-derivative）对象的机器人

46 不管你在"机器人是不是道德施动者"这一问题上的立场是什么，"机器人是不是道德考量的合适对象"，也即它们是不是道德受动者，仍然是一个开放的问题，就像婴儿虽然不是道德共同体的主动成

---

  1 这个结论当然会受到那些认为情感和"道德错误"的意义完全无关的人的挑战。这个争论或许从属于伦理学史上由来已久的所谓的情感主义者和理性主义者之间的分歧。康德的伦理学通常被看作理性主义传统中的最佳范例。这么巨大的分歧很难在这么短的篇幅内以不乞题的方式解决，所以我不会尝试这么做。然而很有趣的是，康德的立场归根结底可能和我上面捍卫的立场没有特别大的差别。就连康德也认为存在着一类道德情感：敬重（respect，Achtung），有时候也被康德等同为尊敬（reverence，Ehrfurcht）。康德认为这种情感可以驱动（motivate）我们。而按照索伦森（Sorensen 2002，p. 110）的说法，道德情感在康德伦理学中的意义甚至更加重要。康德在其他著作中论证了"没有感受快乐和痛苦的能力就没有经验"之后，又在第三批判中论证，"对实践理念的感受力，也就是道德情感的能力"是道德性的条件（Kant 1987，5: 265）。没有感受敬重或道德情感的能力，就没有道德性。"如康德后面说到的那样，认为每个人都有义务习得这些情感是一个误解，因为这些情感才是'义务概念的接受性的主体性条件'（Kant 1996，6: 399）。"（Sorensen 2002，p. 115）换句话说，存在着一个康德主义的论证说明无情感的机器人不能理解"道德错误"。

员，但不意味着他 / 她也不是道德考量的合适对象。[1]说到这里对道
德考量的理解，真正有意思的问题是，机器人可不可能是**非派生的**道
德考量对象。[2]换句话说，如果我们只是因为机器人的拥有者的权利
和利益诉求才应该约束我们对机器人的行为的话，这顶多说明机器人
是派生的道德考量对象。类似的论证还有，我们应该约束自己对机器
人的行为，否则我们的暴力行为对自己的性格会有负面影响（Goldie
2010）。[3]

　　为了解决道德考量的问题，我打算拓展前面捍卫过的新情感主义
路径。我这次的论证仍旧在结构层面做文章。我不会讨论个别道德规
范的作用，而是会考虑道德性的某些结构性质是如何限制了所有道德
规范的内容的。对此我的一点展望是，我们的生物学和心理学特征已
经限定了什么样的东西能成为道德规范。而这对道德考量的问题，尤
其是对机器人是不是道德考量对象的问题也有着间接的后果。

47

　　1　有些人（Gunkel 2014）似乎混淆了道德考量的问题和道德权利的问题，但这两类问
题有些许不同。拥有道德权利的人肯定是道德考量的对象，而反之则不成立：有些东西可能
是道德考量的对象但没有道德权利。举例来说，一个行动者可能有做某事的道德义务，但没
有任何一个人有权要求他履行义务。比方说，慈善（charity）让我担负了帮助别人的义务，
但没有允许任何个人有权利要求我帮他（如果别人真的有权利要求我帮他，那我帮他就不
再仅仅是慈善，而是责任了）。如果这个说法是对的，那么或许机器人是道德考量的合适对
象，但没有道德权利。所以在后文中，我会一直讨论道德考量这个比道德权利更宽泛的问
题，从而给机器人拥有道德地位一个最大的机会。

　　2　除非另有说明，后文中的"道德考量"指的都是"非派生的道德考量"。

　　3　这里的译文可能有些拗口，译者在此提供一些澄清。在某种意义上任何东西都可以
是道德考量的对象。比如我看到朋友的精美瓷器心生嫉妒，于是把它砸了，那么我的行为当
然在道德上是错的。然而关键在于，虽然我的错误行为是"砸瓷器"，但我并没有对**瓷器**做
错什么，我的错误针对的是我的朋友（我毁坏了他的财物）而不是瓷器本身。然而机器人在
这种意义上是道德考量的对象，显然是一个毫无争议的立场。作者真正关心的问题是，我们
有没有可能**对机器人**做错什么。——译者注

根据新情感主义的理论，不同社会之间是无法保证达成完全一致的道德规范的。当然有一些行为表现被绝大多数文化都看作不道德的（例如谋杀和盗窃），但显然，对很多行为（以及思想和感受）的禁止，只是某些特殊文化或文化形式的表达（例如个体主义文化和集体主义文化的对立）。这对情感主义者来说没什么可惊讶的，因为情感的理解和阐释明显是受文化影响的。

然而让我们感兴趣的不是道德规则的跨文化差异程度，而是道德规则在内容上的潜在多样性。换句话说，现在的问题是：是否因为道德规则仅仅是文化的一个结果就可以有任何内容，还是说并不是任何东西都能成为道德规范。我的想法是，尽管文化在决定道德规范的内容上扮演了重要的角色，但道德规范也是有界限的，且这些界限是由道德实践的生物学基础和情感基础划定的。

考虑这样一个问题：我们应该如何解释绝大多数文化都在道德上谴责滥杀无辜，但没有文化在道德上谴责把鹅卵石扔进海里，或者从一数到十的行为？至少一个解释它的理由是：我们的道德情感反应只有在我们能看到或感觉到某种关联——被道德规范禁止的那些行为和但凡没有这些道德规范就会出现的损失（disvalue）之间的关联——时才会发动。换句话说，我们必须以某种方式把道德规范和价值（value）关联起来。因此，我们都能理解生命的终结一般是某种损失，但把鹅卵石扔进海里或从一数到十则没有明显的损失。

这里需要强调两点。首先，基于我们的情感和认知特点，如果我们想要辩护一个道德规范，那么不仅价值的存在是有必要的，而且这个规范的内容和这个价值的本质之间也要有某种恰当的关联。这样一来，如果生命的终结是一种损失，那么与此相关的规范就必须要禁止杀人，或者说必须有利于保护生命，而不能是"禁止玩图钉游戏"这种毫不相关的内容。

其次，不是所有对规范的违反都会被看作合适的道德情感的对象。这就意味着，有些价值只和那些无关道德的规范有关系。举例来说，很多人都同意美丽是一种价值，因此有一些规范要求我们欣赏美的事物。但即使有人违反了这些规范，这也通常不会被看作道德情感的合适对象。如果你因为我欣赏不了某个事物的美而感到愤慨，或我为自己欣赏不了某个事物的美而感到内疚，这都是没道理的。

如果以上这些都没问题的话，我们就能推出，并非所有违反规范的行为所造成的损失都是**道德**损失，并非所有规范背后的价值都是道德价值。那么问题就在于，哪些价值和损失可以被合理地算作和道德相关的呢？我认为，这些价值的其中**一个**范畴，就是那些对道德考量对象来说非常基础、重要的东西。我们把这些东西称作"利益诉求"。在"人类有哪些利益诉求"这一问题下存在着很多不同的观点。有些观点是单一主义的（monistic），其中最典型的是享乐主义（hedonism），它认为所有人都有唯一的利益诉求：多体验快乐，少经历痛苦。还有一些多元主义的（pluralistic）观点，这些观点认为除了快乐和痛苦，我们还对实现自主和自由、维系亲密的人际关系、欣赏美的事物、追求知识等等事物有着利益诉求。[1] 我现在要提出的主张是，当一个保护我们这些利益诉求的规范被违反的时候，内疚、生气、愤慨或责备这

48

---

1 在多元主义者内部还可以进一步区分出福利主义者（welfarist）和非福利主义者。福利主义者认为，所有这些利益诉求都是人类整体福祉中的一部分；而非福利主义者可能会把福祉看作一种目的论的（teleological）价值，并把上面这些利益诉求中被看作非目的论的诉求排除出福祉的范围。就我们的目标而言，这些分歧都可以被搁置在一旁不深入讨论。

些道德情感就会被看作合适的反应。

在这个框架里，"哪些东西是道德考量的对象"这个问题就转化成了"哪些东西能有自己的利益诉求"的问题。如果避免疼痛是我们的一个利益诉求，那么就可以直接得出结论：道德考量应该拓展到所有能感受到疼痛的生物。到这个时候，关键的问题就成了：机器人能否在某种意义上拥有利益诉求呢？然而这个问题涉及一个知识论上的困难：如果机器人真的有利益诉求，我们该如何知道它们有哪些利益诉求呢？

根据这一框架，我们可以考虑一下我们所知道并能理解的那些人类利益诉求。换句话说，就像动物和感受疼痛的例子一样，我们可以考虑一下机器人能否拥有任何从人类视角看来可以理解的利益诉求。在下文中，我不打算证明机器人由于没有人类可识别的利益诉求所以不值得被纳入道德考量。我想要强调的是一个方法论和知识论方面的论点：人类在考虑一个东西的道德状态，或这个东西有没有利益诉求、有哪些人类可识别的利益诉求时，只能诉诸那些人类（在文化的影响下）通过自己的生物学基础可以理解的东西。在下文中，我将试着辩护这种人类中心主义的知识论，并反驳其他可能的竞争选项。

作为替代框架的环境伦理学

49 我到目前为止证明了以下论点：一个事物有人类可辨认的利益诉求，这就意味着它值得道德考量。但我并没有论证，利益诉求是**唯一**能使得一个东西值得道德考量的因素——或许还有其他不基于利益诉求的考量也能做到这一点。但这些考量会是什么呢?

我们可以从环境伦理学的发展中汲取一些灵感。这个领域的研究之所以会和我们的讨论有关,是因为环境伦理学试图证明,环境这种非人类的东西是有价值的,而且是道德考量的合适对象。不仅如此,这个领域内有一些以独立于人类利益诉求的方式理解环境内在价值的尝试(Rodogno 2010)。在这些研究者看来,即使环境对人类的福祉没有任何帮助,即使根本不存在人类去赋予它价值,环境自身也仍然是好的和有价值的。

然而我们现在关心的不是这类断言,因为它与以下想法之间没有矛盾,即环境之所以是有价值的,是因为"环境"自己有利益诉求。这种思维方式不能替代我们之前提供的思维方式,相反,它恰恰证明了我们的道德思维总是不得不采取"利益诉求"这类范畴才能进行下去。或许另一种替代思路是卡利科特(Callicott 1989,p. 25)对环境价值采取的整体论思路;在这种想法看来,对环境来说**最高的善**(summum bonum)就是生物群落的完整性、稳定性与美。这类立场认为,最关键的是环境作为整体的这种完整性、稳定性与美,而不是其中任何个体的福祉或利益诉求。我们应该如何对待这些个体以及它们的利益诉求,取决于它们构成的那个整体的价值性质。

这种观点会立刻带来一个问题:为什么一个东西的稳定性和完整性是一种价值呢?为什么不选择不稳定性和离散性?而且为什么认为这些价值是**道德**价值呢(卡利科特就算把美加入这个三元组中也没用)?我的猜测是,如果我们倾向于在"稳定性和完整性是一种价值"的想法中找到一丝合理性,那也是因为我们先认为一定程度的稳定性对我们人类追求自己的利益诉求来说是必不可少的,然后再把这个框架拓展到了环境上。但这算不上一种替代性思路，因为它还是采取了"利益诉求"的范畴。

　　而即便承认系统稳定性和整体性的状态是有价值的，另一个问题还仍然存在：这些价值和作为道德施动者的我们之间是如何产生关联的？从这些价值中可以推导出哪些规范？想想我们是怎么证明道德规范对行为的约束必须和它保护的价值有关的。我们怎么做才算尊重生态系统的稳定性和完整性呢？一个简单的答案是，我们有理由**保存**它们。其中一种思路是，我们要照它们现在的样子来保存它们。但是生态系统又不是一成不变的，所有生物最开始都是不存在的，它们在时间的长河中变异，即使没有人类的干扰最终也会消失。所以，完全保留它们的现有状态未必是正确的态度。

50　　或许我们应该把保存生态系统理解为**不摧毁**（not destroy）生态系统。那么与其用"保存"这个词，我们应该说"不毁灭"（non-destruction）。然而生态系统的毁灭和消失又是独立于人类活动的自然事实，因此在直觉上，正如看重人类福祉和生命未必意味着我们要**无限**（ad infinitum）延长人类寿命一样，不毁灭生态系统也未必意味着我们应该用尽一切手段延长生态系统的寿命。

　　或许**不插手**（non-interference）的理念才是对"生态系统是终极价值"的最佳解读。但是这种认为我们应该完全不插手生态系统的想法在很多方面都显得非常奇怪。首先，既然大家都处于同一个星球，人类不可避免地会插手至少其中一些局部生态系统。和其他地球生物一样，我们也是这个世界和自然的一部分。第二个反对不插手的理由是，所有其他动物不仅插手生态系统，而且是生态系统的构成性要素。它们不主动参与的话可能会导致生态系统的崩塌，那为什么人类就这么特殊呢？第三个理由是，人类对生态系统的插手未必总是灾难性的。有些草原就已经被我们可持续地利用了上千年（例如蒙古草原、非洲草原还有欧洲的泥炭沼泽环境）。

回到我们关于机器人道德地位的讨论，我们应该把讨论环境伦理学的这个小节看作一个思想实验，它展示了我们一旦放弃之前捍卫的框架就会产生哪些严重问题。首先，因为我们的道德思维似乎注定会使用利益诉求的范畴，因此如果我们试图从这个范畴中摆脱出来，就会遇到很多难题：如果机器人没有利益诉求的话，那它们凭什么应该被看作道德规范和道德考量的对象呢？假设它们真的有不基于利益诉求的价值，这些价值是什么呢？我们又该如何确定这些价值规范的内容呢？而这些规范最终真的应该被理解为道德规范而不是无关道德的规范吗？

最后的障碍

在这些困难面前，可能有人认为最安全的选项就是承认我们道德思维的界限，并坚持前面捍卫的利益诉求的框架。然而这个结论过于仓促了，因为或许还有其他替代思路、其他理由能拒绝这个框架。接下来我将展示最近的一些批评，这些批评针对的是一个初看上去和我们非常接近的思路；在这之后，我会呈现并反驳最后一个替代思路。为了讨论的方便，我把如下内容概括为**标准思路**（The Standard Approach）：

> x 有性质 p
>
> 任何有性质 p 的东西，都处于道德地位 s
>
> x 处于道德地位 s。（Coeckelbergh 2014，p. 63）

51　　表面上看，我们的思路可能就会被当成这个标准思路的一个例子，因为根据我们的思路，我们确实会说任何有利益诉求这个性质的东西都有道德地位，甚至只有那些有利益诉求的东西才有道德地位。随后，我们会检查机器人有没有展示出这类性质，而只要我们有理由相信它们没有，我们就会否认它们是道德考量的非派生对象。

　　贡克尔（Gunkel 2014，pp. 120-121）和科克博格（Coeckelbergh 2014，p. 63）都认为这个思路的第一步和第二步面临严峻的知识论困难。具体来说，两个人都支持某种怀疑论立场，他们都认为我们没办法确定无疑地拥有关于他人心灵的知识，尤其是关于他人心灵有没有感受痛苦的能力以及是不是有意识这些方面的知识。而因为很多我们能辨认的利益诉求都依赖于感受能力和拥有心灵，所以这明显会影响标准思路的第一步。类似的怀疑论立场也会影响到第二步。科克博格说道：

> 我们怎么能确定某个性质 p 为道德状态 s 提供了根据呢？我们难道掌握了通达某种道德形而上学的途径（have access to），某种《价值之书》，并能在其中找到关于道德地位的无可置疑的命题吗？而在自主智能机器人这种全新类型的存在面前，我们对这一点又怎么能如此确定呢？此时，一种怀疑论的回复已经呼之欲出了。（同上）

但实际上，我们的思路是可以回避这些知识论困难的。当然了，我们关于感受和他人心灵的断言不可能是**绝对确定**的，但我们本来也无须作出无可置疑的断言。根据我们的思路，只要我们关于感受和他人心灵的信念是有根据的就足够了。在这里，最佳解释推理（inference to the best explanation）能给我们足够的理由相信其他人类和与我们非常相似的动物是有心灵状态的。具体论证大概如下：

> 其他人与我是非常相似的。他们在类似情况中的行为表现很像我，**而且他们的身体也是由同样的东西构成的**。我被烧伤的时候会很疼，而且哭得龇牙咧嘴。其他人被烧伤的时候也是类似的反应，所以我可以推理出他们也很疼。这种相似性实在太多了。一般来说，我能直接知道自己有信念、情绪、感受和感知等等心灵状态。所以我也能推理出，其他人也有信念、情绪、经验等等心灵状态。简而言之，我有理由推断，其他人像我一样也有内在的心灵世界，而且他们的心灵世界和我的心灵世界非常相似。
>（Hyslop 2011，第一节，粗体为本章作者所加）

现在只要机器人在相关方面与我们人类没那么相似，只要它们的身体不是由同样的东西构成的，那么我们不仅没有不可怀疑的知识，甚至都没有理由相信它们有心灵和感受能力，因此我们也不能把附有道德地位的利益诉求归属给它们。与此类似，我们作为人类，除了借助人类可辨认的利益诉求的这种方式以外，也没有其他概念化道德地位的方式了，而前者也**不是**一个从《价值之书》上读到的**先天的**不可怀疑的直观，而是一个向着其他阐释开放的对我们道德思维的**后天的**

52

批判性阐释。

但至此标准思路及其相关立场的麻烦或许还没有结束。根据这类立场，那些把心灵状态归属给机器人并与它们主动交往的人们的态度，和"机器人没有心灵、感受能力和利益诉求，所以是纯粹的机器"的想法之间，似乎存在一个不可跨越的**解释鸿沟**（explanatory gap）。换句话说，一旦谈到机器人和它们的道德地位，就有一个鸿沟存在于人与机器人交往时的亲身经验和关于它们的理性推理之间、思维和行动之间、信念和感受之间。我们在用科学的模式想到它们的时候可能把它们**想成**纯粹的机器，但在与个别机器人打交道时，我们却把它们看作"不仅是机器"，转而用"他""她"甚至"你"去称呼它们。科克博格继续写道：

> 我们应该如何回应信念与行为，推理与经验之间的这个鸿沟呢？道德科学的回答是，我们就是搞错了机器人的道德地位。这里确实有一个鸿沟，但这个鸿沟不应该存在。然而这个回答并不能帮我们理解自己应该如何对待这些机器人，它让"正确"回答之外的回答都显得是不理性的。我们无法理解背离了"机器人只是机器"这个想法的那些亲身经验，于是我们把那些经验说成"幼稚的"或"无知的"并且不予理会。我们只能说："你难道不知道它只是个机器吗？"但这是唯一可能的回答吗？这是最好的回答吗？（2014，p. 64）

然而标准思路中——至少我们在捍卫的这种标准思路中——未必总有解释鸿沟的困难。我在别的地方也论证过（Rodogno forthcoming），我们不一定要把人类对待机器人的情感投入（affective engagement）看成不理性或不成熟的。举例来说，我们可以设想，一个人在对机器宠物有情感投入时采取了一种类似于我们对虚构故事常常采取的认知模式。你对机器宠物的情感投入就像对一本好的小说或一部好看的电影的情感投入一样。就像我对安娜·卡列尼娜的悲伤心情涉及了我对发生在她身上那些不幸遭遇的**想象、接受、思索、沉浸其中**却**并不真的相信**它们一样，我对机器宠物的喜悦也可以是我在想象、接受、思索、沉浸其中却并不真的相信"它见到我会感到很开心"。我没有错误地表征这个世界，也没有对任何东西有不理性的态度。

然而我猜这个回答仍然不能满足那些批评标准思路的人。根据科克博格的看法，采取标准思路的哲学家就是采取了完全错误的方法论——他们把机器人和它们所处的场景割裂开了，就如同科学家在创造人工实验条件的时候把他们的研究对象和对象所处的环境割裂开了一样。而这样一来，哲学家就无法看到一个重要的事实：他们的研究对象与对象所处的环境之间存在着某种特定的关系。年长的人把自己的机器"宠物"当作真的宠物或自己的孩子，这些人对机器宠物已经投入了超越机器人道德地位这一问题的情感。这时科克博格提议：

> 这种（人与机器人的交往）关系中不是已经蕴涵了机器人的道德属性吗？……现在需要讨论的已经不是机器人的道德地位了，而是这个关系本身。（2014，p. 70）

科克博格提出了一个替代思路：

53

一个东西可能以很多种不同的方式向我们呈现自己，没有哪种看待它们的方式带有先天的本体论或解释学上的优先性。有些看待它们的方式可能比其他方式更好，但这些评价都要在具体的对象、实践和实验场景中展开，这些评价也要允许不同视角展开自己的观察，而不能由某个形而上学属性本体论来预先**决定**。（同上，p. 65）

根据这个替代思路，没有哪种看待机器人的方式是"正确"的：道德地位归属是在人与机器人的关系内部形成和发展的。我认为从这里开始，标准思路就不会同意科克博格的这种批评了。为什么"这个人对机器宠物的情感投入就像对真的宠物或孩子的情感投入一样"这一事实，会让机器人道德地位的问题变得多余呢？是因为对那个机器宠物投入情感的人来说，机器人很明显已经拥有道德地位了吗？但真的是这样吗？如果上文中的提议在描述上是准确的，那么可能这个人对机器人投入情感的方式和我们对虚构小说情感投入的方式一样：她的情感是真实的，但她的情感依赖的认知基础不受关于真的规范（truth-norm）约束。机器宠物实际上没有利益诉求，因此也没有道德地位这件事，不会让她觉得自己有理由改变或减弱对机器人的态度。

即便那些对机器宠物投入情感的人认为机器人有道德地位，关于机器人道德地位的问题仍然是非常切题的。按照之前讨论过的观点，我们应该思考，从这个人对机器宠物投入情感的事实中能推出什么普遍有效的道德规范呢？能推出你、我以及其他所有人现在都有理由约束我们对这个机器人的行为吗？我猜答案是肯定的：我们需要约束至少其中一部分行为。但要想搞清楚我们为什么应该这样做，我们需要思考这个机器人到底是道德考量的派生对象还是非派生对象，因为这两种情况推出的道德规范是完全不同的。要想论证机器人有非派生的道德地位，光是证明它与某个个体的关系已经包含"道德属性"是不够的。[1]

道德首先是一种实践性（practical）的存在，一个用来约束行为的规则系统。它运转的方式就是通过建立规范，在某些时候约束施动者追求自己利益诉求的自由。如果我们认为不存在看待机器人和它们的道德地位的唯一"正确"方式，这种关于道德的看法虽然诉诸所谓的"道德属性"（moral quality），但还不足够具有实践性。正如上文论证的那样，除非施动者能看到机器人有人类可辨认的利益诉求，否则这些施动者不会理解这些被援引的、和"道德属性"相关的理由，因此也不会被这些理由所打动——不过他们确实会理解并且被那些对机器人有情感投入的人打动，并因此"尊重"机器人。

只要我们没有理由认为机器人有利益诉求，而且也看不到其他站得住脚的思路，我们就应该满足于"我们只应该在派生的意义上约束对机器人的行为"这一点，也就是应该仅仅出于尊重那些道德的非派生对象的利益诉求这一理由而约束自己对机器人的行为。

1　作者这里的意思仍然是，即便某个人把某个东西看得非常珍贵，这也不意味着那个东西本身就成了道德受动者。假如你珍藏了前任情侣的头发作为纪念，我不小心把这些头发烧了。我确实做了伤害你的事情，但我没有在道德的意义上伤害这些头发。正是在这个意义上，这些头发被本文作者称作"道德考量的派生对象"。——译者注

结论

我的结论是，我们的生物学和心理学特征在两个重要的方面对人类道德性划定了界限：首先，这些特征把那些没有人类可辨认的利益诉求的对象从道德考量的非派生对象这一领域中排除了；其次，这些特征把那些没有感受道德情感能力的对象从道德施动者的领域中排除了。正如我在文章开头论述的那样，这不意味着机器人在这两个重要的方面被永远地排除在我们的道德共同体之外——这不是我在这篇文章中考察的问题。但机器人能满足我这里概括的道德施动性、受动性的条件的那一天，就是机器人成为拥有人类可辨认的利益诉求的情感生物的那一天。那时由于机器人和人类太过相似，以至于我们决定制造一个机器人的伦理意义，已经不亚于决定生一个孩子的伦理意义了。

参考文献

Brandom, R.B. 1994. *Making It Explicit: Reasoning, Representing, and Discursive Commitment*. Cambridge, MA: Harvard University Press.

Callicott, J.B. 1989. *In Defense of the Land Ethic: Essays in Environmental Philosophy*. Albany, NY: SUNY Press.

Coeckelbergh, M. 2010. "Moral Appearances: Emotions, Robots, and Human Morality." *Ethics and Information Technology* 12(3): 235-41. doi: http://dx.doi.org/10.1007/s10676-010-9221-y.

Coeckelbergh, M. 2014. "The Moral Standing of Machines: Towards a Relational and Non-Cartesian Moral Hermeneutics." *Philosophy & Technology* 27(1): 61-77. doi: http://dx.doi.org/10.1007/s13347-013-0133-8.

Deonna, J., R. Rodogno, and F. Teroni. 2011. *In Defense of Shame: The Faces of an Emotion*. NY: Oxford University Press.

Dostoyevski, F. 1956. *Crime and Punishment*. Translated by Constance Garnett. New York: Random House. Original edition, 1866.

Dummett, M. 1993. *Seas of Language*. Oxford: Oxford University Press.

Gibbard, A. 1992. *Wise Choice, Apt Feelings: A Theory of Normative Judgment*. Cambridge, MA: Harvard University Press.

Goldie, P. 2010. "The Moral Risks of Risky Technologies." In *Emotions and Risky Technologies*, edited by Sabine Roeser, 127-38. Dordrecht: Springer Netherlands. doi: http://dx.doi.org/10.1007/978-90-481-8647-1_8.

Gunkel, D.J. 2014. "A Vindication of the Rights of Machines." *Philosophy & Technology* 27(1): 113-32. doi: http://dx.doi.org/10.1007/s13347-013-0121-z.

Harris, P.L. 1989. *Children and Emotion: The Development of Psychological Understanding*. Oxford: Blackwell.

Hyslop, A. 2011. "Other Minds." In *The Stanford Encyclopedia of Philosophy*, ed Edward N. Zalta. Spring 2014 Edition. http://plato.stanford.edu/archives/spr2014/entries/other-minds.

Kant, I. 1987. *Critique of Judgment*. Translated by Werner Pluhar. Indianapolis: Hackett. Original edition, 1790.

Kant, I. 1996. "Metaphysics of Morals." In *Practical Philosophy*, translated by Mary J. Gregor, 353-603. Cambridge: Cambridge University Press. Original edition, 1797.

Millikan, R.G. 2000. *On Clear and Confused Ideas: An Essay About Substance*

Concepts. Cambridge: Cambridge University Press.

Pollock, J.L. 1974. *Knowledge and Justification*. Princeton, NJ: Princeton University Press.

Rodogno, R. 2010. "Sentientism, Wellbeing, and Environmentalism." *Journal of Applied Philosophy* 27(1): 84-99. doi: http://dx.doi.org/10.1111/j.1468-5930.2009.00475.x.

Rodogno, R. forthcoming. "Social Robots, Fiction, and Sentimentality." *Ethics and Information Technology*.

Searle, J.R. 1980. "Minds, Brains, and Programs." *The Behavioral and Brain Sciences* 3(3): 417-57. doi: http://dx.doi.org/10.1017/S0140525X00005756.

Skorupski, J. 2010. *The Domain of Reasons*. Oxford: Oxford University Press.

Sorensen, K.D. 2002. "Kant's Taxonomy of the Emotions." *Kantian Review* 6: 109-28. doi: http://dx.doi.org/10.1017/S136941540000162X.

Tangney, J.P. and R.L. Dearing. 2002. *Shame and Guilt*. New York: The Guilford Press.

第四章

这和爱有什么关系？

机器人、性、为人之道

查尔斯·埃斯 [1]

本章将通过考察当代人工智能和社交机器人，澄清我们在爱与友 57 谊上对这些技术的期待。首先我会回顾安妮·格德斯（Anne Gerdes）对目前尚无法计算处理的明智（phronesis）和反思性判断（reflective judgment）的讨论（Gerdes 2014）。明智又进一步涉及美德伦理学（virtue ethics），这些内容在约翰·沙林斯（John Sullins）关于社交机器人无法拥有人类爱欲（eros）的论证中曾经出现过（Sullins 2012, 2014）。接下来，我会用莎拉·鲁迪克（Sara Ruddick）的现象学理论来补充这两条线索，她的现象学理论把具身性、自主性和自我意识（self-awareness）看作"完整性爱"的必然条件——所谓的完整性爱包括了我们对自

1　我非常感谢安妮·格德斯、约翰·沙林斯，以及马尔科·内斯科乌对本章初稿的批评和建议。他们的反馈帮我把这一章的内容变得明显更清楚和有实质性了。

己的欲望被他者欲求的特殊欲望（Ruddick 1975）。完整性爱又意味着双向性、平等（equality）、尊重他人（respect for persons）和作为美德的爱（loving as virtues）。然后我进一步把美德与耐心、坚忍、共情这些人类友谊必需的美德联系起来（Vallor 2009，2011a，b，2015）。毫不夸张地说，社交机器人缺少所有上述能力——包括自主性和欲望的具身意识，所以不具备实现完整性爱和拥有人类爱欲的资格。这样一来，我们的分析就更完整地区分了人类能力和机器能力，并突出了一个重要的洞见：如果我们想要和性爱机器人有所不同，我们就必须通过上述必需美德的教化**变成**更好的朋友以及更好的爱人。

导言

正如认知科学和机器人伦理的近期发展趋势显示的那样，我会在计算转向（computational turn）的传统中指出，人类能力与那些我们能在人工智能（AI）和社交机器人中实现和复制的能力之间有哪些复杂差异。我总体的目标是把社交机器人和人工智能当作一个实验台，并用它们测试我们对"什么是人之为人"有哪些直觉与感受。

首先我会借助格德斯（Gerdes 2014）的工作把明智，也就是反思性伦理判断的能力，作为人类与机器人的首要区别；在这之后，沙林斯把人工智能版本的反思性判断称作"人工明智"（artificial phronesis；Sullins 2014，p. 7）。沙林斯还进一步统合了"人工明智"、"人工自主性"（artificial autonomy）和"人工能动性"（artificial agency）等术语，并认为这些术语暗示了人与机器之间存在着某种弱连续性。

58

　　接着我会开始考察爱与性的问题，并以沙林斯(Sullins 2012)的"人类自己的爱欲与人机性爱是不一样的"这个论证为起点。沙林斯理论的一个关键要素是它对美德伦理学的援引，而我会转向美德伦理学和现象学（这些思路与现在认知科学中的新现象学路径是一致的）来强化和补充他的论证。其中尤其重要的是鲁迪克（Ruddick 1975）对"完整性爱"的现象学分析，她的分析对比了自我(selfhood)和性(sexuality)的二元化理解与那些非二元化的经验，例如那些被"我就是我的身体"这类表达，以及现象学家芭芭拉·贝克尔（Barbara Becker）造的新词"身体主体"（Body-Subject, *LeibSubjekt*）捕捉到的经验：身体主体的人格性（personhood），包括性在内，浸满了他／她自己的身体(Becker 2001)。完整性爱是在后一种模式中发生的，它标志着人作为自主的、自我意识着的、情绪的、具身化的和独特的个体的完整呈现与投入。更重要的是，鲁迪克还强调了双向欲望（mutual desire）在两个完整呈现的人之间的完整性爱中的核心地位：我们不仅欲求着他者(Other)，我们还欲求着被欲求，更完整地说是我们欲求着自己的欲望被欲求。根据鲁迪克的展示，在完整性爱中的这种欲望和值得欲求(desirability)的双向性，意味着尊重他人、平等与爱这些关键的美德。我把这些美德和香农·瓦洛（Shannon Vallor）认为对亲密友谊关系而言必不可少的那些美德——也就是共情、耐心和坚忍（Vallor 2009, 2011b）联系了起来。

　　根据这些分析，社交机器人或许能满足伴侣对"单纯性爱"（just sex）或者好的性爱的需求；但它们达不到完整性爱的标准，因为机器人缺乏完整意义的自主性和自我意识，包括对真实情感，尤其是欲望这种情感的意识。这些缺陷使得社交机器人无法作为他者与我们进入一种能促进双向性、尊重、爱、共情、耐心和坚忍等美德的爱欲关系。确实，与其说促进这些关键的美德，倒不如说性爱机器人反而会让我们在这些方向上的发展受阻，并因此削弱了我们作为朋友和爱人去繁荣生活的能力。

这些分析因此提供了一个人类与机器人之间相似性和关键差异的更完整的理论。它强调了双向欲望在完整性爱中的角色，以及对爱和友谊来说必需的那些美德，并以此来定义人性的独特内容。不管机器人变得多么有能力，多么复杂，在其他方面对人类多么有好处，这些东西仍然定义了机器人无法拥有的"人之为人"。然而与此同时，这意味着人类需要设定一个非常高的伦理底线才能建立并维持自己与机器人的这些差异，包括意识到做朋友、做爱人和做人都不是被现成给予的东西，而是需要我们不断地去获取和滋养某些美德的艰难工作。但这最终意味着，我们对人类与机器人之间那看上去仍然棘手的差异的探索，不仅能帮助我们更好地理解这些差异以及更完整和精确地凸显出人类的独特能力，而且当这些差异浮现为**美德**，也就是浮现为可以被追求和教化的实践和习惯的时候，我们的这些理解也会激励我们自己去努力成为更好的朋友和爱人。

背景

我在这里呈现的论证主要来自三个大的背景。（1）1970年代末和1980年代初以"计算转向"的名义诞生的经典"计算与哲学"（computing and philosophy，CAP）路径。这个路径首先是由作为一般意义的逻辑机器（logic machine）而诞生的电子计算机引发的，然后是由可以追溯回 1950 年代的哲学、心理学、计算机科学和其他学科之间交叉的人工智能引发的。一段时间后，哲学家也开始越来越关注计算机引发的具体或宽泛的关键问题，例如机器逻辑、心灵的本质、充斥着人类社会的越来越复杂的电子设备的伦理挑战与社会影响等等。这些东西最终凝聚为所谓的"哲学的计算转向"——这个转向在第一届"计算与哲学"（CAP）会议上受到了格外的关注。[1] 不仅如此，所有这些领域，尤其是计算机技术和机器人学这两个领域的发展和突破，在过去 10 年左右甚至更胜一筹。然而尽管这些发展帮助我们持续反思和修改之前的论证和结论，我们这里探索的问题或多或少仍是那个简单直接的问题：一般意义上，在利用计算机技术实现那些被我们看作人类独有的能力（例如"智能"）这件事上，我们走了多远？我们离目标又还有多远？

在这个意义上，这个经典策略是通过考察我们在机器中实现人类独有能力的道路上走了多远以及还有多远，来更好地理解人之为人的。就像休伯特·德雷福斯（Hubert Dreyfus）两本堪称分水岭的著作（Dreyfus 1972, 1992）中说的那样，追问"计算机（仍然）做不了什么？"的问题，就是在尽我们的最大努力去复制（甚至强化）人类能力，并将其作为某种实验台，在实证研究发现的支持下探索不同实现平台之

60

---

1 有必要指出的是，在计算与哲学不断发展和彼此交叉的同时，CAP 会议也在不断扩张和成长。CAP 最终变成了国际计算与哲学协会（International Association for Computing and Philosophy, IACAP），还有两个致力于探索计算机伦理的姊妹组织（INSEIT 和 ETHICOMP）后来也加入进来。我通过不同方式参与了绝大多数这些会议，在其中当过演讲人、组织者和后续出版物的编辑等等。这些塑造了本章思路的大背景，很多是在 IACAP 的 30 年历史以及 CEPE 和 ETHICOMP 的 20 年历史中形成的。

间真正相似的东西，以及（至少是目前）仍然只有人类才能拥有的东西。温德尔·沃拉奇（Wendell Wallach）很好地概括了这个思路："对人工智能尤其是人形机器人的研究，强迫我们去深刻地思考我们在哪些方面和我们创造的人造物是相似的，在哪些方面又和它们有真正意义的区别。"（Wallach 2014）[1]

更具体地说，这就涉及了第二个和第三个背景，我之前关于计算机和机器人做得了什么、做不了什么的直觉和论证的基础是（2）植根于图灵对计算的形式定义之中的对计算的理解，也就是"作为用抽象数学术语概念化的，由图灵机执行的分步符号运算"（Boden 2006, p. 1414），和（3）以德雷福斯的工作为代表的刻画我们人之为人的现象学路径。然而正如柏顿（Boden）所说，这两个基础都有过重要的转变，简而言之，这些转变帮助我们从一种对抗性立场——现在被称作"传统 AI"（good old-fashioned AI, GOFAI）和现象学分析之间的对抗，转向了一些更有建设性的积极思路。非常简略地说，尽管我们对"计算"的理解仍然依赖图灵的形式定义，但这种理解现在也扩展到了一些不太容易被还原为图灵定义的计算形式上：柏顿讨论了超计算机（hypercomputer）和量子计算机（quantum computer）

1　这里同样可以参考科克博格（Coeckelbergh 2012）。具体来说，这个关键问题界定了 2014 年 8 月 20—23 日在丹麦奥尔胡斯大学举办的 2014 年度"机器人 – 哲学：社交机器人与社会关系的未来"（Robo-Philosophy: Sociable Robots and the Future of Social Relations）会议的主题。约翰娜·赛布特作为会议组织者之一，把机器人 – 哲学的特殊意义界定为"对以下事实的察觉和回应，即人工社交智能的可能性强迫我们在最根本的和元哲学的层面上去追问道德地位、认知能力、社会性、规范能动性这些东西的赋予条件（ascription condition）。'机器人 – 哲学'这个术语是要激发我们反思哲学这门学科自身可能因此面临的转折点"（2014, p. viii）。

的例子（同上，p. 1417f.）。正如柏顿所说，这些基础性的转变意味着"计算"是一个"移动目标"（同上，pp. 1414-1428）。与此同时，被柏顿称作"认知科学哲学中的新现象学运动"的思潮也开始出现，支持者包括约翰·豪格兰（John Haugeland）、蒂莫西·范盖尔德（Timothy van Gelder）和安迪·克拉克（Andy Clark）等学者（同上，pp. 1399ff.）。对本章来说，尤其重要的是具身认知（embodied cognition；参考 Wilson and Foglia 2011）和具身心灵（embodied mind）——尤其是克拉克的扩展心灵（extended mind）理论及其支撑的"具身性的计算哲学"（同上，pp. 1404-1407）——这些概念在新现象学运动中的出现。当然，关于这一思路的细节还是存在很多争议的——它整合了建立在海德格尔、梅洛－庞蒂和德雷福斯基础上的新现象学路径，以及数学上严格的计算路径，之后又通过克拉克在神经科学和生物学上的工作变得更加丰富。

61

　　一方面，我会把从对抗性思路到更加综合和积极的思路转变看作一个关键的背景，因为它对我从事的现象学探讨更加开放。我下面会以这种方式考察我们的具身性，以及计算机和机器人做得了什么、（暂时还）做不了什么。然而与此同时，这些转变绝不意味着心灵或智能的强劲（robust）计算理论就必然推出，理论上可能存在像人类一样的人工心灵。正如柏顿在她对当代各种立场的权威总结中所说的那样，她着重强调了彼得·戈弗雷－史密斯（Peter Godfrey-Smith 1994）对人工生命（A-life，artificial life）路径的分类，包括"关于生命与心灵连续性的弱版本和强版本"："持有弱连续性理论的人把心灵看作只能从生命中诞生而又与生命本身完全不同的东西；持有强连续性理论的人则把心灵和生命看作在本体论上相似的东西，并认为它们有相同

的基本组织原则。"（Boden 2006，p. 1442）举例来说，海德格尔坚持认为此在（Dasein）只属于人类，维特根斯坦坚持认为只有能够辨别与构建语言概念和意义的人类才能拥有意向性（intentionality），这些都可以说是弱连续性理论的构成要素。从柏顿对她自己的立场总结中可以看出，她似乎更偏向弱连续性理论这一边：

> 总而言之，生命与心灵之间的关系仍然是非常成问题的。这一点不仅适用于人工智能和人工生命的研究，同样也适用于哲学。一种常识性的观点认为生命是心灵的前提条件（precondition）。但大体上说，目前关于这一点还没有令人满意的证明。（同上，p. 1443，参考 Searle 2014）

在这个意义上，继续探索那些重要的人类能力和经验在多大程度上会启发我们对人之为人的理解，以及对我们的计算机和机器做得了什么、做不了什么的理解，就仍然是可能的，也是必要的。

计算机和机器人做得了什么？它们仍然做不了什么？

我们首先来看伦理判断（ethical judgment）、明智以及类比推理（analogical reasoning）的能力：我会把它们都看作很可能无法在人工智能和机器人上实现的能力。接着，我会从美德伦理学和现象学的视角来讨论爱、性和爱欲的问题，因为这些视角会突出对两个具身人类之间双向欲望的要求，以及与之相对应的伦理要素，包括尊重他人、平等，以及作为美德的爱（尤其是在爱欲的意义上）。我们会看到，机器人情人没有满足与他者性（Otherness）相关的必要条件，包括对欲望的意识以及欲望的双向性，它们因此也就不能滋养诸如尊重他人、平等和爱这些美德。恰恰相反，机器人情人可能会让我们对这些美德的追求受阻，从而削弱或降低我们作为有美德的朋友和爱人去繁荣生活的潜能。

62

格德斯最近论证，尽管机器人学和人工智能，尤其是在为战争而设计的所谓"致命自主机器人"（Lethal Autonomous Robots，LARs；或者致命自主武器，Lethal Autonomous Weapons，LAWs）上取得了令人瞩目的进步，但在可计算的东西与我们觉得人类的伦理判断和伦理责任所必需的东西之间，仍然有很多重要的阻碍。[1]尤其当我们援引像正义战争理论（Just War Theory）这样的传统和概念的时候，我们可以极其清楚地看到，一个用来计算何时可以合法使用致命武力的"自上而下"（top-down）的简单模型是不充分的。这种自上而下的路径在作规定性判断（determinative judgment）——那种从普遍原则到具体结

1　这里我们的核心论点是，人类判断很可能无法被还原为计算机技术，而这一点也是约瑟夫·魏泽鲍姆（Joseph Weizenbaum）在他那本开创性的《计算机能力与人类理性：从判断到计算》（*Computer Power and Human Reason: From Judgment to Calculation*，1976）中的论证，这一点从书名就可以看出来。魏泽鲍姆对判断的重视植根于汉娜·阿伦特对五角大楼里的政策制定者的如下观察，这些人拥抱着一种对理性的准数学式理解，并认为人类政治和历史现实都可以被还原一些可以用数学表达的必然法则，就像自然科学的法则一样。阿伦特进一步指出"他们并不下判断，他们只是计算……对现实的可计算性的极端不理性的信心成为他们决策的主题"（Arendt 1972, pp. 11ff., 转引自 Weizenbaum 1976, pp. 13f.）。魏泽鲍姆旗帜鲜明地把人类判断和那些可计算的东西对立起来（1976, p. 44），却没有进一步阐释前者为什么不能被还原为后者。从这个角度来看，我这一章中对判断和明智的关注可以被看作对魏泽鲍姆和阿伦特的原初观察和直觉的一种拓展补充。

论的演绎式推理判断——的时候或许还行得通。但我在别处已经讨论过（Ess 2013，pp. 28-30，239），明智作为一种特定形式的反思性判断（reflective judgment），是"自下而上"（bottom-up）的。也就是说，这种反思性判断很棘手也很困难，而且显然不能被还原为演绎性或算法式的策略，因为它是把特定场景和语境中的那些微小细节当作起点的：从这些微小细节出发，我们人类就使用明智来辨别哪些普遍的原则、规范和规则适用于当前这个场景。但要得出结论或下判断，光是这些还不够：我们还必须在这些普遍的原则、规范和规则的特定组合中辨别，它们中哪些东西应该比其他东西更重要。这个判断极其依赖当下场景的具体细节，因此看上去并不存在一个"超级算法"（über-algorithm）或一个规定性／演绎性的流程，能以毫不含糊的确定性来决定哪个规范、哪个原则、哪个规则应该在当前的案例中有优先性。

上述这些困难又因为反思性伦理判断的下面三个特征而加剧了。第一，正如格德斯在讨论正义战争理论时指出的那样，在武力的成比例（proportional）运用（也就是不超过绝对必要的限度）与对战斗人员（合法攻击目标）和非战斗人员（不合法攻击目标）的区分上，"并没有一个清晰的标尺来衡量如何遵守这些规则"（Gerdes 2014，p. 284）。相反，这些判断常常是棘手的（有时是彻底错误的），如格德斯所说，它们依赖"对场景的意识和建立在经验上的知识，也就是明智，来作出决定"（同上）。这就意味着，运用明智的能力需要丰富的经验和对当下语境的敏锐意识，但显然，一个人的经验总是会和另一个人的经验有所不同。这样一来，结果往往是反思性判断或明智判断甚至可以在同一个语境下发生变化。然而这进一步意味着第二点，也就是每个个体都要对他／她／它自己的明智判断承担责任，因为这个

63

判断完全是从他／她／它自己的生活经验中产生出来，并依赖这些经验的。这一点在致命自主机器人的案例中有些棘手，因为我们不清楚人工智能到底在多大程度上能够拥有完全成熟的自主性（我们下文中很快会回到这一点）。尽管如此，正如格德斯所说，"我们仍然需要自由选择（free choice）的概念来恰当地刻画责任"（同上）。

第三，格德斯援引了德鲁·麦克德莫特（Drew McDermott）的论证并试图说明，伦理推理不同于其他类型的推理，尤其不同于计算推理，因为它"涉及很多棘手的问题，例如类比推理，以及如何确定那些不精确的准则的适用性，并且解决这些准则之间的冲突"（McDermott 2008，转引自 Gerdes 2014，p. 284）。根据我的个人理解，在伦理学中，我们除了在一些宽泛的事情上运用类比推理，例如在使用诡辩术的时候，以及把之前的案例当作判例（precedent）并以类比的方式在新的场景中推出伦理结论的时候，我们也在更具体的事情上，例如明智判断或反思性判断上使用类比推理。我们若要通过反思来解决一个伦理困境或挑战，那么看上去一个核心步骤就是去努力确定，我们的过去经验中有没有与当前场景在类比上非常接近的案例。如果我们判断有这种相似性，我们就可以进一步判定，我们之前的解决方案在眼前的案例中应该如何运用。

哲学家尝试解决类比推理的历史最早可以追溯到毕达哥拉斯，然后是柏拉图和亚里士多德，再后来是像阿奎纳和康德这些思想家使用质的类比（qualitative analogy）而不是数学式的量的类比（quantitative counterpart）尝试去解决一系列困难的问题（参考 Ess 1983）。对我们的目标来说格外重要的是，在计算机系统中完全实现类比推理仍然是一个非常棘手的问题。

可以肯定的是，正如格德斯所强调的，这个所谓的"自下而上"（例如联结主义）的人工智能路径，相比自上而下的路径而言是有重要优点的。这些优点促使瓦拉赫和科林·艾伦一起提出了一个人工智能的混合模型（Wendell Wallach and Colin Allen 2009）。如格德斯所说，正是亚里士多德主义的美德伦理学部分地启发了这个混合模型，这种伦理学极端强调明智作为判断的反思形式的角色。但奇怪的是，瓦拉赫和艾伦在他们的讨论中并没有明确提及反思性判断或明智的问题。不过不管这是出于什么理由，我仍然同意格德斯的大体观察，也就是从这么多的挑战中可以看出，"我们可以严肃地怀疑，明智是否真的能在任何结构中以计算的方式被处理"（Gerdes 2014，p. 284）。

确实，明智以及它的附带功能与角色被很多研究者看作人与机器之间的边界之一（例如 Kavathatzopoulos and Asai 2013，Kavathatzopoulos 2014）。具体来说，沙林斯在回应我之前的文章（Ess 2009，p. 25）时就采用了美德伦理学的路径来发展社交机器人的道德性。[1]用戈弗雷-史密斯的术语来说，我们可以把沙林斯的观点理解为一种弱连续性理论。也就是说，沙林斯论证了我们在人工智能和社交

1　至于对判断和明智的关注而言，我们在这些语境下援引美德伦理学也不是什么标新立异的做法，而且在这方面也不是没有重要的先例（参考第 91 页脚注）。恰恰相反，像控制论（cybernetics）之父诺伯特·维纳（Norbert Wiener）这样的大人物，在他的《人有人的用处：控制论与社会》（*The Human Use of Human Beings: Cybernetics and Society*，1954）一书中也非常关键地利用了美德伦理学的洞见。维纳的书被广泛承认为计算机伦理及其分支学科的奠基之作，因此美德伦理学可以说从一开始就被内置到这些领域里了。不仅如此，美德伦理学在过去 20 年左右取得了令人瞩目的复兴，从瓦洛（Vallor 2009，2011a，b，2015）和施皮克曼（Spiekermann in press）的工作可以看出，这一点尤其体现在我们这里关心的领域上。关于美德伦理学在计算机伦理、信息伦理、传媒研究这些领域内的整体情况，可以参考我的论文（Ess 2015）。

机器人中或许不能彻底实现那些人类能力，但我们在一些重要的方面上，比如他称之为"功能性自由意志"（functional free will）的东西（Sullins 2014，p. 7），仍然可以足够接近这些能力。照他所说，这种自由意志不是那种"硬核的萨特式的自由意志"，然而这种自由意志仍然足以为某种"人工伦理能动性"（artificial ethical agency）提供基础：这种能动性可以说是"半自主的"（semiautonomous），因为它是根据可控环境中的指定任务来编程的，因此它恰恰能够避免格德斯详细论述过的那些 LARs 在不可控的真实世界环境中试图运行多个任务时遇到的困难。与此相关的是，这种社交机器人享有所谓的"人工明智"——这是一种与人类明智相比很受限，但在沙林斯看来对机器人来说又足以让它拥有"人工道德能动性"的明智形式（同上）。为了使关于人类的美德伦理学和发展人工伦理道德性和能动性的美德伦理学路径之间的平行关系更完整，沙林斯还指出，这种社交机器人应该先发展那些设定好的美德（programmed virtue），例如安全性（security）、正直性（integrity）、亲和性（accessibility）和伦理信任（ethical trust）。但长期来说，正如人类慢慢了解了有哪些重要的美德，并意识到我们只有在与他人的交往关系中——包括与那些智者（phronemos），也就是最恰当地例示和拥有其中一些美德的模范之人的关系——才能习得这些美德一样，社交机器人同理似乎也需要与它们自己的"智者"交往才行。确实，一个很有意思的视角是去看我们在多大程度上觉得这个"智者"应该是一个有美德的人或一个有美德的社交机器人。后者不仅已经学习掌握了人类世界中的那些美德，而且或许还形成了一种全新的美德，这种美德对机器人作为一个人造伦理存在的繁荣与幸福（eudaimonia）至关重要（引自与沙林斯的私人谈话）。

65

爱与性：已经不是人类独有的东西了吗？

每个人都知道，人类（尤其是男性）自很久很久以前就希望制造出可以满足我们爱欲和性欲的机器人了。沙林斯谈到了奥维德（Ovid）的皮格马利翁故事（Story of Pygmalion）。皮格马利翁是一位雕刻家，在他创造了一个极其美丽的女神雕像之后就对人类女性失去了兴趣，之后他最大的愿望就是让这个雕像活过来，而这个愿望在阿芙洛狄忒（Aphrodite）的帮助下实现了（Sullins 2012，p. 398）。这一皮格马利翁式的主题后来历经了女性机器人（fembot）、性爱机器人（sexbot）、女性人工智能等等多个版本，相关电影从《大都会》（*Metropolis* 1927）到《我，机器人》（*I, Robot* 2004）一直延伸到《机械姬》（*Ex Machina* 2014）：一个能够作为爱人甚至性奴隶的女性机器人似乎是人们最感兴趣的主题之一。

当然了，与机器人之间的爱与性——无论是真实的还是尚未到来的——的问题都已经被广泛探讨过了。其中一篇重要的文献是大卫·利维（David Levy）的《与机器人之间的爱与性：人机关系的演变》（*Love and Sex with Robots: The Evolution of Human-Robot Relations*，2007），这本书试图论证，人类以后确实可能会享受与社交机器人之间的充满爱意的性关系，设想等到社交机器人足够先进，至少可以在一些重要的方面非常逼真地模仿人类爱侣。沙林斯（Sullins 2012）最近在美德伦理学的路径基础上批评了利维的论证，以及其他类似形式的论证。沙林斯提了两个与当前讨论相关的论点。第一，我们没有办法创造出足够复杂精密以至于拥有第一人称视角下的情绪经验的人工智能，这在很大程度上似乎是双方的一个共识。这样一来，大家的思路其实不是创造拥有情绪的机器人，而是创造可以**模仿**（imitate）情绪的机器人，也就是所谓的"人工情绪"（artificial emotion）。这里的关键是要为人类模仿出一种拥有特定情绪的具身性表象（embodied externalities or appearances）：如今我们已经证明，这种情绪的模仿物常常能够引发人类对它的情绪回应。对利维来说，机器人可以作出爱的表象就足够了，因为这样一来它似乎就能在人类心中创造出相同的被爱的感受；但对沙林斯来说，这只是一种不道德的欺骗手段。他指出："玩弄人类那些由于进化压力而具有的根深蒂固的心理弱点是一个违反伦理的事情，因为它对人类的主体性（agency）毫无尊重。"（Sullins 2012，p. 408）

第二，沙林斯援引了柏拉图在《会饮》（*Symposium*）中关于爱欲的讨论来论证，人类爱欲具有三个关键因素：（1）我**并不**完全知道我对自己的爱人有哪些需要和欲望，这部分是由于（2）当我的爱人在享受他／她自己的自主性时，用列维纳斯（Levinas）的术语来说，他／她对我来说就是一个他者（Other），也就是一个必然地不同于我的人（1987）。[1]这种不同会以下述方式呈现出来：他者总会把他／她自己的利益诉求、欲望、经验、缺点、优势和要求带入我们的关系中。而这首先意味着他者**不是**一个我可以建构和完全控制的存在。这进一步意味着——这一点会强化我们刚才说的第一点，也就是我并不完全知道我在爱欲中需要和想要什么——爱欲关系必然会包含各种各

66

1　对列维纳斯提出的社交机器人的这种他者性，以下论文（参考 Gunkel 2014，Sandry 2015）提供了一个强有力的辩护。

样的可能性，例如惊喜、抵抗、出人意料的礼物、失望等等，而这些都是我和一个真正自主的他者进行交往的必然后果。

换一种说法表达的话，可以说这样一种爱欲关系是不可能被强迫的。我们在青春期时第一次体验到对爱欲的渴望和曲折时的那种独特的痛苦，而我们从中学到的就是，爱不是我想唤起就能唤起的，也不是我想强迫就能强迫的，我也没办法时时刻刻完全控制这段关系。这种控制对奴隶以及作为奴隶的机器人或许是可能的：很明显，想要满足这种控制和回应我们意愿的欲望，正是我们之所以疯狂沉迷于从皮格马利翁到《机械姬》中的艾娃（Ava）这些人工爱侣的首要动机。然而同样也很明显的是，这种控制和对顺从的要求，在与另一个保持着自己他者性的自主人类之间是不可能的。把这两个论点合在一起，我们就达到了爱欲的第三个维度：与他者交往并且保持爱欲关系，不可避免地会对我们自己提出要求，而这些要求和失望对我们作为有美德的人类的自我发展是有帮助的。

沙林斯这里援引了美德伦理学，其中一部分是因为他援引了科克博格的工作。科克博格提出的问题是：机器人设计在多大程度上可以导向一种好的生活，一种繁荣发展的生活（Coeckelbergh 2009，转引自 Sullins 2012，p. 402）？美德伦理学论证了，要想追求和保持一种繁荣发展的好生活，我们要有特定的美德（习惯、实践或卓越性）才行，而友谊正是人类关系会需要和滋养这些美德的一个最好的例子（Ess 2013，pp. 238ff.）。正如瓦洛（Vallor 2009，2011b）指出的那样，这类美德包括共情、耐心和坚忍。这些能力都不是与生俱来的，恰恰相反，想获得它们困难重重；因此才需练习，才需要人际关系推动我们去追求和练习那些我们巴不得避免的挑战。

在这种情况下，与人类他者之间的爱欲就成了美德关系的最佳案例，而这正是因为爱欲推动我们超越我们自己，让我们与独身状态的自己相比成为更好的人。沙林斯这样表达他的看法：

> 我们需要的不是可以一起性交的机器，我们需要的是可以在彼此相处中让双方都变得更好的机器。如果我们只是创造一些与其说提供给我们爱，倒不如说把我们的注意力从追求那种更有价值的爱——那种通过对真正的爱的经验来拓展我们的道德视野的爱——身上转移走了的机器，那么我们成就的事情就没有任何道德意义。（Sullins 2012，p. 405）

也就是说，美德伦理学强调了与机器人发生性行为导致的一个关键失败。这种性行为无论从其他标准来看多么好、多么令人愉悦，它都无法满足爱欲的一个核心特征：把他者看作他者并与之交往。当我把他者看作他者的时候，他者的性吸引力让我留在这段关系之内，并且督促我学习那些维持和加强这段关系的美德。人类爱欲作为两个他者之间的相互吸引，构成了我们变成更好的人的关键方式。正是在越来越投入到这段关系的过程中，我们不断地扩展"我们的道德视野"（参考 Vallor 2011a）。因此沙林斯这样总结：

> 苏格拉底在《会饮》中试图教给我们的主要道理就是：我们以贫瘠的状态进入一段关系，对自己需要的东西只是一知半解；只有在与我们钟爱的人的复杂性相遇时，我们才能寻找到哲学式的爱欲。这种复杂性不仅包含了激情，而且可能也包含了一些更

67

能让我们从中学习和成长的痛苦和拒绝。（同上，p. 408）

　　总结来说：无论我们的社交机器人变得多么复杂精密，只要它们仍然是我们明确地和有目的地设计成满足我们自认为需要的样子，只要它们自己仍然不能体验到情绪而只能装出一副让我们认为它们真有情绪的样子，只要它们仍然不是真正意义的他者（而是只有人工能动性和人工自主性），那么即便它们能带来很多其他好处，我们与它们之间的关系都不能算是这里所谓的完全爱欲的和符合美德的关系。

好的性爱，以及完整性爱

　　我们有很多种方式来强化和拓展沙林斯的思路——让我们先以罗洛·梅（Rollo May）对现代世界中的爱欲和性的分析开始。梅的那句写于 1960 年代性解放顶峰时期的总结性话语，很好地捕捉到了沙林斯分析之下的反差："我们飞向性的感官刺激，来逃避爱欲中的激情。"（Sullins 1969，p. 65）

　　此外，莎拉·鲁迪克（Sara Ruddick）对各种性经验的现象学分析也帮助揭示了人类爱与性的那些更具体和关键的条件——这些构成了她称之为"完整性爱"的条件（Ruddick 1975）又与康德式义务论以及美德伦理学联系起来。我在下文中对鲁迪克理论的仔细分析会极大地强化沙林斯把爱欲看作人与机器之间的核心差别的想法。

　　鲁迪克参考了萨特、梅洛–庞蒂和托马斯·内格尔（Thomas Nagel）刻画的完整性（completeness）概念，这些人认为，完整性首

先依赖于具身性 (同上，p. 88)。性爱中的完整性发生在当"双方的
具身欲望都既是主动的，同时又主动地回应着对方的欲望"的时刻 (同
上，p. 89)。更完整地说:

> 一方**主动地**欲求着另一方的欲望。主动欲望不仅仅包括具身
> 性，因为一个人自慰也可以实现具身性。主动欲望也不仅仅是被
> 唤起性欲然后任由欲望控制自己，尽管主动欲望有可能从有意识
> 的性冲动中产生。一个主动欲求着的人需要投入到欲望之中并且
> **把她自己看作这种欲望本身**——也就是说，**要把她自己看作性爱
> 中的行动者**和回应者。(同上，粗体为本章作者所加)

不仅如此，这种具身化的性爱能动性是双向的:

> 在完整性爱中，被性欲充满身体的双方都主动地欲求着和
> 回应着彼此的主动欲望……完整性爱就是双向性爱 (reciprocal
> sex)。不管性爱双方聚到一起的情况是什么样的，它们在主动欲
> 望和对欲望的回应上是平等的。(同上，p. 90)

稍微换一种方式说: 在完整性爱中，我们的欲望并不简单是欲求
他者——在此之外，我们还渴望着对方也欲求我们的欲望 (we desire
that the other desire our desire)。我们渴望作为我们所是的那个完满和
完整的具身化的人——这包括了我们对他者的具体欲望以及他 / 她对
我们的欲望——而被完满地欲求 (海德格尔主义者估计会喜欢下面这
种说法: 在完整性爱中，欲望欲求着来自他者的欲求 [desire desires the

68

desiring of the Other]）。

简而言之，这里描述的完整性爱要求的是在一段平等和双向的关系中，一种充满了双向欲望的完全具身化的能动性。完整性爱尤其依赖我们对自己的欲望和他者的欲望的明确意识，我们要明确地意识到这些欲望既是双向的，同时也在彼此强化对方。

首先，鲁迪克的理论反驳了一度盛行的笛卡儿主义二元论——这种立场预设了心灵（对笛卡儿来说是**思维的事物**；res cogitans）和身体（**广延的事物**；res extensa）之间存在着很强的本体论划分。我们需要指出，这种二元论强势参与了萌芽时期的人工智能早期研究，而我们也看到，正是后来梅洛－庞蒂和其他人的现象学洞见（参考上文第 75 页）促使这种立场受到人工智能和认知科学的反驳。到了这个时候我们可以注意到：正如笛卡儿几个世纪前就清楚地展示的那样，如果我们仍然预设这个很强的身心二分观点，那么任何我们在人之为人（human *person*）里发现的重要和有价值的东西都只能在心灵里面；而身体作为更庞大的自然秩序的一部分，就只能是物质而已——于是对笛卡儿来说，物质和自然就成了我们去"掌控和拥有"的合法对象了（Descartes 1972，p. 119）。那么性行为与性本身只可能是物理刺激反馈一类的东西，虽然在有益的场景下非常令人愉悦和享受，但我们很难看出这种关于人之为人的笛卡儿主义本体论，如何能把性与身体和我们认为人之为人涉及的一大堆价值和规范联系起来——例如我们作为个体的独特人格，以及"我们作为人是应该被尊重的"这些价值和规范。与这种联系相反，笛卡儿主义二元论在性这个主题上的默认后果，看上去就是身体"只不过是一堆肉"，而性行为的主体和对象都只是一些纯粹物理的东西而已。确实如第二次女性主义浪潮中的女性主义者们很仔细地考证和展示的那样，早期近代哲学对理性的理解经常落入一个很简单的对立，也就是男性是理性和自由的人，而女性则只是自然、情绪和性的具身化。这种简单的二分使那些将女人也理解为值得尊敬和解放的人的现代努力变得在哲学上很扭曲，甚至干脆是不可能的（例如 Porter 2003，pp. 257ff.）。

鲁迪克主张用具身性来抵抗这种二元论的立场。诚然，我们有时确实会体验到与自己身体之间有了距离感——比如观察自己的身体或使用它们去实现某些意图的时候。但鲁迪克指出："然而在有些场合，例如肉搏、体育运动、身体受伤或遇到危险时，我们'变成了'我们自己的身体；我们的意识变成了对身体活动的身体性经验。"（Ruddick 1975，p. 88）鲁迪克无疑不是唯一持有这种观点的人。例如在她之前，现象学家莫里斯·纳坦森（Maurice Natanson）也观察到：

> 我既不"在我的身体之内"，也不是"附着在我的身体上"；我的身体既不属于我，也不是与我并列。**我就是我的身体**。我的手和手上握紧的动作之间没有任何距离……与常识的思维方式认为身体占据了特定的时间和空间不同，我就是身体性的**这里**与**现在**，这种身体性的在世存在（being in the world）向我呈现为我自己的身体性。（Natanson 1970，p. 11）

作为对这个现象学的反二元论的拓展，德国现象学家芭芭拉·贝克尔（Barbara Becker）提出了一个全新的术语——"身体主体"（body-subject，*LeibSubjekt*），并以此作为自我－身体（self-body）的一个替代术语，从而努力帮助我们在概念上和语言上克服那些牢不可破

的笛卡儿主义二元论及其相关术语的影响。(Becker 2001)

　　根据这个完整性爱的理论，鲁迪克论证了完整性爱在工具意义上是有好处的。首先，"它有助于我们的心理健康……"(Ruddick 1975, p. 97) 除此之外，完整性爱中的双向回应"满足了一个人作为一个特别的人而被认可，以及改变其他'真实'的人的生活这两个欲望"(同上)。

　　更出色的是，鲁迪克现在还能证明，完整性爱出于三个理由而具有道德上的优越性：

　　　　完整性爱活动试图解决道德生活中最根本的紧张对立；完整性爱有助于一些特定的情绪，这些情绪如果变得稳定和强势，那么它们也有助于爱的美德；完整性爱还涉及一个卓越的道德美德，也就是对人的尊重。(同上，p. 98)[1]

70　　在详细论述第一点时，鲁迪克指出，"道德性"通常是一些教化性的、社会性的和约束性的东西；而欲望，尤其是性欲，则是抵抗约束的某种不满。然而在完整性爱中，"相互回应着的伴侣双方都确认着彼此的欲望并承认这些欲望是好的东西"，因此这也就帮助克服了我们的社会生活与私人生活之间常见的紧张对立。

　　关于第二点，鲁迪克观察到完整性爱很可能产生爱情，以及像"感激、温柔、自尊、欣赏、依赖等等"这些情感（同上，pp. 98f.）。更具体地说：

---

　　1 值得强调的是，鲁迪克并不想证明，我们所有的性体验都需要满足这些条件并且符合这些道德规范 (1975, p. 101)。她只是想强调，当我们确实是作为身体主体参与性行为时，我们的性体验就会立刻引入这些重要的伦理要素。

这些情感会把那个引起这些情感的人强化，让他显得是人类中一个**独特**的人。当这些强化的情感变成稳定的习惯时，它们有助于对性伴侣的爱的产生。（同上，p. 99，粗体为本章作者所加）

至于"这种特别专注的爱可能看上去有些自私，因此和更普遍的爱比起来是有局限性的"这个潜在的反驳，鲁迪克回应道："然而就算'自私'的爱也是一种**美德**，因为它是一种根据对方的利益诉求与要求去关心对方的品质。"（同上，粗体为本章作者所加）

按照我的理解，这里的爱之所以可以算作美德，部分是因为爱并不仅仅被理解为一种情绪或激情（一种发生在我们身上不受我们控制的东西），而是一种实践，一种被我们对他者的忠诚这一伦理承诺滋养的实践。尤为重要的一点是，要与一个他者永远保持这样一段关系并不总是一件自然或很容易的事情。具体地说，在爱欲关系经验中最常见的事情大概就是意识到我们对一个人的性激情和吸引力会慢慢褪去和流逝，而我们非常容易在一段很有紧张压力的关系之后选择分手，例如在为人父母的重担之下时，或在遇到经济困难时等等。但爱作为一种实践，作为一种即便如此也仍然把对方当作自己的伴侣的能力或习惯，与其他那些对友谊来说很关键的美德，例如共情、耐心和坚忍（Vallor 2009，2011b）一样，常常也可以帮我们度过这段艰难的时光。[1]激情和吸引力确实可能以全新的、更深厚和丰富的方式重新出

---

[1] 在丹麦语中，有一种很有帮助的地道表达——"fra forelskelse til kærlighed"——大概意思是从爱上一个人到爱一个人（from falling in love to loving）。"forelskelse"更像是坠入新的爱河时那种最初的令人晕眩的激情体验，而"kærlighed"指的则是那种长期稳定的关系和非常深厚的承诺，后者在激情不再、面临艰难的时刻也仍然能持续下去。

现，从而让这段关系变得更简单和有益。但要想体验这种关系，则需要作为实践和美德的爱，让我们在由于本性和情绪的原因最不想继续下去的时候，仍然保持住这种承诺和努力。最后，鲁迪克接受了萨特的提议，认为完整性爱活动蕴含了：

71

> 对人的尊重。每个人都一直处于有明确意识和负责任的状态，都是一个"主体"而非一个去人格化的、无意志的、被操纵着的"客体"。每个人都主动地渴望着对方也一直是这样的"主体"。（Ruddick 1975，p. 99）

这里我们能看到一种源于康德哲学的坚持，坚持尊重人的自主性和平等。这种坚持显然与鲁迪克提出的双向性以及尊重的要求是一致的——事实上我们很快会看到，鲁迪克在后来的讨论中明确提及了自主性。而与此同时，鲁迪克把这种尊重看作"涉及公正和责任时的核心**美德**"（同上，p. 99，粗体为本章作者所加）。不仅如此，这种尊重"要求现实在场的伴侣双方都参与这种尊重，双方的欲望都得到了承认和支持"（同上，p. 100）。换一种方式来说，我们必须意识到这种对他者的欲求在场（the desiring presence of the Other），或者也可以说是一种共同关注（shared attention；Broadbent and Lobet-Maris 2014），而这种关注带来的就是对彼此作为平等个体的相互尊重。鲁迪克指出，这种双向尊重在性的语境下尤其容易受到威胁：

> 对人的尊重一般需要一个人与自己的，以及他人的要求保持一定距离。但在性行为中，欲望的要求会占据上风，而双方之间

的距离会被双向回应所代替。尊重一般需要我们拒绝把他人当作实现自己要求的手段。然而在性行为中，他人显然就是一种满足欲望的手段，因此她总是站在可能变成单纯手段的边缘上（"把性交变成了自慰"）。在完整性爱活动中，这种工具性会因为它的双向性以及双向欲望而消失。尊重要求我们鼓励或至少保护对方的**自主性**。在完整性爱中，意志的自主性会被欲望吸纳，而独立于他人的自由也会被坦率地依赖着他人的欲望所代替。这种情况下，尊重就意味着欲求依赖的双向性，这绕过了但并没有侵犯自主性。（Ruddick 1975，p. 100，粗体为本章作者所加）

总的来说，就完整性爱要求我们是作为人，而不仅仅作为两具肉体交往而言，他／她的不可逃避的在场让我不把对方首先看作性欲的客体，而是看作一个独特的人与他者，而我与这个人处于一种独特的双向关系和相互关心之中。完整性爱就是一个深刻地交织着和浸满了我们作为人的独特个性的性关系，这种性关系于是就拥有了我们感受到的我们之间关系的独特性，以及其他例如感激、温柔、自尊、欣赏等情感（同上，p. 98）。所有这些情感又强化了我们把对方看作人而不是物的体验，因此就首先涉及了康德式的把对方当作一个人（也就是一个自主和独特的存在）去尊重的义务。完整性爱因此和那些更二元论的路径完全相反，这些二元论的路径让我们很难不把性伴侣看作物以外的东西，也就是把他们看作一个被剥夺了人格性的物体。鲁迪克的分析于是就呈现了我相信很多人都觉得是最为珍贵的东西——那个界定了我们和我们作为完整的人之为人的东西——也就是完满地和充分地被爱着的感觉，作为我们大多数时候自我体验到的独特的身体

72

主体而被爱着的感觉。或许最核心的是，这种确认和被确认为完整的人的经验尤其要求欲望的双向性——在这个意义上，完整性爱是非同寻常的，但对严格的笛卡儿主义者来说，它在概念上就是不可能的：与二元论立场试图贬低甚至妖魔化身体与性（以及女人，这一点从原罪的信仰传统中可以看得最清楚；Ess 2014）的强烈倾向不同，完整性爱不仅强调了性欲对我们作为完整具身化的人的人格性的确认的重要性，它还把完整性爱本身奠基为尊重、平等和爱这些关键美德的支柱。

这和完整性爱有什么关系？人与机器之间的爱与友谊

　　鲁迪克的完整性爱理论极大地强化和补充了沙林斯的爱欲理论。在后者的理论中，我们进入爱欲关系时对自己的欲望和利益诉求只有不完整的理解：在这段关系中，他者作为一个不受我们设计和控制的、自主和独立的存在得到了完整的保持，而我们因此允许他者把我们召唤入我们对自身潜力的发展之中，这些潜力对繁荣生活也是有帮助的。鲁迪克把完整性爱——我们有理由称之为完整爱欲——如何做到这一点解释得很明确：当我们作为身体主体去交往的时候，当我们作为他者处于一段欲望和关爱的双向性关系中的时候，完整性爱／爱欲就维持住了那个值得被尊重为一个平等的自主体的人格性。与此同时，完整性爱／爱欲意味着作为美德的爱：当我们不断练习并越来越擅长把他者当作他者去爱的时候，在诸如耐心和坚忍等其他美德的协助下，我们于是就发展了那些繁荣和过好自己生活所必需的具体美德。

在这个意义上，沙林斯对人与机器人之间性爱关系的强连续性路径（例如利维的路径）的批评，也就一起被强化和补充了。

因为完整性爱／爱欲首先要求人作为他者而存在，也就是拥有完全成熟的人类自主性，而不仅仅是沙林斯后来称作"人工自主性"的东西。更宽泛地说，完整性爱／爱欲要求他者作为身体主体去和彼此交往——作为身体主体，他者完整地享有人类意识、情绪和欲望这些能力。根据这些标准来看，人与社交机器人的性行为会是什么样子呢？让我们先和沙林斯（以及 Weckert 2011）一起乐观地假设，我们很快就能制造出拥有人工自主性、人工明智、人工能动性和责任这些关键属性的社交机器人。但我们会看到，这绝不意味着社交机器人就拥有了我们刻画的意识或自我意识（Searle 2014）[1]；现在看来很清楚的是，这种社交机器人顶多只能表现出人工情绪——只能表现出一些让我们误以为它很关心我们的行为而已。

需要强调的是，上述这些理论都不禁止或贬低把性爱机器人看作"单纯性交"的有益的、道德上合法的伴侣的做法。单纯性交这里指的是诸如自慰、与娼妓发生关系，以及像一夜情这种在明确理解其限

73

1　塞尔默·布林斯约德（Selmer Bringsjord）确实强调了这一点：他反复论证"真正的现象意识（phenomenal consciousness）是机器不可能有的东西，而真正的自我意识需要现象意识"（Bringsjord et al. 2015, p. 2）。他继续指出："尽管如此，自我意识的逻辑数学结构和形式是可以被搞清楚说明白的，而这些说明可以进一步被计算处理，并满足那些与心灵能力和技巧相关的明确测试。简单地说，计算机、人工智能、机器人这些东西都是'僵尸'（zombie），但通过编程，我们可以让僵尸也通过测试。"（同上）这么一来，你或许能和机器人僵尸有很好的性体验，但绝不可能有完整性爱，因为后者需要有自主性、对人的尊重、欲望的双向性这些东西的基础，也就是自我意识。

制的情况下发生的性行为。但我们现在可以看出，与社交机器人的性爱不管多么令人愉悦，它也无法满足完整性爱／爱欲的标准。首先，人工自主性不是人类自主性，所以很难看出社交机器人怎么有资格成为完整性爱／爱欲需要的强意义的他者。其次，事情并不只是沙林斯说的那样，好像人工情绪是一个不道德的欺骗手段（Sullins 2012，p. 408）。自我感的匮乏，加上缺乏对情绪（尤其是性欲）的明确意识，都会让所有双向体验欲望的可能性受阻。无论我的机器爱侣多么技巧高超和讨人喜欢，作为一个没有意识和欲望的存在，它根本不能有意识地欲求我，更不要说欲求着我的欲望了。进一步说，它根本不能给我那种极其重要的经验，也就是知道有一个他者在欲求着我的欲望。缺乏了这些东西，社交机器人不能在最完满的意义上确认我作为一个独特的人的自我感，因为这种自我感包括了我对自己的欲望被欲求的渴望。而由于缺乏完整性爱／爱欲中的这些关键维度，机器爱人也就不能激励我们去发展那些与完整性爱相关的关键美德——对人的尊重、平等和爱。

在这个意义上，美德伦理学的方法会让我们追问这样的问题：通过与这样一个社交机器人保持性关系，哪些美德被滋养了？哪些美德被阻碍了？正如沙林斯论证的那样，要建造一个有美德的社交机器人或许是可能的和有意义的，那么等到将来某个时刻，或许社交机器人能与我们保持一段会滋养双方美德的关系。确实，我们能够设想社交机器人会成为有美德的行动者，它们或许还能形成一些不同的美德并进而挑战我们去形成一些新的可以促进我们生活的美德。但是不管这种关系多么重要，有多少其他好处，只要它们无法在完整性爱／爱欲中滋养双向尊重、平等和爱这些美德，它们就仍然是有缺陷的。首

74

先，由于缺乏完整的自主性、个人意识和情绪（包括那些与具身性和性有关的情绪），我们看不出他们如何像人类他者一样与我们交往。尤其是当我们意识到它们的自主性只是人工自主性时，我看不出来这种机器人怎么能激励我们去追求和维持相互尊重和平等的关系。同理，当我们意识到它们的"情绪"只是人工情绪，因此只是情绪的表象（甚至仅仅是欺骗手段）时，我看不出来与这种机器人交往怎么能带来完整性爱／爱欲的经验，尤其是作为我所是的具身化的人而被完整地爱着和欲求着的感觉。

除了缺乏上述两个条件外，我们还会意识到第三件事：社交机器人是人类设计和制造出来的，一个可以在市场上购买和销售的东西。这与人类之间的爱情关系形成了鲜明对比，后者建立在人类彼此之间的伦理承诺的基础上，包含了耐心和坚忍这些美德，尽管有各种各样的困难和弥合，这种承诺也仍然激励着我继续这段关系，从而让我完整的人性得到更好的发展。与此形成鲜明对比，如果我与社交机器人的关系开始变得无聊、不愉快和不够丰富，那么最简单直接的办法就是把它送去返修或者二手转卖。这种对我们不再感兴趣的性爱机器人的处理方式并不能滋养共情和双向性等等美德：恰恰相反，它会让这些美德变得多余（参考 Vallor 2011a，2015）。

结论

总而言之，不管我们创造的社交机器人在实现和复制重要的人类能力——包括人工自主性、人工明智和人工情绪——上取得多么大的进展，与机器人的性关系都不会构成我们借助完整性爱／爱欲探索的那种人类关系，就算这种性关系在其他方面多么好也没用。

首先，我希望本章中的这些洞见和论证对当下在社交机器人学和机器人伦理内的争论有所贡献，以及对更一般意义上的认知科学，尤其是吸收了现象学的认知科学有所贡献。更宽泛地说，当这些探索进一步阐明我们对机器人做得了什么，以及哪些东西至少目前为止还是人类所独有的理解时，它们也就构成了计算转向的哲学探索的一部分。我用最清楚的方式来表述这一点：至今为止仍然为人类所独有的能力首先包括强自主性、明智、具身化情绪——包括性欲和完整性爱中涉及的各种情绪。而尽管我们可以设想，社交机器人对我们追求繁荣发展和过好自己生活而言可能有很重要的帮助，包括能帮我们去发展一些必要的美德，但我已经论证过，就社交机器人缺乏强自主性、真正意义的情绪和作为拥有这些能力的具身化存在的自我意识而言，它们还是不足以建立完整性爱中的双向欲望和尊重的经验，因此社交机器人不太可能滋养"爱"这个对我们繁荣生活而言至关重要的美德。

特别需要注意的是，我们这里通过考察什么是完整性爱／爱欲而得到的洞见，似乎是支持弱连续性思路的。但如果与美德伦理学合在一起，不管对前面这些目标有多大好处，它们似乎也不会让那些强烈认为人是完全不同于机器人的独特存在的人满意。事实上，把正义战争理论和明智当作伦理判断的标准并当作伦理责任的条件，是在设定一个非常高的底线。具体而言，正义战争理论捍卫了出于良心的抗命权，也就是基于人判断上级命令（比如无差别杀害平民）不是合法命令（它违反了非战斗人员的豁免权）的能力，根据这些原则去违抗命令。更宽泛地说，像甘地（Gandhi）和马丁·路德·金（Martin

Luther King Jr.）这些民权活动家要求人们用违抗命令的方式去回应他们称为不公正的法律的东西一样——在这里，对正义的诉诸要求我们判断某些标准（例如平等）比那些现行法律更重要（King 1964）。事实上，人类历史上曾有一些非常重要的违抗命令的例子，例如一些美国士兵在美莱村（My Lai）屠杀事件中抵抗命令和他们战友的行为（参考 Vallor 2015, p. 115），以及在印度、美国和其他地方的民权运动。但我们中大多数人在大多数时候似乎还是倾向于遵守命令的。

同理，完整性爱／爱欲的标准作为规范性标准，也为性关系设定了一个非常高的底线。获得这里涉及的那些美德——双向尊重、平等、爱——不总是一件自然的或很容易的事情：正如鲁迪克所说，且沙林斯和瓦洛在其他美德上也强调的那样，要获得这些美德至少在一开始是非常困难的，而且我们很容易就不再继续实践而是满足于那些容易获得的东西。谢里·特克尔曾发表过类似的著名论调，我们之所以把注意力转向更简单方便的电子通信和机器人，就是为了避免更直接的人际关系——这导致的结果就是 "狂欢是一群人的孤单"（we are alone together），也就是我们越来越无法在面对人际关系独有的那些困难和棘手的要求时开启并维持一段关系（2012，参考 Vallor 2011a, Vallor 2015）。

这样一来，采取美德伦理学路径的最后一个后果就是，我们要意识到这种伦理学施加给我们一些常常让我们感到不舒服的要求。最简单地说，我们之所以是人，并不仅仅因为我们生来具有人类的DNA；而应该说，我们有没有成为完整意义的人，取决于我们是否在主动地追求着和实践着那些对繁荣生活而言必不可少的美德。说得更清楚一些：如果社交机器人永远无法复制或取代我们人之为人的存

在，那么这意味着我们需要承担起获得和实践像耐心、坚忍、共情、双向尊重、平等、爱等等这些美德的艰巨而不适的工作。在最根本的意义上，这意味着我们要追求明智的实践——这既包括实现完整性爱／爱欲关系的能力，也不可避免地包括根据原则违抗命令的时刻。正如我们所看到的，这二者都极度困难，后者甚至可能危及生命。

如果不设定这么高的底线，那么我们与复杂精巧的社交机器人之间的距离可能会变得更短。一些在社会科学和自然科学框架内工作的学者或许相信我们就是这样的存在：确实，如果定义这些框架的物质主义和决定论的基础已经被接受了，那么人类很难不被理解为一些复杂精巧的机器。从这些视角以及其他一些视角（例如各种后现代主义）出发，所有关于自主性、双向性等内容的讨论都成了一些人类在愚昧年代发明的古老事物。然而我却认为，人类仍然有自由选择的能力。我希望这篇文章可以激励我们中的一些人去选择追求这里讨论的美德，而不是把它们丢弃一旁去选择更容易和方便的东西。这个标准很高，但它是可以达到的。我还希望繁荣生活的前景——尤其是通过获得那些让我们成为更好的朋友和爱人的美德，从而成为更好的人这样的前景——足以激励我们去实践这种为人之道。在这个意义上，我们尝试创造更好的机器人的努力，或许也会重新焕发我们成为更好的人的决心。

参考文献

Arendt, H. 1972. *Crises of the Republic*. New York: Harcourt, Brace, Javonovich.

Becker, B. 2001. "The Disappearance of Materiality?" In *The Multiple and the Mutable Subject*, edited by V. Lemecha and R. Stone, 58-77. Winnipeg: St. Norbert Arts Centre.

Boden, M. 2006. *Mind as Machine: A History of Cognitive Science*. Oxford: Clarendon Press.

Bringsjord, S., J. Licato, N.S. Govindarajulu, R. Ghosh, and A. Sen. 2015. "Real Robots That Pass Human Tests of Self-Consciousness." Proceedings of RO-MAN 2015 (The 24th International Symposium on Robot and Human Interactive Communication), Kobe, Japan, August 31-September 4, 2015.

Broadbent, S. and C. Lobet-Maris. 2014. "Towards a Grey Ecology." In The *Onlife Manifesto: Being Human in a Hyperconnected Era*, edited by Luciano Floridi, 111-24. Springer International Publishing. doi: http://dx.doi.org/10.1007/9783-319-04093-6_15.

Coeckelbergh, M. 2009. "Personal Robots, Appearance, and Human Good: A Methodological Reflection on Roboethics." *International Journal of Social Robotics* 1(3): 217-21. doi: http://dx.doi.org/10.1007/s12369-009-0026-2.

Coeckelbergh, M. 2012. *Growing Moral Relations: Critique of Moral Status Ascription*. London: Palgrave Macmillan.

Descartes, R. 1972. "Discourse on Method." In *The Philosophical Works of Descartes*, translated by E.S. Haldane and G.R.T. Ross, 81-130. Cambridge: Cambridge University Press. Original edition, 1637.

Dreyfus, H.L. 1972. *What Computers Can't Do: A Critique of Artificial Reason*. New York: Harper & Row.

Dreyfus, H.L. 1992. *What Computers Still Can't Do: A Critique of Artificial Reason*. New York: MIT Press.

Ess, C.M. 1983. *Analogy in the Critical Works: Kant's Transcendental Philosophy*

as Analectical Thought. Ann Arbor, MI: University Microfilms International.

Ess, C.M. 2009. *Digital Media Ethics*. Oxford: Polity Press.

Ess, C.M. 2013. *Digital Media Ethics*. 2 ed. Oxford: Polity Press.

Ess, C.M. 2014. "Ethics at the Boundaries of the Virtual." In *The Oxford Handbook of Virtuality*, edited by Mark Grimshaw, 683-97. Oxford: Oxford University Press. doi: http://dx.doi.org/10.1093/oxfordhb/9780199826162.013.009.

Ess, C.M. 2015. "The Good Life: Selfhood and Virtue Ethics in the Digital Age." In *Communication and the "Good Life"*, edited by Helen Wang, (ICA Themebook, 2014), 2017-29. New York: Peter Lang.

Gerdes, A. 2014. "Ethical Issues Concerning Lethal Autonomous Robots in Warfare." In *Sociable Robots and the Future of Social Relations: Proceedings of Robo-Philosophy 2014*, edited by Johanna Seibt, Raul Hakli and Marco Nørskov, 277-89. Amsterdam: IOS Press Ebooks. doi: http://dx.doi. org/10.3233/978-1-61499-480-0-277.

Godfrey-Smith, P. 1994. "Spencer and Dewey on Life and Mind." In *Artificial Life 4*, edited by R. Brooks and P. Maes, 80-89. Cambridge MA: MIT Press.

Gunkel, D. 2014. "The Other Question: The Issue of Robot Rights." In *Sociable Robots and the Future of Social Relations: Proceedings of Robo-Philosophy 2014*, edited by Johanna Seibt, Raul Hakli and Marco Nørskov, 13-14. Amsterdam: IOS Press Ebooks. doi: http://dx.doi.org/10.3233/978-1-61499-480-0-13.

Kavathatzopoulos, I. 2014. "Independent Agents and Ethics." *ICT and Society: IFIP Advances in Information and Communication Technology* 431: 39-46.

Kavathatzopoulos, I. and R. Asai. 2013. "Can Machines Make Ethical Decisions?" *Artificial Intelligence Applications and Innovations: IFIP Advances in Information and Communication Technology* 412: 693-9.

King, M.L., Jr. 1964. "Letter from the Birmingham Jail." In *Why We Can't Wait*, edited by Martin Luther King, Jr., 77-100. New York: Mentor. Original edition, 1964.

Levinas, E. 1987. *Time and the Other and Additional Essays.* Translated by Richard A. Cohen. Pittsburgh, PA: Duquesne University Press.

Levy, D. 2007. *Love and Sex with Robots: The Evolution of Human–Robot Relationships.* New York: Harper Collins.

May, R. 1969. *Love and Will.* New York: W.W. Norton and Co.

McDermott, D. 2008. "Why Ethics Is a High Hurdle for AI." North American Conference on Computers and Philosophy (NA-CAP), Bloomington, Indiana, July, 2008.

Natanson, M.A. 1970. *The Journeying Self: A Study in Philosophy and Social Role.* Reading, MA: Addison-Wesley.

Porter, R. 2003. *Flesh in the Age of Reason: The Modern Foundations of Body and Soul.* New York: W.W. Norton & Co.

Ruddick, S. 1975. "Better Sex." In *Philosophy and Sex,* edited by Robert Baker and Frederick Elliston, 280-99. Amherst, NY: Prometheus Books.

Sandry, E. 2015. "Re-Evaluating the Form and Communication of Social Robots: The Benefits of Collaborating with Machinelike Robots." *International Journal of Social Robotics* 7(3):335-46. doi: http://dx.doi.org/10.1007/s12369-014-0278-3.

Searle, J.R. 2014. "What Your Computer Can't Know." The New York Review of Books. Accessed May 22, 2015. http://www.nybooks.com/articles/archives/2014/oct/09/what-your-computer-cant-know.

Seibt, J. 2014. "Introduction." In *Sociable Robots and the Future of Social Relations: Proceedings of Robo-Philosophy 2014,* edited by Johanna Seibt, Raul Hakli and Marco Nørskov, vii-viii. Amsterdam: IOS Press Ebooks.

Spiekermann, S. In press. *Ethical It Innovation: A Value-Based System Design*

Approach. New York: Taylor & Francis.

Sullins, J.P. 2012. "Robots, Love, and Sex: The Ethics of Building a Love Machine." *IEEE Transactions on Affective Computing* 3(4): 398-409. doi: http://dx.doi.org/10.1109/t-affc.2012.31.

Sullins, J.P. 2014. "Machine Morality Operationalized." In *Sociable Robots and the Future of Social Relations: Proceedings of Robo-Philosophy 2014*, edited by Johanna Seibt, Raul Hakli and Marco Nørskov, 17-17. Amsterdam: IOS Press Ebooks. doi: http://dx.doi.org/10.3233/978-1-61499-480-0-17.

Turkle, S. 2012. *Alone Together: Why We Expect More from Technology and Less from Each Other*. New York: Basic Books. Original edition, 2011.

Vallor, S. 2009. "Social Networking Technology and the Virtues." *Ethics and Information Technology* 12(2): 157-70. doi: http://dx.doi.org/10.1007/s10676009-9202-1.

Vallor, S. 2011a. "Carebots and Caregivers: Sustaining the Ethical Ideal of Care in the Twenty-First Century." *Philosophy & Technology* 24(3): 251-68. doi: http://dx.doi.org/10.1007/s13347-011-0015-x.

Vallor, S. 2011b. "Flourishing on Facebook: Virtue Friendship & New Social Media." *Ethics and Information Technology* 14(3): 185-99. doi: http://dx.doi.org/10.1007/s10676-010-9262-2.

Vallor, S. 2015. "Moral Deskilling and Upskilling in a New Machine Age: Reflections on the Ambiguous Future of Character." *Philosophy & Technology* 28(1): 107-24. doi: http://dx.doi.org/10.1007/s13347-014-0156-9.

Wallach, W. 2014. Moral Machines and Human Ethics. Presentation, Robo-Philosophy 2014: Sociable Robots and the Future of Social Relations. Aarhus University, Denmark.

Wallach, W. and C. Allen. 2009. *Moral Machines: Teaching Robots Right from Wrong*. New York: Oxford University Press.

Weckert, J. 2011. "Trusting Software Agents." In *Trust and Virtual Worlds: Contemporary Perspectives*, edited by C. Ess and M. Thorseth, 89-102. New York: Peter Lang.

Weizenbaum, J. 1976. *Computer Power and Human Reason: From Judgment to Calculation*. New York: W.H. Freeman.

Wiener, N. 1954. *The Human Use of Human Beings: Cybernetics and Society*. Garden City, NY: Doubleday Anchor. Original edition, 1950.

Wilson, R.A. and L. Foglia. 2011. "Embodied Cognitions." In *The Stanford Encyclopedia of Philosophy*, ed Edward N. Zalta. Fall 2011 Edition. http://plato.stanford.edu/archives/fall2011/entries/embodied-cognition.

第五章

机器人学与人工智能研究中的伦理委员会：现在行动真的为时过早吗？

约翰·沙林斯

AI 公司 DeepMind 的创始人德米斯·哈萨比斯（Demis Hassabis）把自己的公司出售给谷歌之前，要求谷歌必须在公司内部建立伦理委员会，并要求谷歌对自己在人工智能、机器人领域开展过的全部研究进行评估（Burrell 2014）。而反对这一要求的声音也马上随之出现：一位不愿透露姓名的机器学习研究员在 *Re/code* 网站上的一篇文章中表示，"我们还远远没到担忧人工智能的伦理问题的时候"（Gannes and Temple 2014），谷歌也根本没有必要进行这种评估。现在开始创建人工智能与机器人研究的职业伦理规范真的为时过早吗？这样的做法除了抑制科研进展、助长媒体恐慌以外，真的有积极意义吗？人工智能与机器人学正面临着自己的形象问题。当这些领域的研究人员建造的机器或项目失败时，媒体就马上报道"机器在现实世界中的智能思考与行动方面永远无法与人类比肩"；而相关研究一旦显露出成功的迹象，媒体又准备宣布，"人类迟早有一天会在冷酷恶毒的机器主子手下惨遭灭绝"。在这种夸张宣传的背景下，也难怪研究人员不愿意让自己的研究成果经受公众视线范围内的伦理审查。但即使存在着这些问题，我仍然要坚持：对人工智能和机器人学的研究人员而言，是时候接纳伦理考察在研究和发展进程中为产品设计带来的贡献了。

导言

　　成立内部伦理委员会并不是什么新鲜事。在 1980 年代初期，为了应对医疗事故指控而成立的医疗审查委员会（medical review board）就开创了这类审查机构的先例。诸多其他行业也都设有道德委员会，大约从 1990 年代末开始，那些最庞大的企业的执行委员会中都逐渐出现了"首席伦理官"（Chief Ethics Officer）这类职务（Clark 2006）。而哲学家关于伦理在科技设计中扮演的重要角色的争论则有着更悠久的传统，相关讨论至少可以追溯到 20 世纪初。那么为什么谷歌接受人工智能初创公司 DeepMind 的收购条款，并在公司内部建立伦理委员会的举动仍然会成为重磅新闻呢（Burrell 2014，Cohen 2014，Gannes and Temple 2014，Garling 2014，Prigg 2014，Weaver 2014）？在我看来，真正的劲爆新闻应该是谷歌这样一家生产了众多有重大伦理影响的产品的公司，直到 2014 年竟然还没有内部伦理审查委员会，而且还是在 DeepMind 公司创始人的特别恳求之后才想要这么做的尴尬现实。现在谷歌确实成立了伦理委员会，但对委员会的具体职能以及委员会成员的任命仍然只给出了非常潦草的安排（Lin and Selinger

84

2014）。一位针对谷歌公司的批评者直言不讳地声称，这种疏忽的缘由就在于，谷歌管理层长期以来都非常抗拒通过内部规定或监管去限制员工的创造力（Cleland 2014）。计算机科学家诺曼·马特洛夫（Norman Matloff）近期也发文表示，硅谷高管在公司运营伦理上有非常严重的问题。马特洛夫向我们指出，诸如非法固定工资、无视由其产品导致的猥亵的隐私滥用以及年龄歧视等伦理问题，都因为公司创始人的"孩子王"（boy king）心态在不断加剧，而这种心态本身也是一种伦理观不成熟的体现（Matloff 2014）。这些批评大体都是正确的，但另一个潜在的担忧，用上文提到的匿名引文总结起来，就是："我们还远远没到担忧人工智能的伦理问题的时候。"（Gannes and Temple 2014）这话听起来有些道理：如果我们都还没有能力制造需要监管的对象，为什么还要费劲为它设立新的体制？在医疗环境中，我们之所以需要专门派人监管医生决定放弃治疗等行为，是因为这种伦理问题在日常生活中已经很普遍了；而人工智能在电影和科幻小说之外的地方还没伤害过人类，这样一来，我们似乎还不需要担忧与人工智能相关的伦理问题。

果真如此吗？在深入讨论相关论证之前，我们需要澄清两个关键的区分。反对人工智能和机器人伦理委员会的论证很大程度上是由于混淆了两组区分：首先是人工智能体（AI entity）和智能行动者（intelligent agent）之间的区分，其次是人类道德行动者（human moral agent）与人工道德行动者（artificial moral agent，AMA）之间的区分。提出这些反对论证的人往往认为，在我们看到完全成熟的人工智能体出现之前都不需要担心什么伦理问题，而这些人工智能体的完成还要几十年甚至上百年的时间，因此我们也完全不需要担心人工智能的伦理问题。

　　能够比肩甚至超越人类智力的人工智能体在当前只不过是一个理念，它仅仅出现在科幻作品中。智能行动者指的则是那些能够智能地处理信息和完成任务的软件或机器人系统。这些东西已经大量投入使用，而且数量上与日俱增。这些东西中的绝大部分都没有人格（personality）、欲望、情感或完成程序指令以外的能力，所以你可能都不觉得它们是人工智能。在心灵哲学文献中，上述这组"人工智能体"和"智能行动者"之间的区分往往被称为"硬人工智能–软人工智能"（hard AI-soft AI，下文分别简称为硬 AI 和软 AI）的区分。

　　硬 AI 的目标是模仿（emulate）人类思维，而软 AI 的目标只是为那些需要智能（intelligence）才能解决的问题提供工程方案。我们能设计出深蓝（Deep Blue）这样能战胜顶尖国际象棋大师的程序，但我们也必须记住，这个能力超凡的下棋程序甚至不知道国际象棋是什么，也不知道它是在和另一个人下棋。它只是一套在正确的场景里能赢象棋的算法。深蓝就是一个软 AI 的例子。而硬 AI 不仅知道如何下棋，还能在一定程度上理解自己周围的世界，比如战胜或输给一位象棋大师意味着什么。

　　另一组区分是人工道德行动者与人类道德行动者之间的区分。我在其他文章中已经论证过，人工道德行动者不需要是完整的人工智能体也可以算作道德行动者（Sullins 2006）。虽然我同意，作为完整人工智能体的人工道德行动者确实是更理想的，但目前为止这样的东西还并不存在。尽管如此，已经有些智能人工道德行动者在设计上能够作出对他人有伦理影响的决定了。举例来说，它们可以为现代战场上一些生死攸关的决策提供建议。所有这些现有系统都是通过智能行动

85

者实现的，即使它们只是一些在意识或自我认知的意义上根本不知道自己在做什么的软件程序。我们将从后文的论证中看到，那些认为现有的 AI 软件所引起的伦理担忧还只是新生事物或实验阶段的产物、因此我们不需要对它们的使用和设计进行伦理分析的观点，是完全错误的。

人工智能与机器人伦理

在企业层面，我们当前对人工智能与机器人研究的伦理咨询有很大需求。在人类历史的大部分时间里，伦理学基本上都被视为宗教或个人层面的事务。直到最近半个世纪，专门应对动荡不安的商业世界的专业商业伦理才逐渐成型。新闻自由使得媒体的能力更大，从而有能力报道过去几个世纪以来常常被忽视的重大权力滥用案件；与之相伴的还有能够制衡掌握权力的个人与组织、让它们为自己的行为负责的新兴政治制度，这些都促成了应用职业伦理（applied professional ethics）的兴起。今天所有的政治组织都设有伦理委员会，绝大部分专业组织与学术团体里也都有伦理规范与伦理委员会的身影。而在现代科研领域，专业的伦理分析进展仍然缓慢。

86   当然这里也存在一些例外情况。在医学界，希波克拉底誓言已经存在了上千年，而且就在 20 世纪，伦理准则极大地遏制了医学和社会科学研究中虐待人类或动物被试的行为。相关领域的研究人员在开展那些直接涉及活物的研究前，都已经习惯了先想办法取得机构审查委员会（institutional review board，IRB）的批准。而计算机科学家、程序员和工程师除非之前在需要 IRB 批准的跨学科项目中工作过，否则都会不太习惯这种流程。早期从事计算机科学研究的人不愿意寻求 IRB 批准，似乎还有些道理：在他们的认知中，自己的研究只涉及封闭系统，对实验室以外的环境几乎没有影响。这种信念在当时只是一种误解，而现在它已经彻底站不住脚了。计算机科学就是它自己取得的野蛮成就的受害者，因为计算机研究已经变得和每个人息息相关，这些研究早已根本地改变了地球上每个人的生活。而 AI 和机器人技术至少会是一个和互联网时代的崛起同样重要的变化，这就意味着这些创新即使在短期内也有着巨大的伦理后果（Sullins 2004，2014）。

短期内的伦理问题

人工智能和机器人技术的某些应用已经在家庭、工作场所、医疗、军事和警务工作等不同领域引起了伦理问题。尽管我们不是在谈论强 AI 实体（robust AI entity），但这些小型的无意识智能行动者也已经介入我们的生活了，而这就意味着我们需要相关的伦理和政治政策来为这些不断扩大的关系带来正面帮助。我在以前的论文中曾经指出，机器人领域存在着一些仍待解决的开放性伦理问题（Sullins 2011）。这些伦理问题的根源就在于，所有与 AI 和机器人技术相关的应用都会记录、访问并合成大量对用户生活有影响的信息。而当我谈到"访问和合成信息"时，我指的是根据这些信息而自动采取智能行动（automation of acting intelligently）的过程，例如现在已经投入使用的信用决策、设计、新产品规划的自动机制，甚至是战争中攻击目标的自动选取。

在家庭层面，这些应用像其他信息技术一样会遇到和隐私相关的

棘手的伦理问题，而由于前者需要收集、存储并被授权访问其用户日常生活中惊人量的数据，这一问题将会更加突出。在这种普遍的担忧之外，我们还需要强调机器人伦理的一些重要的子领域，比如为了在家庭场景中照顾动物、老人和孩子而专门开发的 AI 与机器人应用涉及的伦理问题。另外，借助情感计算技术[1]与人类互动的 AI 或机器设备也是一个格外麻烦的领域。科研组织必须经历严格的 IRB 审批才能在学术机构内开展以儿童为实验对象的心理研究；但如果一个企业想要借助情感计算技术操纵儿童心理倾向，让他们更喜欢自己销售的机器人玩具，那简直是畅通无阻。只要这种玩具在法律上符合最低安全标准，要不要对用户进行心理操纵只是一个行业自律的问题。实际上人工智能在心理上操纵的不只有儿童——我们谁没有在智能行动者的引导下冲动消费过？但这一切都处于无人监管的状态，以应用这项技术为主要收入来源的公司甚至都不怎么考虑其中的伦理问题。

这些技术在商业环境中也会涉及很多我刚刚指出的问题。不仅如此，其中还有关于越来越多用恶意智能软件来盗窃、安插企业间谍等违法行为的担忧。如果一台机器可以在图灵测试中骗过法官，那么人们就可能利用这些软件，以短信或电子邮件的方式网络钓鱼，获取用户密码或其他敏感信息。除此之外，现在很多客户服务都是通过不同复杂程度的自动化流程完成的，但我们还没有在伦理上仔细讨论过，公司一方面拒绝面对面服务，但另一方面又从客户手中拿钱的这种做法到底意味着什么。

1　情感计算技术是一个计算过程，这一过程让机器能够感知用户情绪、对用户潜在反应建模，并模拟自己的情绪从而促进人机交互。

我们刚刚谈到的这些问题大多也同样适用于医学领域，但因为我们在医学中讨论的常常是生死攸关的决定，因此其中的风险要高得多。如果人工智能程序错误地拒绝了病人的保险索赔，那么病人可能不得不接受不充分的护理，而这将进一步导致病情恶化甚至死亡。以伴侣机器人的形态照顾老人的做法也令人担忧，这会不会误导老人把机器人当作智能行动者和需要关切的伴侣（Sharkey and Sharkey 2012b，2010，Sharkey and Sharkey 2012a，2011，Miller 2010）。此外，机器人手术作为一个快速发展的领域，也有自己的一大堆伦理问题。幸运的是，医疗行业有着认真对待伦理问题的传统，因此我们很有可能看到这些问题最终得到解决。举例而言，大卫·卢克斯顿（David Luxton）就注意到，"现有的伦理规范和实践指南都没有考虑到当下或未来对交互式人工智能行动者（artificial intelligent agent）的使用，以及它们对精神卫生保健专业人员的协助甚至取代"（Luxton 2014，p. 1），并在最近一篇论文中就此提出了一些相关指南。与此同时，AI 与机器人技术在军事与警务领域也有一系列明显的伦理影响，而学界与政界为了处理相关问题也已经投入了大量工作。但是与我们当下主题相关的另一个问题是：接受这些军事 AI 与机器人合同的公司，本应该已经花时间考虑过这些做法的伦理后果了。出于对投资者和员工负责的态度，这些公司本应为它们进军这类行业的决策给出充分的考虑和辩护。而更进一步来说，我们甚至完全可以提供这样一套融贯的论证，即一个有道德的组织根本就不应该参与自主或半自主武器系统的创建工作，即使在法律上从事该领域的工作并没有任何问题（Sharkey 2010，2012）。创立一个伦理委员会可以为考虑清楚这些困难的问题提供极大的帮助，而这些问题的答案则可能要求企业出于伦理原因而

88

回避潜在的暴利市场。

长期的伦理问题

我们接下来的话题听起来可能更像科幻小说，不过我们也不必为此感到太过尴尬。虽然我们不可能完全准确地预测未来，但我们还是可以通过预测来接近未来的境况，并且就这些科技将引领我们走向何方、我们是否真的想要这样的未来的话题给出一些靠谱的讨论。优秀的科幻小说的主要价值之一就是，它们使得我们可以在舒适的当下就构想出世界在未来的情境和走向，并借此得以避开其中那些已经可以想象到的黑暗世界。我们对机器人和 AI 可能带来的反乌托邦未来场景已经给出了上百种描绘。事实上，连"机器人"这个词都是在一部以机器人杀死人类主人为结局的早期科幻戏剧中被创造出来的。因此人类其实早就清楚这些科技对人类物种生存的威胁，而且也明白如果我们忽视这个重要的警告，那么我们的最终命运可以说是咎由自取。最近一些备受尊敬的科学家和实业家为了警告人工智能对人类种族的危险，又发布了一些非常公开的相关声明（Hawking et al. 2014）。但我们预测机器人主子的到来已经有几十年之久了，而只要压根不把它们发明出来，我们也可以轻松掐灭这一苗头，因此我们的未来不太可能会以机器人统治的方式灭绝。

但如果我们成功创造了 AI 实体，那么一些更微妙且有趣的伦理问题也会出现。AI 实体最盈利的使用方式肯定是创造 AI／机器人伴侣。可以想象，第一批购买这些昂贵的机器人技术的消费者，其背后的动机肯定是想获得一个机器人伴侣或替代性伴侣。而这项技术的主要伦理问题之一，就是生产这些产品的公司可能借助性的强大驱动力、通过应用程序内购买渠道来操纵客户，或者通过性欲偏好来保障客户对品牌的忠诚度（Sullins 2012）。进化论早已在我们身上预先植入了可以通过性欲而被轻易操纵的心理机制，而比起合乎伦理的利用途径，那些不合伦理的手段则可谓不可胜数。

即使不用迎合性欲的方式在经济上操纵我们，这些人工智能实体也可以通过其他方式这么做。玩 AI 玩具长大的孩子可以很轻易地接受 AI 公司的吉祥物。一个人甚至可以和未来完成态的机器人（future fully robotic）罗纳德·麦当劳（Ronald McDonald）或老虎托尼（Tony the Tiger）通过多次交谈、经济互动的方式建立起贯穿一生的信任关系。

在这种基础上，美国已经出现了支持公司人格化（personhood）这一理念，并借此赋予无生命的公司以言论自由权的法律先例。接下来还会出现什么别的权利？这样的法律环境可能已经充斥着 AI 实体具有并能由此成功提起诉讼的权利了。

在法律和政治世界中，这些 AI 实体一旦有了强大的代表（representation），它们就可能会追求与我们人类完全不同的目标，并在如何处理我们共处的世界上产生分歧。这种潜在的场景比那些我们在科幻小说中所熟悉的机器人军队更有可能成真。如果我们不在开发这些技术的每一步上都做到一丝不苟的谨慎，那么考虑到我们对物质财富、对机器人朋友和伙伴这一理念的认同，这将可能导致我们在这条道路上走得太远——就像羔羊走向屠夫。正如我之前说过的那样，改变对这些技术设计的时机就是现在，就是这些 AI 实体还不存在，因此还不能有效违抗我们的当下。

在更遥远的未来，伦理委员会可不是什么值得嫉妒的岗位，因为

89

它们会成为人类真正控制这些人工实体的最后阵地。伦理委员会必须审查这些实体的行动，并确保这些行动与这一机构、与它们赖以生存的社会所持有的伦理图景保持一致。而由于这些实体是建造它们的公司的私有财产，这就意味着这些公司在保证机器人伦理行为满足人类标准这件事儿上是有影响力的。

而这就把我们带到了机器道德（machine morality）和机器人伦理（roboethics）这两个更复杂的话题上，也就是一类关于如何编程机器，从而让它们的理性决定在伦理上站得住脚的研究。当下已经有一些关于该主题的深入讨论（Anderson and Anderson 2011，Bostrom 2003，Gunkel 2012，Lin，Abney，and Bekey 2011，Wallach and Allen 2009，Hall 2012，Shulman，Jonsson，and Tarleton 2009，Yudkowsky 2001），以及至少一个用来管理自动和半自动机器在战场上的伦理决定的提案（Arkin 2009）。

推测未来是一件很有意思的事儿，但我们要注意，不能把长期问题和短期问题混为一谈——因为长期的伦理问题目前只不过是科幻，而一个牢固立足于当下、立足于不久的将来的优秀和清醒的道德委员会，在短期问题方面还有大量的工作要做。

AI 与机器人伦理委员会的设立目标

我们在上一节中看到，AI 与机器人伦理委员会有诸多紧迫的任务需要完成。但我们同时必须承认，有很多种设计和组建伦理委员会的方式，而它们之间是有高下之分的。设计糟糕的伦理监管过程，有

时候还不如根本没有监管。如果一个委员会只承担非常敷衍的职责，
比如只负责平息投资人的担忧，却不在现实中对被监管的技术设计具
有任何决定权，那么这种委员会根本没有价值。另一种犯错的可能是
赋予这些委员会过多的权力。一个封闭的、遮遮掩掩的委员会可能
成为研究者和技术创新的障碍——这种委员会本应对它所在的机构
提供帮助，却反而制造了恐慌与逃避。这类糟糕的伦理委员会已经
在其他领域的研究中存在，它们也不必再出现在 AI 与机器人研究领
域中了。

产品设计场景中的伦理规范，最好被视作一段由参与设计过程的
所有核心小组都加入进来的对话过程。我们应该在操作可能的情况下
尽量多地邀请一些人来参与对话，因为只有这样，那些会受到该产品
影响的人们才能在产品设计时就保证自己可以对其施加影响。一个伦
理委员会应该既是培养组织内部对话的地点，又是建立组织和它所服
务的公众、更大的用户基础之间对话的桥梁。在开发过程中，工程师
和程序员是发现潜在问题时调整这些项目的最佳人选，我们应该要求
这些人思考他们开发的新技术可能带来的伦理挑战。展开这些讨论时
还应注意另一个关键点，即它们应该是提前展开的，并且大体上应该
是研究者自发开展的。如果伦理委员会在设计周期的后期才插手，从
外部强加一些不受欢迎的改变，那么这种讨论过程是不会成功的。

这类公开的伦理对话在审查委员会、机构审查委员会的世界里很
罕见。近期一些报道表明，只有百分之十的机构审查委员会邀请研究
人员表达自己的立场，而且研究人员给出的提案往往只能收到鲜有细
节反馈的、仅有"是"或"否"的回复，他们甚至不知道这些可能否
决过自己研究的委员会的人员构成是什么样子的。

90

在官僚组织内部，伦理委员会的结构依国家和组织而有所不同。有些机构审查委员会的审查任务是下放式的，只留一个三至四人的审查委员会作为监督者。而绝大多数机构审查委员会则都在闭门议事。（Tolich and Tumilty 2014，p. 202）

AI 和机器人伦理委员会作为伦理委员会中的后生，其中一个优势是不需要考虑那些关于伦理设计规范的陈腐理念。伦理规范不是一大堆需要人们削足适履地去适应的条条框框，而是一项颇具抱负性的事业，一种真诚应对特定行为带来的可能后果的愿望。伦理行为总是由我们对所处场景的深入仔细的讨论所引导的。由于我们很难预见到现实世界道德问题所涉及的所有偶然条件，因此对一个委员会的设计也很难用按图索骥的方式，让它既满足一个场景中出现的任意伦理准则，又能给出最终对它所服务的机构或社会有用的结果。伦理问题是一个必须由我们自己去发现，而不是像上帝启示一样会自动把答案送上门的领域。由于我们很难考察这些技术所带来的尚不存在的影响，我们面临的这些情况的全新特征只会让讨论变得更有必要。因为对 AI 和机器人学的应用都是全新的，我们不能盲目依赖从其他学术领域和语境中推导出的现成伦理标准，而是要亲自投入到发掘这些标准的困难工作中去。

关于如何围绕发展中的技术开展对话这一问题，另一种很有希望的解决方案是建立伦理应用智库（The Ethics Application Repository，TEAR），"这种智库的目的是通过建立研究者和机构审查委员会之间更良性的关系，打破（其中）恐惧与回避的循环"（同上）。伦理应用智库的方案允许我们为处理具体案例时获得的经验建立一座图书馆，从而让未来从事这些工作的人也能接触到这些宝贵的知识。如果研究人员能够对比自己的工作和前人的类似研究，那么他们就能开放地探索自己所开发技术的伦理影响。同时，建立这些智库的机构也可以利用它们来考察产品生命周期中特定技术、特定阶段产生的伦理影响。随着智库里案例的增长，这些记录将有助于检查我们是否（在一些伦理问题上）做足了工作，或（一些问题）是否已经存在相应的解决策略。这类伦理研究智库的另一个好处就是，它给了那些刚刚进入技术伦理领域的人一个寻找最佳策略的去处，而这些策略又将有助于这些组织形成自己的知识技术社群，以及解决该领域内特有伦理问题的专长。

通过建立遵循如下流程的对话，伦理审查委员会就能够应对短期的伦理问题：

1. 识别新技术带来的伦理问题。

2. 预测当前阶段可能被产品设计者忽视的后果。这一步骤可以开创主动而不是被动的伦理操作。

3. 强化标准模板下的组织审查委员会，并用培养出了与设计组内部密切合作的伦理学家的委员会取代它，从而培养一个围绕伦理考量而展开操作的实践社群。

4. 审核该组织的整体设计策略。设定这一公司的伦理目标：该组织想要打造的是一种怎样的事业？

5. 在将该组织的伦理准则应用到 AI 和机器人学项目上时，对它们进行可操作化处理，并在遇到新发现的挑战时更新这些准则。

6. 为这些考量建立一个智库，从而帮助展开未来的讨论、管理从这些伦理审查过程中获取的知识。

7. 周期性地审核过往案例以重新评估这一流程。对这些成功与工作给予官方认可以避免重复失败。

这一流程将会带来一种在设计过程中尊重伦理工作的审慎操作。设计者们在这种方法的背景下，可以帮助识别潜在的伦理隐患并快速着手缓解它们。这样一来，我们就可以避免直到个人或团体已经被产品困扰或伤害到、不得不收拾烂摊子时，问题才得到解决的常见结果。至于那些确实是无意中的后果引起了伦理问题的情况，这一流程至少展示了有据可查的尽责，并且能够基于早期阶段和其他项目中已经被尝试过的方案的记录，加速对新方案的设计。

选择正确的伦理规范，过滤无关选项

下面我们讨论一些其他建议。首先，伦理委员会不是正式展开元伦理学讨论的场所——把这些讨论目标留给更具哲学性的场景也是没有问题的。虽然我支持每一个出于个人发展原因对此感兴趣的个人参与到伦理思考、论证的细节中，但我并不认为前文涉及的过程能解决任何该领域内历史悠久的深刻哲学论辩。我确实认为，如果我们能回答"哪种伦理系统才是最好的"这一问题，并把答案应用在我们遇到的所有伦理问题中，那么一切都会简单得多——只可惜我们并没有这么幸运。这些都是跨越数代人的讨论，但我们有紧迫的伦理问题，不能等这些理论家达成一致才着手解决。就目前而言，利用当下在计算机与其他实践伦理语境内已经被证实有效的伦理系统，并往那些着眼于更深刻（哲学）问题的专业人士所深耕的领域中不断添加新的理念就已经是足够的了。幸运的是，我们确实有一些今天就能直接使用的点子。

在元伦理学领域内，有三个久经考验的竞争者在所有应用计算机伦理项目中都扮演着各自重要的角色。伦理学理论中的后果主义（consequentialism）认为，一个行为的伦理价值来自它的后果。在对这一理念的众多应用中，后果主义最适合将伦理考量植入组织的商业计划。义务论（deontology）则认为，一个行为的对错与它带来的后果无关。义务论论证已经被成功地应用于建构各种公司的创立价值、传递维护人权与准则的立场等方面。美德伦理学则主要关注个人良好品德的建立，其相关讨论的最佳用途则是帮助引导那些真正参与建设，并为技术编程的个体研究者和设计者的行为。在 AI 和机器人技术领域，我们还面临一个在其他应用伦理学语境内不存在的独特问题：如果这些研究人员成功了，我们将创造出一类全新的有思想的存在，并需要把上述伦理学理论应用在对机器伦理系统的设计中，从而将某种伦理人格植入我们所造的 AI 实体（AI entity）中。而与此同时我们必须意识到，这三种伦理系统在特定的分析层面上仍然可能存在根本性的分歧，而且它们的应用也不过是由这些对话恰好发生时所处的文化语境偶然决定的。这意味着所有 AI 与机器人学伦理委员会的考量都应该保持开放与接纳的态度，以避免被这些伦理流派的坚定支持者的教条所桎梏。我们必须利用巨大体量的伦理研究中那些可用的、有效的理念，但也要意识到，我们还没有能够拒斥所有潜在反驳论证的普适伦理系统，所以这些研究的结论都必须面向挑战开放而不能盖棺定论。

93

使用和创造伦理准则

　　伦理委员会可以把工作建立在已经写成的档案上——比如 ACM 伦理准则或工程技术委派委员会（ABET）伦理准则——来给自己减负。技术哲学与计算哲学领域也已经有大量研究者把自己的整个事业投身于 AI 与机器人学伦理研究中，因此这一领域已有一定体量的研究成果可以直接使用了。[1]

　　此处值得重申的是建立明文规定伦理准则的相关利弊。这些准则自己并不会做什么，他们必须接受组织的员工和管理层审查，并真正投入到使用中，否则这些准则的效果将会非常有限。已经有研究表明，即使仅仅只是阅读过 ACM 伦理准则，读者也会在一段短暂的时间内作出更好的伦理决策（Peslak 2007）。其他研究也曾表明，伦理准则能为与信息计算科技（the information and computing technologies，ICT）相关的职业作出重大贡献（den Bergh and Deschoolmeester 2010）。可见，让研究人员在研究的特定阶段中作为一个团队来回顾伦理档案，至少会有微小的积极效应。但这种方式的伦理反思是学究气且无聊的，它也不会激发出我们希望看到的那种伦理行为。除了最基础的伦理考量，根本就不存在一个预先给定的"汝当如何如何"的格言列表能充分引导我们的行动——不管这个列表有多长也没用。到

　　1　仅就该研究领域内的知名组织而言，就有技术哲学公社（the Society of Philosophy and Technology，SPT）、国际计算机哲学协会（International Association for Computers and Philosophy，IACAP）、美国计算机与哲学联合协会（the American Philosophical Association Committee on Computers and Philosophy，APACAP）等组织可供举例。

头来，只有已经认定相关伦理准则，并决意实践它们的人，才能完成
这些伦理行为。这些计划实现的关键就是要求我们所有的程序员、研
究人员和工程师接受伦理教育。伦理委员会的任务就是帮助养成这样
一种氛围，在其中，具有良好品德的人将能够不断发展成长。伦理委
员会不应该是机构内所有伦理思考的唯一场所，它不能代替其他人的
自主思考。委员会的职责只是在全机构内每一层级上都开展这类伦理
对话。

最后我们还必须讨论一个问题，也就是伦理委员会被当成局外 94
人、在团队内没有归属的裁判人，并成为一个需要解决的障碍这一问
题。这类问题在新人加入团队，尤其是新人的技能在设计过程中并不
常见的时候经常发生。如果工程师和设计师自己就曾经是什么都管的
机构审查委员会审核过程的受害者，或者自己的项目曾经被烦琐的官
僚主义以不公正的方式对待，那么他们对专业伦理人员抱有先入为主
的怨恨也是非常自然的。但随着作为咨询师的伦理学家被安插进研究
机构，这种面对应用伦理学时的犹豫所带来的大部分有害影响都可以
被消除。这样一来，伦理学家们就可以扮演向导和预警系统的角色，
他们的专业技能将把值得关注的发展报告给伦理委员会，从而帮助研
究者作出能够经得住媒体和政客等外部考验的最佳决策。但这并不
意味着只要有了自我管理，伦理上的合规操作就能得到保障。这么想
是非常愚蠢的——非常腐化的内部商业操作是内部伦理学家阻止不了
的，伦理学家也可能在他们本应给予纠正的过程中成为帮凶。在最糟
糕的情况中，我们就能够体会到，那些有权力阻止这些非道德操作的
局外人扮演了多么重要的角色，这就是专业机构、政府监管部门和非
官方监察机构的角色，它们确保创造了我们所有人不得不生存于其中

的世界的那些企业必须遵守这些苛刻的伦理准则。在理想情况下，研究组织应该永远不会走到这一步，但我们都知道这种情况过去曾经发生过，且未来也会继续出现，而上述讨论将会帮助 AI 和机器人行业表现得比过去的其他行业更好。

结论

我们看到，鉴于 AI 和机器人研究者们创造的是人类历史上最具潜在破坏力的技术，他们也到了寻求专业性伦理指导的时机了。本章已经展示了这样一件事，那就是伦理问题最好应该被理解为创造技术设计团队内部真诚、开放讨论的结果，其讨论的过程不仅建立在我们已知的最好实践成果上，也要随时准备根据部署技术中出现的意料之外的后果而作出改变。这意味着建立合适的伦理委员会，并在赋予它适当权限和自主性的同时，避免让它被视为团队目标的局外人或障碍。在 AI 和机器人行业内，重现其他行业里常见的限制性机构审查委会虽然不会对 AI 和机器人技术本身有什么帮助，但这会对在这些机器设计中植入伦理思想有所助益。另外，每个组织必须保障委员会内部、外部施加影响的人数的比例是恰当的，并保障委员会本身是嵌入在研究团队内部的。这将有助于大幅减少来自组织的针对委员会的天然抵抗，并且让委员会一方面在它所服务的组织内养成最佳的志向，另一方面也能有效质疑它在组织内所发现的违反伦理的操作。

即使 AI 和机器人学是一个新兴产业，现在行动也不算太早。事实上，如果研究组织不开始严肃地关注本章讨论过的诸多 AI 和机器人研究导致的伦理问题，那么我们可能会陷入行动太迟且我们最深的恐惧将变为现实的不复之地。但我们可以有信心地说，这种反乌托邦场景不会发生；人类在自我保存这件事上太过擅长，且我们也拥有保障未来所需的全部伦理工具。

参考文献

ABET. n.d. "Neon Color Spreading Accreditation Board for Engineering and Technology Code of Ethics." Accessed July 2014. https://www.iienet2.org/details.aspx?id=299.

ACM. n.d. "Task Force for the Revision of the ACM Code of Ethics and Professional Conduct, ACM Code of Ethics and Professional Conduct." Accessed March 2014. https://www.acm.org/about/code-of-ethics.

Anderson, M. and S.L. Anderson, eds. 2011. *Machine Ethics*. New York: Cambridge University Press.

Arkin, R.C. 2009. *Governing Lethal Behavior in Autonomous Robots*. Broken Sound Parkway, NW: Chapman and Hall/CRC.

Bostrom, N. 2003. "Ethical Issues in Advanced Artificial Intelligence." In *Cognitive, Emotive and Ethical Aspects of Decision Making in Humans and in Artificial Intelligence*, 12-17. Int. Institute of Advanced Studies in Systems Research and Cybernetics. Accessed July 2014. Retrieved from http://www.nickbostrom.com/ethics/ai.html.

Burrell, I. 2014. "Google Buys UK Artificial Intelligence Start-up Deepmind for £400m." *The Independent*, January 27. Accessed July 2014. http://www.

independent.co.uk/life-style/gadgets-and-tech/deepmind-google-buys-uk-artificial-intelligence-startup-for-242m-9087109.html.

Clark, H. 2006. "Chief Ethics Officers: Who Needs Them?" *Forbes*, October 23. Accessed July 2014. http://www.forbes.com/2006/10/23/leadership-ethics-hp-lead-govern-cx_hc_1023ethics.html.

Cleland, S. 2014. "Deepmind 'Google Ethics board' Is an Oxymoron, and a Warning — Part 11 Google Unethics Series." *PrecursorBlog*, January 30. Accessed July 2014. http://www.precursorblog.com/?q=content/deepmind-%E2%80%9Cgoogle-ethics-board%E2%80%9D-oxymoron-and-a-warning-%E2%80%93-part-11-google-unethics-series.

Cohen, R. 2014. "What's Driving Google's Obsession with Artificial Intelligence and Robots?" *Forbes*, January 28, 2014. Accessed July 2014. http://www.forbes.com/sites/reuvencohen/2014/01/28/whats-driving-googles-obsession-with-artificial-intelligence-and-robots.

den Bergh, J. and D. Deschoolmeester. 2010. "Ethical Decision Making in ICT: Discussing the Impact of an Ethical Code of Conduct." *Communications of the IBIMA*:1-11. doi: http://dx.doi.org/10.5171/2010.127497.

Gannes, L. and J. Temple. 2014. "More on Deepmind: AI Startup to Work Directly with Google's Search Team." *Re/Code*, January 27. Accessed July 2014. http://recode.net/2014/01/27/more-on-deepmind-ai-startup-to-work-directly-with-googles-search-team.

Garling, C. 2014. "As Artificial Intelligence Grows, So Do Ethical Concerns." *SF Gate*, January 31. Accessed July 2014. http://www.sfgate.com/technology/article/As-artificial-intelligence-grows-so-do-ethical-5194466.php.

Gunkel, D.J. 2012. *The Machine Question: Critical Perspectives on AI, Robots, and Ethics*. Cambridge, MA: The MIT Press.

Hall, J.S. 2012. *Beyond AI: Creating the Conscience of the Machine*. Amherst, NY: Prometheus Books.

Hawking, S., S. Russell, M. Tegmark, and F. Wilczek. 2014. "Stephen Hawking: 'Transcendence Looks at the Implications of Artificial Intelligence — but Are We Taking AI Seriously Enough?'." *The Independent*, May 1. Accessed July 2014. http://www.independent.co.uk/news/science/stephen-hawking-transcendence-looks-at-the-implications-of-artificial-intelligence--but-are-we-taking-ai-seriously-enough-9313474.html.

Lin, P., K. Abney, and G.A. Bekey, eds. 2011. *Robot Ethics: The Ethical and Social Implications of Robotics*, edited by Ronald C. Arkin, George A. Bekey, Henrik I. Christensen, Edmund H. Durfee, David Kortenkamp, Michael Wooldridge and Yoshihiko Nakamura, *Intelligent Robotics and Autonomous Agents Series*. Cambridge, MA: The MIT Press.

Lin, P. and E. Selinger. 2014. "Inside Google's Mysterious Ethics Board." *Forbes*, February 3. Accessed July 2014. http://www.forbes.com/sites/privacynotice/2014/02/03/inside-googles-mysterious-ethics-board.

Luxton, D.D. 2014. "Recommendations for the Ethical Use and Design of Artificial Intelligent Care Providers." *Artificial Intelligence in Medicine* 62(1): 1-10. doi: http://dx.doi.org/10.1016/j.artmed.2014.06.004.

Matloff, N. 2014. "What's Wrong with Tech Leaders?" *CNN Opinion*, July 8. Accessed July 2014. http://www.cnn.com/2014/07/08/opinion/matloff-tech-ethics/index.html?hpt=hp_bn5.

Miller, K.W. 2010. "It's Not Nice to Fool Humans." *IT Professional* 12(1): 51-2. doi: http://dx.doi.org/10.1109/mitp.2010.32.

Peslak, A.R. 2007. "A Review of the Impact of ACM Code of Conduct on Information Technology Moral Judgment and Intent." *Journal of Computer*

Information Systems 47(3): 1-10.

Prigg, M. 2014. "Google Sets up Artificial Intelligence Ethics Board to Curb the Rise of the Robots." *Daily Mail*, January 29. Accessed July 2014. http://www.dailymail.co.uk/sciencetech/article-2548355/Google-sets-artificial-intelligence-ethics-board-curb-rise-robots.html - ixzz36RsuLtSv.

Sharkey, A. and N. Sharkey. 2011. "Children, the Elderly, and Interactive Robots: Anthropomorphism and Deception in Robot Care and Companionship." *IEEE Robotics & Automation Magazine* 18(1): 32-8. doi: http://dx.doi.org/10.1109/mra.2010.940151.

Sharkey, A. and N. Sharkey. 2012a. "Granny and the Robots: Ethical Issues in Robot Care for the Elderly." *Ethics and Information Technology* 14(1): 27-40. doi: http://dx.doi.org/10.1007/s10676-010-9234-6.

Sharkey, N. 2010. "Saying 'No!' to Lethal Autonomous Targeting." *Journal of Military Ethics* 9(4): 369-83. doi: http://dx.doi.org/10.1080/15027570.2010.537903.

Sharkey, N. 2012. "Automating Warfare: Lessons Learned from the Drones." *Journal of Law, Information & Science* 21(2). doi: http://dx.doi.org/10.5778/JLIS.2011.21.Sharkey.1.

Sharkey, N. and A. Sharkey. 2010. "The Crying Shame of Robot Nannies: An Ethical Appraisal." *Interaction Studies* 11(2): 161-90. doi: http://dx.doi.org/10.1075/is.11.2.01sha.

Sharkey, N. and A. Sharkey. 2012b. "The Eldercare Factory." *Gerontology* 58(3): 282-8. doi: http://dx.doi.org/10.1159/000329483.

Shulman, C., H. Jonsson, and N. Tarleton. 2009. "Machine Ethics and Superintelligence." In *Ap-Cap 2009: The Fifth Asia-Pacific Computing and Philosophy Conference.* October 1st-2nd, edited by Carson Reynolds and Alvaro Cassinelli, 95-7.

University of Tokyo, Japan.

Sullins, J.P. 2004. "Artificial Intelligence." In *Encyclopedia of Science, Technology, and Ethics*, edited by Carl Mitcham. 1st edtion, 2nd edition in press. US: Macmillan Reference.

Sullins, J.P. 2006. "When Is a Robot a Moral Agent?" *International Review of Information Ethics* 6: 26-30.

Sullins, J.P. 2011. "Introduction: Open Questions in Roboethics." *Philosophy & Technology* 24(3): 233-8. doi: http://dx.doi.org/10.1007/s13347-011-0043-6.

Sullins, J.P. 2012. "Robots, Love, and Sex: The Ethics of Building a Love Machine." *IEEE Transactions on Affective Computing* 3(4): 398-409. doi: http://dx.doi.org/10.1109/t-affc.2012.31.

Sullins, J.P. 2014. "Information Technology and Moral Values." In *The Stanford Encyclopedia of Philosophy*, ed Edward N. Zalta. Spring 2014 Edition. http://plato.stanford.edu/archives/spr2014/entries/it-moral-values (accessed July 2014).

Tolich, M. and E. Tumilty. 2014. "Making Ethics Review a Learning Institution: The Ethics Application Repository Proof of Concept - tear.otago.ac.nz." *Qualitative Research* 14(2): 201-12. doi: http://dx.doi.org/10.1177/1468794112468476.

Wallach, W. and C. Allen. 2009. *Moral Machines: Teaching Robots Right from Wrong*. Oxford: Oxford University Press.

Weaver, J.F. 2014. "What a Supreme Court Case Means for Google's and Facebook's Use of Artificial Intelligence." *Slate.com*, February 3. Accessed July 2014. http://www.slate.com/blogs/future_tense/2014/02/03/deepmind_google_ai_ethics_board_what_u_s_v_jones_means_for_tech_companies.html.

Yudkowsky, E. 2001. "Creating Friendly AI 1.0: The Analysis and Design of Benevolent Goal Architectures." San Francisco, CA: The Singularity Institute. http://intelligence.org/files/CFAI.pdf (accessed July 2014).

第六章

人机交互的技术风险与潜力：
对歧视的基本认识论机制的哲学探究

马尔科·内斯科乌 [1,2]

99 　　关于社交机器人的伦理争论已经成为我们这个时代最前沿的话题之一。无论是在学术还是非学术争论中，绝大多数争论背后的方法论框架都心照不宣地建立在"敌我对立"（us-versus-them）的视角上。我们像是在观看一场自己的孩子参与其中的足球比赛：作为父母，我们根本无须考虑"该为哪个队伍加油"的问题。本章会将分析的视点转换为一种彻底的、同时受东西方思想启发的现象学视角，从而检验

　　1　本章的早期版本已经发表，出版信息为：Nørskov, M. 2014. "Human–Robot Interaction and Human Self-Realization: Reflections on the Epistemology of Discrimination." In *Sociable Robots and the Future of Social Relations: Proceedings of Robo-Philosophy 2014*, edited by Johanna Seibt, Raul Hakli and Marco Nørskov, 319-327. Amsterdam: IOS Press Ebooks. doi: http://dx.doi.org/10.3233/978-1-61499-480-0-319。此次再版已获得出版社的许可。

　　2　我非常感谢我的同事，来自奥尔胡斯大学的约翰娜·赛布特。她在我写作这一章的各个阶段都对这篇文章给出了评论，我从她那里学到了很多东西。我还要感谢来自东京大学的石原孝二（Kohji Ishihara），他为这篇文章的初稿提供了最有帮助、关键且富有建设性的评论。本章还受到了 PENSOR 计划下 VELUX 基金会的部分支持。

这种人机交互立场到底有没有根据。本章认为，这种区分敌我的过程本身就是一个富有道德意涵的人为建构，因此和歧视（discrimination）没什么区别。[1]进一步来说，受海德格尔给出的、关于技术的警告的影响，这一章也会从人机交互的技术风险与机遇的角度，探索人机交互的可能性。最后，针对这一理论的局限性，我会勾勒一种超越了概念化的、促进"与机共在"（being-with-robot）的实践。这种非技术性的、属于人机交互的存在方式，基本上可以避开海德格尔的警告，还可能促进人类交互者的某种自我实现（self-realization）。

100

导言

　　机器人学是我们这个时代最前沿的研究领域之一，它将工程学、计算机科学、心理学、哲学等各个学科整合在一起，成一个真正跨学科的领域。机器人的商业和军事应用，以及公共机器人研究项目都吸引了大量的资金注入与持续的媒体关注。这种情况并不令人意外，因为机器人常常被宣传为解决当代很多社会问题——例如人口挑战和伦理战争——的一剂良药。它们不仅能把我们从所谓的"3Ds"——不卫生（dirty）、不安全（dangerous）、不有趣（dull）——或繁苦的工作中解放出来，还能为我们的社交空间整合入全新类型的交往伙伴，也就是**社交机器人**（sociable robots；参考 Takayama，Ju，and Nass 2008，p.

1　这里将 discrimination 译为"歧视"，正是为了凸显作者所谓的"道德意涵"。如果读者实在想不明白"人类歧视机器人"意味着什么，不妨把"歧视"宽泛理解为"区别对待"（这也是 discrimination 一词的原义），等读完整篇文章之后，想必会有更深入的体会。——译者注

25）。然而机器人学不仅向我们的乌托邦美梦中注入了新的希望，也给反乌托邦人士带来了噩梦。如果唯一约束着机器人应用前景的只有我们的幻想和技术局限，那么这自然会导致大量的伦理问题。把照料工作（caretaking）外包给机器人是道德正当的吗（例如 Sparrow and Sparrow 2006）？只有拟真机器人（android）才是能承担责任和批评的行动者吗（Nadeau 2006）？机器人能成为值得我们伦理考量的施动者或受动者吗（参考 Gunkel 2012）？这些还只是机器人发展前景带来的很多伦理担忧中的一小部分。我选择的这些案例还强调了一个事实：当下的伦理研究不应该只局限于我们对人类（Homo sapiens sapiens）的道德责任，也应该反映我们对很多机器人的伦理责任是否可能和恰当。由于不同机器人的能力和特征各有不同，而且都在不断地被科技强化，要找到这些问题的答案并不容易。正如下述引文所说，我们有责任正确地把握机器人：

> 没能准确把握这个世界本身就是一个轻微的道德失败。我们有义务按照世界本身所是的样子去看待世界。在看待世界的时候被欺骗是一件很悲哀的事，而我们亲自延续和延长这种欺骗则是一件很糟糕的事。（Sparrow and Sparrow 2006，p. 155）

很多研究文献（Gunkel 2012）都指出，从根本上讲，是我们人类自己在规范化和建构着"什么人或物才属于值得**伦理考量**的存在者"的答案。这一章的讨论会接受这个基本思路，并试图为这种建构过程背后的认识论"机制"提供一些哲学洞见。我会将目前的对话与那些受佛教启发的思想领域融合在一起，让各种现象立刻从概

念规定（conceptual determination）中抽离并呈现自己，从而在自我 101
反省（apperception）的过程中分析这个认识论机制，以及它的道德
意涵。从这个彻底的现象学出发点来看（本章"一种启发性的对比
框架"一节），机器人对其他存在物（例如猫或人类等）的模仿——
"仿佛"（as if）——本质上是一种人为建构（artificial construct）；进
一步来说，由于这一过程的道德意涵，机器人和它的模仿对象之间
的区分与歧视的概念息息相关（本章"应用到人机交互上的身心觉
性"一节）。这一过程的后果是，我们会很自然地把机器人仅仅当作
无生命的仆人，或在海德格尔的抽象层面上说，当作一种**储备资源**。
忽视这一过程会带来相当严重的危险，但同时正如海德格尔在《对
技术的追问》（*Question Concerning Technology*；Heidegger 2004）中所
说的那样，它也会滋养我们自我实现尊严（dignity）的潜能。本文
会在不接受任何正统预设的情况下，用佛教启发的思想，在人机交
互的语境下去揭示这些潜能和危险（本章"危险与潜力"一节），
同时更重要的是，勾勒出一种以人类的自我实现——也就是"认
识你自己"（γνῶθι σεαυτόν）——和教化为目标的机器人实践（本
章"人机交互与人类的自我实现"一节）。本章最后会以一些结语
收尾。

　　首先，让我对社交机器人学的当前争论作一个简单的概述，以便
读者了解争论的关键、背后的理论基础以及传统研究的局限性。

公众伦理争论一瞥

在开始现象学考察之前，为了把我们的讨论建立在现实世界的语境上，我们最好先仔细观察一下当前的公众伦理争论。另外，人机交互的相关政策制定者进行的具体调查的例子，以及围绕人机交互展开的公共对话的案例，也都会让我们注意到这些伦理担忧的表现方式。[1]

与机器人相关的伦理和道德考量曾经主要是科幻小说的话题。但近些年来，这些问题受到了越来越多的关注，从专业哲学家到媒体的很多争论者都把这些问题当成了严肃议题。与此同时，很多公共组织和机构也都关注着这些问题。比如在 2006 年 11 月，韩国政府就开始起草**机器人伦理章程**（Robot Ethics Charter；Lovgren 2007），而丹麦的**丹麦伦理委员会**（Danish Council of Ethics）最近也发布了关于服务型机器人（Det Etiske Råd 2010c）和电子人（cyborg；2010a）的相关指导方针。

2006 年，**意大利 EURON 机器人伦理工作室**（Italian EURON Roboethics Atelier）就针对在人类环境中植入机器人的主题，提供了下述问题清单：

> 我们预计会产生与以下议题相关的问题：
>
> 1. **机器人取代人类**（经济问题；人类失业问题；可靠性问

102

1　很多想法在我的博士论文（2011）中已经在一定程度上考察过了，这里展示的文字对这些想法作了篇幅非常大的修改与润色。

题；可信赖性问题；等等）。

2. **心理**问题（人类情感的扭曲；情感依赖问题；儿童心理紊乱；恐惧；恐慌；混淆现实与人为虚构；对机器人的服从感）。

3. 人形机器人在远没有进化成有意识行动者之前，**就能被当作控制人类的绝佳工具**。[1]（Veruggio 2006，p. 617）

这里还有第四个担忧，也就是**丹麦伦理委员会**的一份文档中指出的：

> 我们想问的是：社交机器人在外观、交流和行为上越来越像人类，而且假装自己是独立的、有感受能力的活的存在物，"仿佛"它们就是人类一样。这件事本身是不是在伦理上就有问题呢？（Det Etiske Råd 2010b）

虽然这个问题在某种程度上是第二个问题的具体案例，但它的重要性也值得我们强调，因此我想把它看作独立的第四个问题：

4. **模拟**问题[2][例如误判（misapprehension）]

---

1 编号和粗体为本章作者所加。

2 赛布特（Seibt 2014）最近为了处理当前研究中的机器人能力归属问题存在的含混性，在过程本体论的基础上引入了五个"模拟"概念：功能复现（functional replication）、模仿（imitation）、效仿（mimicking）、展示（displaying）以及近似（approximation）。在这里，这些术语都是上述引文中在"模拟"的意义上使用的。

对本节内容来说，问题 1、2、4 是极其重要的，所以我们先来具体地解释这些问题。

第一个问题——**取代**问题，目前在丹麦关于医保和老年护理行业的相关争论中格外突出，人们对服务机器人出现在这些行业的恐惧与期待都非同寻常地高涨——请参考《丹麦人害怕机器人》（"The Danes are Afraid of Robots"[1]）这篇报纸文章（Politiken 2008）。提倡机器人科技的政客发现自己身处这样一种境地：他们需要不断向公众重复保证，新科技节省下来的人力资源不会导致裁员，而是会带来互利共赢式的资源再分配。[2] 这些政客的论据是，通过让机器人去做清扫之类的技术含量低的粗活，老年人会在心理需求等其他领域获得质量更高的人类陪护。然而我们对机器人取代我们的恐惧可能是受文化影响的。北野菜穗（Naho Kitano 2005）宣称，机器人占领世界或从人类手中偷走工作岗位的想法根植于西方文化之中，而这在日本文化中是找不到的。

第二个问题，也就是把机器人引入社会带来的**心理影响**的问题，在安博（Ambo 2007）导演最近执导的一部讲述服务机器人的纪录片中格外显眼。这部纪录片跟踪调查了一批人，其中 K 是一位住在德国疗养院的老年人。[3] 由于 K 平常没有访客可以供她消遣，于是疗养院安排了机器人 PARO 来当她的同伴——这是一个由柴田高范（Takanori Shibata）教授开发的海豹机器人。在这一纪录片的叙事中，K 像对待

1　这里的英文标题为作者翻译，丹麦语原文是 "Danskerne er bange for robotter"。

2　读者可以去 *Ældre Sagen NYT* 杂志 6 月刊（DaneAge 2009，p. 3）上看看丹麦社会事务部长在老年护理机器人上的立场。

3　由于 K 的全名和本章的内容无关，我在此略去了这个名字。

一个真的动物甚至是一个小孩一般对待 PARO。疗养院的其他老人都对 K 与一个机器人保持亲密关系感到不解。这种行为自然引起了一个问题：人类与现代科技的交互是不是一种自我贬值（devaluate）？ K 的做法是不是把自己完全交付给了机器人呢？

模拟问题（问题 4）似乎和人类把无生命对象**拟人化**（anthropo-morphically）或**拟动物化**（zoomorphically）的能力息息相关。研究文献提到过很多人类在一定程度上把生命力（animation）归属给无生命对象的情况，而海豹机器人 PARO 和头形机器人 KISMET 都只是人类用户为无生命对象在某种程度上赋予生命的几个例子（参考 Turkle 2012）。也正是在这一语境下，**丹麦伦理委员会**提出了两个潜在的担忧（Det Etiske Råd 2010c：12-14）。首先，委员会很担心这种有意无意中的"欺骗"（deceit）会带来什么样的后果；其次，他们也很担心人机交互会对"真正的"人际交往带来什么潜在的变化，例如让我们变得自恋和利己。很多研究人员（Sparrow and Sparrow 2006，Turkle 2012）也提出了类似的警告。

对本章讨论的其他目的来说，在人机交互的争论中，我们不仅要认识到这些形而上学和伦理学问题的社会相关性与情感深度，也要注意这些问题被提出的方式，也就是那些构成了这些争论基础的假设。正如以上几个例子说明的那样，关于机器人的争论基本上与西方伦理学的核心纠缠在一起，而西方伦理学的主要关切是提供一套人际交往的规范，以及指出那些指导着人类生活的伦理价值。然而，我们似乎还是很难确定，机器人必须拥有哪些交互能力才能被纳入道德行动者的共同体中。诚然，西方伦理学家偶尔讨论人类对非人类实体——比如动物或自然界——承担的集体或个体伦理责任，但这都是一些很边

104

缘的话题。真正让我们产生以上这些担忧的，一方面是（1）关于"机器人是什么"的静态概念（static concept）；（2）"人类是与众不同的"这一基本预设。其中至少有三个严肃的问题与（1）相关：首先，"机器人"这一术语涵盖了多种不同类型的机器，而我们又有很多不同的理解机器人的方式，这样一来，这个概念似乎既涵盖了一切，又什么都没有涵盖。更进一步而言，新的发明持续不断地扩展着机器人学这一领域。即使是在那些对特定种类机器人的功能分析（analysis of the functionality）上，对它们的概念规定也已经到了极限（参考 Nørskov 2014b）。最后回到上述的预设（2），"人类是与众不同的"，我们就会发现，正如导言里提到的那样，连什么是"真正的人类"都是一个动态概念（Gunkel 2012）。很多论证归根结底都在说"因为我们与众不同，所以……"，但这基本就是让我们为所欲为的万金油逻辑，我们最好还是想出比这更强的论证。

我们似乎已经心照不宣地接受了"人际交往比人机交互更有价值"这个预设，而且传统的分析也采取了这样的视角。简而言之，我们关于机器人进入社会的相关伦理争论的描述，也已经传达出了我们一个理论瓶颈：我们可用的理论工具似乎并不适合它们要完成的任务。而我在接下来的章节中将指出，一种建设性的解决方案就是先把标准理论框架中的基础预设甩在身后，而最容易达成这种方案的手段，就是将自己置于一个完全不同的哲学思考传统中。这并不必然意味着我们要悬置现有的理论或道德命令，恰恰相反，我们的目标是以全新的方式探索人机交互的质的潜力（qualitative potential）。我在下面几节会运用一些受佛教启发的思想，从一个极端现象学的视角，考察对人类和机器人的区别对待是否确凿清晰（tangible）。

一种启发性的对比框架

正如前文所概述的那样，机器人伦理总体上是和这样一个前提绑定在一起的：因为人类有某种特殊的能力，所以人类是有生命的（animated）；而机器人因为满足不了这些标准，所以它们在根本上和我们不同。在这样的框架内，我们很自然地会问一个问题：机器人在多大程度上、何种情况下才可以算是笛卡儿式的（Cartesian）或康德式的（Kantian）主体，也就是有自我意识的、自由的、理性的道德施动者（moral agent）呢？但在这里，我采取了与此不同的理论路径，并试图实现一个根本的理论转向。我接下来会指出，如果我们为人机交互赋予一个新的外表——用海德格尔的术语来说，就是与机共在——那么人机交互的一些伦理后果就会自己显现出来。为了用全新的范畴去思考人机交互的现象，我们从这里开始更仔细地审视一种与笛卡儿式的、康德式的主体概念截然不同的哲学思想，也就是我们在禅宗佛教（Zen Buddhism）中找到的丰富思想资源，这种思想整体上抛弃了所谓的连续自我（permanent self）的存在（Smart 1997，p.309）。我首先会介绍一些佛教的核心概念，例如苦（suffering）和**身心觉性**，然后从佛教启发的视角去讨论人机交互的问题。

有人可能会觉得讨论佛教哲学是一种没有必要的元哲学层面的华丽表演，而且这种讨论单纯只是为了强调西方国家关于机器人伦理争论的基本预设。但我必须指出：（1）佛教哲学是一个自成一派的哲学传统，有诸如道元禅师、西田几多郎、西谷启治这些捍卫者；（2）东西方社会对人机交互前景的反应往往被认为有着非常大的差别（例如

105

在伦理学方面，参考 Kitano 2005），这本身就足以构成我们审视东方思想，尤其是它与人机交互之间的联系的理由。

苦

历史上的佛祖乔达摩·悉达多（Siddhartha Gautama）通常被认为是佛教在世间的创始人。关于他的生卒年众说纷纭，但他在年代上大概是苏格拉底的同辈人（Cousins 1998，Smart 1997）。据传他因为看到了父亲的臣子们生活的艰辛，于是决心找到终止一切苦厄的方法。这种野心勃勃的求索最终造就了丰富独特的佛教传统。佛教在历史上从印度传入中国，之后又传到了日本和世界其他地方，并同时发展出了多种多样的流派。其中要归功于佛祖本人的最核心教诲之一，就是**佛教四圣谛**（Four Noble Truths），我在下面将它们列举了出来（Mejor 1998）：

- 苦谛（苦是存在的）[1]
- 集谛（苦是有原因的）
- 灭谛（苦的消灭是可能的）
- 道谛（终结苦是有方法的）

我们很难否认这个世界上存在着苦，尤其是比如被称作苦谛的那些经典的苦难——生、老、病、死（Akira 1990，p.39）。然而为了理

1　每一条圣谛后面的括号内容不是对术语的字面翻译，而是我从《劳特里奇哲学百科》（*Routledge Encyclopedia of Philosophy*）中摘选的对这些术语含义的简要描述（Mejor 1998）。

解它在当前语境下的深意，我们有必要更进一步地考察这一概念。关于"苦"这个词的用法，亚伯（Abe）指出（此时他可能已经想到了第二圣谛）：

> 我们越想趋乐避苦，就越是被苦乐的二分所纠缠。构成**苦**（此处为大写的 Suffering）的正是这整个过程本身。当佛祖佛陀说"存在即苦"（existence is suffering）时，他指的是这种**苦**，而不是与乐相对的那种苦。（Abe 1985，p. 206）

在这个意义上，苦并不是我们视为"好"或"坏"的事物本身的呈现（manifestation）；恰恰相反，正如亚伯（同上，p. 205）所说，好和坏之间是相互依赖的，而人类区分好坏并趋乐避苦的实际倾向才是真正的苦。由此，我们就自然地来到了第二条圣谛，也就是集谛。集谛明确地描述了苦的根源，这也是我下一节的分析内容。这里所谓的苦的根源，是执于形色的渴求（craving for attachment in all its shapes）——比如想拥有一辆跑车、想要扬名立万，但如果走向另一个极端，那种偏执的虚无主义式的自我毁灭也是有问题的。正如卡苏里斯（Kasulis）的下述引文中明显体现的那样，这一点的原因并不是心理学的，而是知识论的（epistemological）：

> 禅宗哲学拒绝对现实进行内省式的重建，并借此批评了我们平凡的、未开化的存在。（Kasulis 1985，p. 60）

因此在和另一个对象——比如机器人——互动的过程中，如果我

106

们用一套固化的概念框架或分类方法来解读经验，我们就扭曲了这种经验中感知的直接性（immediacy of perception）。简而言之，我们概念化事物的方式无法完整体现经验的具体现象（concrete phenomenon）。这样一来，这种片面的体现就让我们陷于概念性的偏见之中，从而剥夺了我们不带偏见地和这种现象的本来面貌在当下共存的机会。总而言之，这里分析的**苦**就是一种让我们无法活在当下、活在此处的危险，而这最终将影响我们的生活，并真正影响我们的在场（presence）。

我已经澄清了我们可能要付出的代价，下面我将介绍一种对经验模式（experiential modes）的描述，它将作为一种理论阐释帮助我们分析人机交互的本质。

身心觉性

我们是在什么时候对自己对人类的感知和对机器人的感知这两种现象进行了区别对待呢？佛教哲学可以在这方面提供非常多的洞见，因为我们赖以感知世界的存在模式，以及这种模式中出现的各种现象，都在这种哲学中被推到了理性的边界（甚至以外）来加以审视。因此为了从前面几个小节中获得更细致的洞见，我将借用沙纳在他的著作《日本佛教中的身心体验》（*The Bodymind Experience in Japanese Buddhism*，1985）中对经验的分类方式，把这种分类方式作为视角来展开进一步的探究。

沙纳曾经从身心（bodymind）这一概念入手，借助胡塞尔现象学的领域和术语作为自己的基本叙事工具，分析了空海禅师（Kūkai，774—835）和道元禅师（Dōgen，1200—1253）这两位日本最有影响力的宗教学者的语录：

只有通过抽象，我们才能把亲身经验（lived experience）中的身和心区分出来。而身或心的方面也只有通过抽象的过程，比如反思、想象或遐思（reverie），才可能成为对象焦点（noematic foci）。我们在日常生活中往往以这样一种方式行动：对我们而言，经验的意义仿佛同时包含了身和心两方面。相应地，我们将在下文中把这两方面在经验中的同时在场称为"身心"。（Shaner 1985，p. 45）

沙纳用"身心"这一术语来强调精神和肉体在经验中的不可分割性。在佛教传统中，身心的一体性被称为"神人如一"（shinjin ichi nyo；Kasulis 1985，pp. 90-91）。根据这一理论，把经验完全归给孤立的心灵或孤立的身体都是一种误解。这样一来，传统的笛卡儿式身心二分将身体和心灵割裂为两个外在连接的单元，这种二分就只能以内省的方式发生在经验之后。由于我们作为个体在智力上不能同时通达、掌握现实中所有的现象和因果联系，因此，沙纳提出的是一种在人类感官、认知限度内理解世界的方法。而他的这一观察与认知科学的成果之间有着很强的共鸣（参考 Frith 2007，Hood 2013）。

回到"身心"这一概念上，沙纳介绍了他称为**身心觉性**的几种模式（后面我将**身心觉性**简称为BA）。在对BA的不同模式进行分类的过程中，沙纳运用了一个胡塞尔式的术语来作为分类的核心概念——**感知方向**（noetic vector）。他把**感知方向**直接翻译为"某人的注意力"（one's attention；Shaner 1985，p. 52）。要注意，数学意义下的向量（vector）指的是一种有方向和长度的量，于是**感知方向**可以被理解为知觉的指向性（directedness）——这种理解和他在书中其他地方对**感知方向**的概念使用也是一致的。BA 有三种模式，而它们之间的区别就在于在某个特定的瞬间，各个模式涉及的感知方向数量的不同。下表简要地展示了这三种模式的内容，这些内容对我们当前的讨论应该足够了（对这一分类的细节可参考 Shaner 1985，p. 48）。另外，该表还包含了沙纳给出的一些例子，它们能帮助我们把这些模式和实际经验联系起来。

表 6.1　身心觉性的不同等级

身心觉性的等级	特　征	例　子
第一级	我们并不刻意施加任何感知方向，而是任由经验来去自如	没有意向性的前反思意识
第二级	只有一种感知方向的状态	运动员处于激烈竞赛的状态（他的注意力高度集中在某个对象上，比如要击中一个目标）
第三级	有多个感知方向的状态	反思性的迂回意识（reflective discursive consciousness）

108　　　接下来我会把这三种模式分别称作 BA1、BA2 和 BA3，分别对应三个等级的身心觉性。

　　沙纳认为，因为我们永远不能确定自己是不是把握了世界如其所是的本来面目，所以 BA1 就是我们最接近这种体验时所处的模式。一旦经验有了感知方向，它也就被改变了——比如当我们描述事物的时候，我们的叙述就改变了经验。这一过程可以和海森堡的**不确定性原**

理（Uncertainty Principle, 1927）相类比，或和心理学中的"观察者效应"
（observer effect）类比。这种给经验施加感知方向的过程在 BA3 中出
现的概率更高，效果也更为突出。

我们在沙纳的分类基础上回看上文对苦的阐述就会发现，苦只有
在 BA2 和 BA3 中才会出现。由于**感知方向**表征了一种固化（fixation）
的过程，因此它可以被解读为一种渴望着的执念（craving attachment）。
值得注意的是，我们有时会把知觉（perception）限定在一个或多个意
向对象（noemata）上——比如去刻意地专注于某个对象上，或者在
思考过程中把多个意向对象联系起来——这种做法并没有什么特别不
对的地方。但同样值得注意的是，从理论上说，如果我们过于窄化视
域，例如关注照片中的一个焦点（一个固定的视角以及从中浮现的感
知方向一起代表了这个焦点），那么我们是无法同时观察到这张照片
的其余部分的。

这样一来，所有超越 BA1 的知觉过程都是一种选择和扭曲的过
程，而我也会在这个根本的知识论层面上探讨人机交互过程中的歧视
带来的后果。[1]

应用到人机交互上的身心觉性

现在让我们把前文的讨论应用在人机交互，尤其是我们与模拟机

1　读者到这里应该对本章作者所谓的歧视有了更深的理解。歧视这里指的仅仅是人为
地、主观地为感知经验施加一个它本身不具有的解读方向的行为。——译者注

器人（simulating robot）交互中，看看把机器人和它所模拟的对象区分
开的做法到底合不合理。

　　这个问题初看上去好像很好处理：在当前技术条件下，因为机器
人还有着很明显的功能性（functionality）局限，它们很难在功能上完
全复制（functionally replicate）人类的行为，所以我们在人和机器人之
间的区分是很有道理的。但我们应该更仔细地考察模拟这件事本身。
越来越多的服务机器人被创造出来，其中一些机器人和人类很相似，
例如石黑浩的拟真机器人（Ishiguro 2006），另外一些机器人被故意设
计成我们不熟悉的样子，就是为了避免它们被当成模拟机器人。举例
来说，著名的海豹机器人 PARO 之所以被设计成海豹的样子，就是因
为很少有人真的和这种动物有过亲密接触（Marti et al. 2005）。

　　　　柴田高范（PARO 的发明者）说他曾经尝试制造机器猫和机
　　器狗，但用户并不觉得它们逼真。"他们对猫狗抱有的期待太多
　　了，"柴田说，"而且他们会把机器人和他们已经熟知的真的猫狗
　　相比较。"
　　　　很少有人真的见过活的海豹宝宝，所以大家就不太能建立
　　起机器人海豹和真实海豹之间的对比。这样一来，大家就会把
　　PARO 当作一个可爱的小伴侣来接纳它。（Greenfieldboyce 2008）

　　但我们为什么要关心机器人（比如一只机器猫）的外表和功能在
多大程度上像它模仿的活物呢？

　　在一些学者（Sparrow and Sparrow 2006）看来，欺骗在医疗护理
行业的社交机器人上是非常严重的问题。当机器人表现出自己好像有

109

情感等真实心灵能力的时候，这种假象可能对被"蒙骗"（tricked）了的脆弱老年人造成伤害（比如前文中的 K）。

> 机器人宠物并不能给它们的主人带来能改善生活的积极体验，相反，这些人对机器人的"喜爱"或"爱意"，以及因为机器人的"陪伴"而产生的快乐，对于主人的生命而言，都是毫无贡献的多余情绪。设计精巧的机器人调动这种情绪的能力并不是一种优点，而是一种危险。（Sparrow 2002，p. 315）

> 如果机器人只有在人类不知道自己的真实本质时才能让他们更开心，那机器人并不能为人类的身心状况带来真正的改善；事实上，这种使用机器人的方法只能说是在伤害这些人类。（Sparrow and Sparrow 2006，p. 155）

我们的这些考虑是否只是某种多愁善感，这是一个值得讨论的问题（Rodogno 2014）。更进一步说，不同的伦理学视角会给我们带来完全不同的图景。举例而言，沙基和伍德（Sharkey and Wood 2014）在他们对 PARO 的投入产出比进行的效用分析中，就得到了与上文完全不同的结论。他们很认真地考虑了上述批评，但仍然得到了下述结论：

> 在当下，我们可以把技术风险看作它们带来的潜在益处的必要代价。而在未来，如果有新证据能决定性地捍卫 PARO 带来的积极效应，那么我们甚至会论证：所有痴呆症病人都**应该**被分配一个 PARO，让他们通过这种交互关系获益。（同上，p. 4）

上面插入的相关文献应该让我们清楚地看到，社交机器人学就是当下的"关键任务"。下面，我将从另一个角度来讨论机器人模拟的问题。

上文概括了一种受佛教哲学启发的知识论，在这种理论的基础上，我们可以通过以下方式对人机交互进行哲学上的解释。在 BA2 和 BA3 中，我们的意向性和我们的过往经验被活跃地联系在了一起。由于 BA2 和 BA3 在运作的过程中已经带有被固化的内容，在这些经验模式中，我们就可以把当前意向的意向对象和过往经验进行对比。因此，如果我们是在 BA2 或 BA3 这些级别的感知模式下和周遭的环境相连接，那么我们就可以借助一个范畴指称点（categorical reference point），从而明白这个机器人和它所模仿的对象——比如一只猫或一个人——是不同的。在当前技术条件下，我们可以根据自己的经验，直接看出机器人并没有达到我们对"一只猫应该是什么样子"的构想。由此我们就会开始注意二者之间的不匹配，而这些信息也将影响我们理解和对待机器人的方式。

某种意义上，我刚刚描述的理论似乎和森政弘著名的恐怖谷理论不谋而合（Mori，MacDorman，and Kageki 2012）。森政弘在自身经验的基础上指出了机器人的**亲和度**（affinity）和拟人度（human likeness）之间的冲突关系。他的结论在图像上表现如下：机器人的亲和力随着拟人度的上升而上升，然而在这种上升过程中存在着一个特例——从某个阈值开始，这种亲和度达到它的首个巅峰，之后开始下跌，甚至会跌为负值。这就是**恐怖谷**，也就是例如僵尸机器人会开始让我们感到不舒服，甚至十分诡异的地方。不过，在跨过恐怖谷之后，随着拟人度的增加，机器人的亲和度很快又会以指数速度回

110

升。在回升的过程中，由于机器人变得与人类极其相似，它们的亲和度因此也达到了第二次峰值。由此，森政弘在他 1970 年最初的论文中建议，机器人工程师应当以第一次峰值为设计目标，因为这样才更有可能创造出受用户喜爱的产品。在森政弘的上述理论中，这种数值上的转换被阐释为一种亲和度上的变化。无论刻意与否，只要机器人模仿人类还没有模仿得太像，我们就无须把它们和"人之为人"（what it means to be a human）的概念相对比。因此在这一方面上，我们也无须进入 BA2 或 BA3 的感知模式，或由此去搞清楚我们究竟是不是在和人类打交道——我们可以很轻松地接受机器人本来的样子，也接受我们就是在和机器人交往这件事。但当我们进入模拟的灰色地带时，事情就不那么确定了（比如我们会担心它到底是不是真人，有没有意识），我们会发现自己身处 BA2 或 BA3 的模式中，并且试着把机器人和我们关于"人类"的概念进行对比。若机器人和人类的相似程度继续升高，它就会跨过"恐怖谷"，而我们在这种绝对的匹配中也将再次回到 BA1 的模式中去。此时我们因为没有对比的参照点，所以没有能力也确实不再歧视机器人了，从而也不会质疑机器人身上出现的一些人类特质了。

我们刚刚描述的佛教知识论还有更普遍的应用。事实上，如果我们接受了身心觉性的分级，那么任何概念化的经验其实都已经包含根本性的**歧视**了：

> 即使我们的感官都完好无损，大脑也正常运转，我们和物理世界之间也没有直接的渠道（access）。我们可能感觉自己有这种渠道，但这种感觉不过是我们大脑创造的幻觉罢了。（Frith

2007，p. 42）

由于引文中描述的这种在物理世界认知渠道上的知识论局限，我们的概念化活动也不再仅仅是区分、界定或者划区（differentiation，delimitation，demarcation）——这些方法都表现为一种偏见（prejudice），而这种偏见本身则建立在一种从过往概念化行为中推演出当前情况的过程之上。只要我们离开了 BA1 模式，这种偏见就会发生在我们心中，而只要我们还想运用这种概念化过程中出现的认知能力——比如规划、想象、学习等能力——我们就无从避免这种偏见。任何发生在 BA2 和 BA3 级别上的意向性经验，无论它的对象是人还是物，这些经验都会马上引入某种特定的分类方法（无论是多么内省式的分类）对经验对象进行分类——比如将它们划分为有生命和无生命的存在物。而这一过程中很重要的一点是，经验主体和经验对象都是知觉的产物，是由知觉的规定过程建构出来的。亚伯口中的"日本当代最杰出的哲学家"（Abe 2003，p. 66）西田几多郎（Kitaro Nishida）以最极端的方式阐释了这个洞见：

> 并不是经验因个体的存在而存在，而是个体因经验的存在而存在。（Nishida 1990，p. 19）

根据我们日常的"歧视"概念，"歧视"中的区分过程就体现在我们把机器人对象化（objectify），或者在当前的语境中是去人类化（dehumanize）的过程中。其中去人类化的过程指的是图 6.1 中，从"人类"（H）这一范畴向"非人类物体"（O）这一范畴的转化过程。

这种认知转化经常出现在奴隶制或动物商品化的描述中（例如 Regan 2005）。如果我们考虑现代机器人学，比如石黑浩那种以恐怖谷理论中的第二次峰值为目标的拟真机器人，我们会看到机器人设计与上述过程截然相反的趋势——机器人被故意设计成一种激起我们把它们联想成人类的模样。作为物体(O')的机器人被刻意地人类化(humanized)为准人类（quasi-human，H'）状态，并且向人类状态合并靠拢。

$$H \xrightarrow{\text{去人类化（dehumanizing）}} O$$

$$H' \xrightarrow{\text{人类化（humanizing）}} O'$$

图 6.1　对象化和人类化

去人类化的认知转化（H → O）通常被我们看作一种伦理上应当谴责的事情。而在机器人的问题上，我们现在正处于一种反向的人类化过程（O → H）中，这同样引起了我们的担忧（前文中提过的问题 4）。

图 6.1 只展示了佛教哲学所揭示的宏大知识论图景中的一个很小的部分。我在这里并不只是想展示这种概念化过程的程度和方向，我同时也想强调概念化和道德评价之间的联系——西方哲学把知识论和伦理学看作两个独立的学科，但在佛教哲学中，概念化和道德评价之间的关系并非如此割裂。卡苏里斯在**正法眼藏（Shōbōgenzō）**的基础上考察道元禅师的伦理学立场[1]时写道：

112

　　1　根据贝因（Bein）的说法，和辻哲郎（Tetsuro Watsuji）是第一个把道元禅师的思想带入当代哲学讨论语境的哲学家（Bein 2011, p. 1）。

如果人们不去制造各种范畴，把它们叠加到前反思的经验上，恶便不可能存在。……因为根据龙树（Nāgārjuna）的论证，善、恶这些术语是相互依存的，它们只在思想的层面上运转，而无生（nonproduction）是先于这种范畴分类的。（Kasulis 1985, p. 95）

只有当自我被拔除（extirpated）之后，我们才能有无差别的仁爱（compassion）和不持前见的智慧。（同上，p. 98）

BA1 模式和卡苏里斯这里所谓的"前反思的经验"和"被拔除的自我"是一样的。从现象学的角度看，善恶二分正是在我们第一次离开 BA1 模式的瞬间产生的。BA1 的模式超越了这种区分。在继续下面的讨论之前，我们有必要强调一件事：BA1 的这种超越并不是在说，人们处于 BA1 模式中的时候就不会做违反伦理的行为。对一个行为本身的评价需要参照一定的伦理准则来进行，而这种评价既可以由他人来完成，也可以由一个人自己内省地完成。但不管怎样，我们考察的核心仍然是 BA1 这种微妙的状态以及从 BA1 向其他状态的转变过程。

回到我们之前提过的例子：当我们和一个机器猫相遇时，我们会试图把面前这个实体概念化为"猫"，但这一过程却失败了。这只机器猫算不上一只真猫，因为根据我们之前的经验，我们不会把它识别为猫。我们意识到这个对象很像猫，但它最终还是没有超过某种认知阈值，这一过程触发了一种微妙的效果。我们的直接反应是意识到这个机器人不满足被施加的范畴的标准，而不是意识到我们的大脑是评估过程中的核心评估者。正如弗里斯（Frith）在他的《制造思想》（*Making up the Mind*）中所说，我们需要记住，我们感知的并不是世

界，而是我们大脑中的模型（同上，p. 132）。我们的生理决定了我们
会这样运转，但我接下来也要指出，我们必须同时认识到这一机制的
片面性。我们对机器猫的感知不仅仅是区分，而且最终也是歧视，
而这之所以是一种歧视，就是因为本体论和知识论之间的结合在本
质上是有道德意涵的。这个结论初看上去并不直观，它需要更进一
步的解释。就像我在上面刻画的那样，我们在 BA2 和 BA3 模式中对
世界没有完整的认知渠道，或用认知心理学的话说，我们只是在估
量（approximate）这个世界（参考 Frith 2007，Hood 2013）；因此剥
除机器猫在这个问题上的道德立场，或者对它的范畴归类（category
ascription；也就是没被认作真猫）漠不关心，这些都是带有道德意涵
的行为，因为它们都影响了我和机器猫之间的关系。这个结论并不必
然意味着我们就应该改变对待机器人的方式，但它确实强调了这一过
程隐含的偏见。

113

我们于是得出了本次讨论的核心发现，也就是人类他者与机器人
之间的区分本质上是一种人为建构。当我们注意到机器人模仿一些事
物，尤其是模仿那些它们"明显"不是的东西时，这个认知现象让我
们难得地看到了知识论场景的幕后机制。我们关于机器人模拟行为的
担忧，在现象学上揭示了我们的认知、构建周围世界以及自我建构这
些行为的一般条件。我们解读这个世界的方式是很受局限的。我们不
断地从特定条件下的视角中推论、推断各种事情，并且运用这些理解
对这个世界进行理解和分类。这种局限性就是对我们通过有限的输入
渠道获得的原初经验"内容"的一种扭曲/估量/（或好或坏的）解读，
因此人类与人形机器人之间的区别就是一种真正的人为建构。

我们对机器人模拟的担忧（也就是对这种歧视的反对）揭示了，

或至少我认为它揭示了，一种在所有概念化过程中都会出现的更一般性的认识论歧视。一旦我们意识到这件事，我们的这些担忧就会变成"亲身经历的认识论"（lived epistemology），因为这些认识论条件会突然出现在日常生活的具体语境中。而在这些视角下，人机交互能帮助我们揭示出人类在这种相遇中会扮演什么角色的相关洞见吗？我们将在接下来的几节中讨论这个问题。

在我展示一个以 BA1 模式参与机器人实践的全新概念设计思路之前，我们需要进一步探索我们其他参与世界的模式的潜在后果。在下一节中，我会把之前的身心觉性理论和海德格尔对"技术如何与我们同在"的思考联系起来。这里我会援引《对技术的追问》，它不仅和上文中的思想相互融贯，还指出了现代科技——我这里主要讨论人机交互——的危险与潜力。

危险与潜力

在《对技术的追问》一书中，海德格尔对技术对现代文明施加的深刻变化展开了著名的讨论。这并不是微小的、肤浅的、文化上的改变——它影响了人之为人的本质，而海德格尔用交互（interactions）概念来刻画这一本质。现代科技正在以一种全新的，但有问题的交互模式与人类关联在一起。海德格尔对这种交互模式给出了以下刻画：

> 人类如此决定性地处于集置（Enframing）正在迫近的挑战中，以至于他没有把集置理解为一种要求（claim），而且完全没有意

识到自己是一个被要求者。这样一来，他也没能聆听自身在哪些方面存在（ex-sists）、由自身的本质（essence）而存在、在一种敦促和安排的背景下存在，因此他再也无法仅仅遭遇（encounter）他自己了。（Heidegger 2004，p. 46）

在海德格尔独特的语言里，他在此处到底指的是什么，我们或许最好通过之前介绍过的安博纪录片中的 K 来解释。现代科技给了我们一种能力：它让我们能把现象当作储备资源（*Bestand*），也就是一些唾手可得的资源或商品来对待（相关细节请参考 Heidegger 2004，p. 41）。K 的高科技机器人伴侣 PARO 对 K 来说是随叫随到的（当然PARO 也有维护周期，比如它可能需要充电），而构成 PARO 的这个整体都成了 K 的储备资源。在一些学者围绕索尼公司的娱乐机器狗AIBO 展开的研究中，我们同样可以看到这种将机器人交互伙伴当成储备资源的想法。这项研究分析了网络论坛关于 AIBO 的讨论记录，并这样总结道：

> 研究结果表明，AIBO 确实在心理层面上走进了这组参与者的心中——它特别调动起了大家关于本质（79%）、能动性（agency，60%）和社会地位（social standing，59%）的观念。但这些参与者很少赋予 AIBO 道德地位（moral standing），比如认为它值得尊重、拥有权利，或应该为自己的行动承担道德责任，等等。（Kahn，Friedman，and Hagman 2002，p. 632）

虽然**本质**、**能动性**和**社会地位**都被赋予了 AIBO，但**道德地**

位却没有。我认为这表明，我们认为自己对 AIBO 没有任何义务（obligation），并因此认为我们能够想怎么使用它就怎么使用它。而如果我们为 AIBO 赋予道德地位，这种做法可能会让我们把它当成储备资源的行为变得很不自然（unnatural）。

> 我们把这个使得人类聚集到一处，并把自我彰显（self-revealing）的事物当作储备资源的极具挑战性的要求，称为"集置"（*Ge-stell*）。（Heidegger 2004，p. 42）

因此，对 PARO 的集置，就是 K 把 PARO 当成随自己心情想用就用的储备资源的诱因。因此本节中的第一段海德格尔引文，就是在警告现代科技伴随的潜在风险，这个风险就是"我们甚至没有意识到它正在发生"。换句话说，K 面临着以下风险：

1. 意识不到自己被集置的过程所影响，这个过程会把她完全吸入人机交互之中；

2. 再也无法摆脱集置的语境来和自己相遇（meeting herself）。

115   总而言之，最大的风险就是被完全吸入机器人的集置中，以及随之而来的把机器人还原为储备资源的做法。海德格尔警告我们的，正是交互中的这种异化（estrangement）。

在《对技术的追问》中，海德格尔未加言明地预设了技术进步是不可阻挡的。但除了警告我们其中的危险，他同样看到了巨大的可能性：

> 作为一种命运（destining），技术的当前在场（coming to

presence）让人认识到了他单凭自己既不能发明又不能创造的东西。因为没有人就自身而言只是一个人。……如果我们开始密切注意技术的当前在场，我们会发现，正是这种极端的危险照亮了人在允诺中的（within granting）最隐秘和不可摧毁的归属性（belonging-ness）。（同上，p. 49）

简而言之，技术中蕴含了一种潜力，也就是重新发现那种构成了我们的本质、我们的人性的交互关系的潜力。在与机器人的交互过程中，我们既面临着把对方还原为储备资源的风险，但另一方面，机器人又能促使我们意识到自己的"最高尊严"（highest dignity）：

> 这种最高尊严就在于：人守护着这片大地上所有在场者的无蔽状态（unconcealment）和在它之前的遮蔽状态（concealment）。（同上，p. 49）

这样一来，技术通过集置为我们带来的机遇就藏身于两件事之中：我们意识到自己与无蔽状态（Unconcealed，*Unverborgenheit*）、遮蔽状态（Concealed，*Verborgenheit*）之间的联系，以及我们能够以不同于存储资源的方式去揭示（Revealing，*Entbergen*）无蔽状态的可能性。

技术语境下的身心觉性

海德格尔的术语很有个人风格，而且他的讨论内容也非常抽象，所以他对技术本质的解读一开始肯定会有理解上的问题。如果将身心

觉性的三种模式和海德格尔的理论联系起来，那么 BA1 模式似乎给了我们通向无蔽状态的认知渠道。

> 我们只需不带偏见地去把握那个总是已经占有（claim）了人，并且这种占有又是如此明确，以至于人从来只能作为如此被占有的东西才可能是人的东西。不论人何时何地开启其耳目、敞开其心灵，或把自己交付给思索和追求、塑造和工作、请求和感谢，他都会看到自己已经被带入无蔽中了。（同上，p. 42）

116　　　　如果读者还有印象的话，我们在 BA1 模式中是不强加任何感知方向的。更重要的是，这一模式并不必然和我们从事各种活动相冲突。因此，BA1 似乎实现了上面《对技术的追问》的引文所描述的那种开放性（openness）。我在下一节中会进一步阐释这种与现象共在的模式——让在（letting be, *sein lassen*），并把它理解为一种不把机器人还原为储备资源的与机器人共在的模式。

　　与 BA1 不同，BA2 和 BA3 把现象绑定在我们认知的范畴框架（categorical apparatus）上，而在这两种模式中，我们将面临被技术的**在场**（essencing, *wesen*）吞没的危险。因此，我们必须严肃看待上文提到的警告，因为如果我们将机器人还原为储备资源，我们就会像 K 一样将自己完全暴露在技术的支配之下。不过尽管如此，我们也正可以在此处试着理解海德格尔关于技术在特定发展阶段里的"保有潜力"（saving potential）的总体断言。同样正如上文论述过的那样，对机器人的感知可能是一类非常特殊的经验，因为它可能非常彻底地让我们看到自身的认识边界。而这种经验范畴的不一致性可以迫使我们意识到 BA1 和 BA2/BA3 之间的冲突，也就是我们（像在 BA1 状态下那样）意向性地、经验性地向"现实本身所是的样子"（reality as such）敞开的能力；当我们试图"概念化经验内容"（像在 B2/B3 状态下那样）时，现实又会同时呈现自己和遮蔽自己。我们在被迫反思与机器人的遭遇时，以这种方式知道了技术的**在场**。由此，我们会面临新的问题，也就是我们的现有分类可能是不可靠的，我们对自身是自由行动者（free agent）的自我理解也会随之摇摇欲坠——或许这种自我理解只是人为建构。这个结论其实和认知科学中的总体发现有着共鸣：自我其实只是一种幻觉（参考 Hood 2013，Frith 2007）。在上述这类人机交互中，我们某种意义上已经从海德格尔式的技术风险中被拯救出来了——因为这些危险只存在于那些我们还没有意识到技术本质的情况中（参考 Olsen 2013，p. 135）。

在下一小节中，我将提供一种建构性的理解机器人的方法，一种不仅意识到了技术的本质，而且从一开始就绕过了技术的危险的人机交互模式。

人机交互与人类的自我实现

在这一节中我提议，我们应该把海德格尔关于"正确"（right）交互的建构性力量的相关洞见，和上文讨论过的受佛教哲学启发的认识论结合起来。

我刚刚论证过，技术的积极面向就在于，在技术发展的某个阶段，我们会制造出能让我们意识到自己的知识论处境的东西。因此在人机交互中，我们就有机会去了解技术的本质，并通过选择一种非技术的"解蔽模式"来实现自己的本真存在（authenticating ourselves）。我们现在的讨论重点就是这种交互方式。以往我们会出于某个元伦理学理由而采纳一种伦理原则，为的是让道德义务不仅仅适用于人类，也适用于机器人，而现在我们讨论的这种"解蔽模式"远远超出了这种做法。我们与PARO和其他服务机器人的相遇带来了一种潜力，这种潜力远远超越了拒绝把机器人降格为消费品或海德格尔所谓的**定位储备**的选择。恰恰相反，这种潜力意味着采取一种能够实现BA1意义的经验的视角，并把这种经验看作一次交互的整体（totality of an interaction）。

我们可以从考察实践的功能（function of praxis）开始，去反思**与机共在**这种"正确"的交互方式。我们通过实践与世界相遇，并在某种意义上自我改善和发展，而我们也可以学会如何在交互时让自己留在BA1中。在这一方面，日本艺术——诸如歌舞伎表演、武术和茶艺——可以被看作对更高形式的身心统一的训练（Shaner 1985, pp. 99-100）。这种实践的统合性思路（unifying approach）在所有参与者之间创造了一种整合（integration）而非歧视，同时还可以被解读为通过滋养BA1层面的长期交互（prolonged interaction），来达到某种形式的自我实现。之所以把它称为"自我实现"，是因为我们正是在BA1中，才以我们自身所是的样子和机器人相遇，以及和我们自己相遇。因此，如果要严肃地理解导言中的引文，我们甚至可以说，我们有义务参与这种活动。

既然"整合形式的实践"（integrated forms of praxis）原则上可能适用于任何对象，那我们有理由认为机器人不应该扮演一把弓、一朵花或者一杯茶的角色吗？以吸尘器为例的服务机器人，就是为了满足我们的某项具体需求才被开发出来。然而这意味着它们要支撑的实践往往并没有超过传统的"实现某个目的的工具"的程度。举例而言，我们之所以按下清扫机器人的启动键让它开始运转，就是为了把节省下来的清扫时间花在别的事情上。在这个例子里，我们通过让机器人替我们工作来满足我们的需要；而在更高级的机器人那里，人机交互可能比按一个按钮复杂很多。但不管怎么说，这些利用机器人的方式估计和我刚刚描述的实践训练很不同。朝向人机交互的新形式迈出的一步，可能就是设计出能把人类的参与处理成"整合形式的实践"的机器人——这种实践形式让我们的意向性趋近于 BA1 的模式，从而超越了我们有限的概念边界。

诚然，这些想法都还很模糊，也很不成熟，但我相信它们至少指出了我们下一步应该如何具体发展这些想法的大体方向。通过关注整合形式的实践，我们可以把对机器人蓄意剥削的风险降至最低，同时也把我们在这个框架的语境中自我贬值的风险降至最低。人机交互可能会突然进入新的维度，就像艺术家在艺术创作时与周边环境的交互模式那样。在这一方面，日本东北大学开发的舞池伴侣跳舞机器人（Partner Ballroom Dance Robot）这种发明也许就是一个很有前景的机器人研究思路，它能为我们提供类似上文描述的那种实践。

结语

在前面几节中，我在佛教思想的启发下论证了这样一个观点：我　118

们概念化事物的方式让我们对周围环境进行了去人类化，而这一过程也把机器人变成了单纯的人造物。我还指出，我们与机器人的交互以及通过机器人而实现的一些交互，都可能为我们提供一些重要的知识论上的潜力：由于 BA1 让我们获得了对现实的最直接的认知渠道，而我们又是现实的一部分，所以这种相处模式为我们提供了一种去更好地认知自身的可能性。由于这是一种实践的过程，这种交互可以被理解为某种形式的自我实现。

当然如果我们对机器人的设计很糟糕，或者带着恶意设计它们，我们就很难通过人机交互来丰富自己的生命了。本章的种种观点既不会推翻，也不会终止这些伦理考量。不过我的论证应该已经合理地展示了一种完全不同的人机交互的可能性，从而使得我们不必要把自己降格为机器人的主人（mandate of the robot）。据我所知，这一点是现有研究文献完全忽略了的。在这里，我们找到的东西远不只是对海德格尔指出的**危险**的一种缓解，因为这种新的实践方式甚至或许能实现人机交互被忽视了的潜力——通过向这种现象自身所是的模样敞开，从而自我教化的机会。下一步研究要解决的一个有趣的问题是，机器人在这方面是不是一类特殊的推动者。我们此前从未见过一种技术，既能促使我们如此深刻地反思"我们是谁"，同时还促使我们把自己和这些技术的本质在类型上区分开。

有人可能反对说，现有的机器人并不会邀请人类参与到上述这种类型的人机交互中。而我描述的那种机器人可能由于经济原因或技术限制，永远只是一些微不足道的现象而已。事情可能确实是这样，但无论如何，我们仍有可能通过机器人来完成自我实现。我只是提醒人们注意社交机器人的这一潜力，而不是认为所有的人机交互都必须、都会带来某种顿悟（epiphany）。

参考文献

Abe, M. 1985. *Zen and Western Thought*. Edited by William R. LaFleur. Honolulu: University of Hawai'i Press.

Abe, M. 2003. *Zen and the Modern World: A Third Sequel to Zen and Western Thought*, edited by Steven Heine Honolulu: University of Hawai'i Press.

Akira, H. 1990. *A History of Indian Buddhism*. Translated by Paul Groner, edited by Paul Groner. Vol. 36, *Asian Studies at Hawaii* Honolulu: University of Hawai'i Press. Original edition, Indo Bukkyou shi.

Ambo, P. 2007. *Mechanical Love*. Denmark: Dox on Wheels.

Bein, S. 2011. *Purifying Zen*: *Watsuji Tetsuro's Shamon Dogen*. Honolulu: University of Hawai'i Press.

Calverley, D.J. 2006. "Android Science and Animal Rights, Does an Analogy Exist?" *Connection Science* 18(4): 403-17. doi: http://dx.doi.org/10.1080/09540090600879711.

Cousins, L.S. 1998. Buddha. In *Routledge Encyclopedia of Philosophy*, edited by E. Craig. London: Routledge.

DaneAge. 2009. "Ja Tak Til Robotter I Ældreplejen." *Ældre Sagen NYT*, June.

Det Etiske Råd. 2010a. "Cyborg Teknologi: Udtalelse Fra Det Etiske Råd." Accessed January 18, 2010. www.homoartefakt.dk.

Det Etiske Råd. 2010b. "Recommendations Concerning Social Robots." The Danish Council of Ethics. Accessed October 10, 2014. http://etiskraad.dk/Temauniverser/Homo-Artefakt/Anbefalinger/Udtalelse%20om%20sociale%20robotter.aspx?sc_lang=en.

Det Etiske Råd. 2010c. "Sociale Robotter: Udtalelse Fra Det Etiske Råd." Accessed January 18, 2010. www.homoartefakt.dk.

Frith, C. 2007. *Making up the Mind: How the Brain Creates Our Mental World*: Blackwell Publishing.

Greenfieldboyce, N. 2008. "Robotic Baby Seal Coming to U.S. Shores." NPR. Accessed 2015. http://www.npr.org/templates/story/story.php?storyId=91875735.

Gunkel, D.J. 2012. *The Machine Question: Critical Perspectives on AI, Robots, and Ethics*. Cambridge, MA: The MIT Press.

Heidegger, M. 2004. "Question Concerning Technology." In *Readings in the Philosophy of Technology*, edited by David M. Kaplan. Oxford: Rowman & Littlefield Publishers, Inc.

Heisenberg, W. 1927. "Über den anschaulichen Inhalt der quantentheoretischen Kinematik und Mechanik." *Zeitschrift für Physik A Hadrons and Nuclei* 43(3-4): 172-98. doi: http://dx.doi.org/10.1007/BF01397280.

Hood, B. 2013. *The Self Illusion: How the Social Brain Creates Identity*. New York: Oxford University Press.

Ishiguro, H. 2006. "Android Science: Conscious and Subconscious Recognition." *Connection Science* 18(4): 319-32. doi: http://dx.doi.org/10.1080/09540090600873953.

Kahn, P.H., B. Friedman, and J. Hagman. 2002. "'I Care About Him as a Pal': Conceptions of Robotic Pets in Online Aibo Discussion Forums." *Extended Abstracts of CHI 2002 Conference on Human Factors in Computing Systems*: 632-3.

Kasulis, T.P. 1985. *Zen Action, Zen Person*. Honolulu: University Press of Hawaii.

Kitano, N. 2005. "Roboethics: A Comparative Analysis of Social Acceptance of Robots between the West and Japan." *The Waseda Journal of Social Sciences* 6: 93-105.

Lovgren, S. 2007. "Robot Code of Ethics to Prevent Android Abuse, Protect

Humans." *National Geographic News*, March 16.

Marti, P., A. Pollini, A. Rullo, and T. Shibata. 2005. "Engaging with Artificial Pets."
papers:///74134E92-DC57-45CA-BDE4-6B8D82D9C6E7/Paper/p814, EACE
'05: Proceedings of the 2005 Annual Conference on European Association of
Cognitive Ergonomics, Sep 1. 99-106.

Mejor, M. 1998. Suffering, Buddhist Views of Origination of in *Routledge
Encyclopedia of Philosophy*, edited by E. Craig. London: Routledge.

Mori, M., K.F. MacDorman, and N. Kageki. 2012. "The Uncanny Valley." *IEEE
Robotics & Automation Magazine* 19(2): 98-100. Original edition, 1970. doi:
http://dx.doi.org/10.1109/MRA.2012.2192811.

Nadeau, J.E. 2006. "Only Androids Can Be Ethical." In *Thinking About Android
Epistemology*, edited by Kenneth M. Ford, Clark Glymour and Patrick J. Hayes,
241–8. Menlo Park: AAAI Press.

Nishida, K. 1990. *An Inquiry into the Good*. Translated by Masao Abe and
Christopher Ives: Yale University Press. Original edition, 1911.

Nørskov, M. 2011. "Prolegomena to Social Robotics: Philosophical Inquiries into
Perspectives on Human-Robot Interaction." PhD dissertation, Department of
Philosophy, Aarhus University.

Nørskov, M. 2014a. "Human-Robot Interaction and Human Self-Realization:
Reflections on the Epistemology of Discrimination." In *Sociable Robots and the
Future of Social Relations: Proceedings of Robo-Philosophy 2014*, edited by
Johanna Seibt, Raul Hakli and Marco Nørskov, 319-327. Amsterdam: IOS Press
Ebooks. doi: http://dx.doi.org/10.3233/978-1-61499-480-0-319.

Nørskov, M. 2014b. "Revisiting Ihde's Fourfold 'Technological Relationships':
Application and Modification." *Philosophy & Technology*: 1-19. doi: http://
dx.doi.org/10.1007/s13347-014-0149-8.

Olsen, S.G. 2013. "Hvad Er Det Væsentlige Ved Teknikken? En Ny Læsning Af Heideggers Foredrag." In *Nye Spørgsmål Om Teknikken*, edited by Kasper Schiølin and Søren Riis, 123–37. Aarhus: Aarhus University Press.

Politiken. 2008. "Danskerne Er Bange for Robotter." Politikken.dk Accessed 6 January. http://politiken.dk/videnskab/ECE567229/danskerne-er-bange-for-robotter/.

Regan, T. 2005. *Empty Cages: Facing the Challenge of Animal Rights*. Lanham: Rowman & Littlefield Publishers Inc.

Rodogno, R. 2014. "Social Robots and Sentimentality." In *Sociable Robots and the Future of Social Relations: Proceedings of Robo-Philosophy 2014*, edited by Johanna Seibt, Raul Hakli and Marco Nørskov, 241-4. Amsterdam: IOS Press Ebooks. doi: http://dx.doi.org/10.3233/978-1-61499-480-0-241.

Shaner, D.E. 1985. *The Bodymind Experience in Japanese Buddhism*, edited by Kenneth Inada, *Suny Series in Buddhist Studies*. Albany: State University of New York Press.

Sharkey, A. and N. Wood. 2014. "The Paro Seal Robot: Demeaning or Enabling?" AISB 2014 — 50th Annual Convention of the AISB, UK.

Smart, N. 1997. The Buddha. In *Companion Encyclopedia of Asian Philosophy*, edited by Brian Carr and Indira Mahalingam. London: Routledge.

Sparrow, R. 2002. "The March of the Robot Dogs." *Ethics and Information Technology* 4(4): 305-18. doi: http://dx.doi.org/10.1023/A:1021386708994.

Sparrow, R. and L. Sparrow. 2006. "In the Hands of Machines? The Future of Aged Care." *Minds and Machines* 16(2): 141-61. doi: http://dx.doi.org/10.1007/s11023-006-9030-6.

Takayama, L., W. Ju, and C. Nass. 2008. "Beyond Dirty, Dangerous and Dull: What Everyday People Think Robots Should Do." *HRI 2008 Proceedings of the Third*

ACM/IEEE International Conference on Human-Robot Interaction, Amsterdam, The Netherlands, 12–15 March 2008. 25-32.

Turkle, S. 2012. *Alone Together: Why We Expect More from Technology and Less from Each Other*. New York: Basic Books. Original edition, 2011.

Veruggio, G. 2006. "The EURON Roboethics Roadmap." 2006 6th IEEE–RAS International Conference on Humanoid Robots, Genoa, Italy, 4-6 December 2006. 612-17. doi: http://dx.doi.org/10.1109/ICHR.2006.321337.

第七章

恐怖谷理论：一个工作假设[1]

阿德里亚诺·安杰卢奇　皮耶路易吉·格拉齐亚尼

玛丽亚·格拉齐亚·罗西[2]

123

　　在本章中，我们将提出一个与所谓的"恐怖谷现象"有关的假设。"恐怖谷"这个术语指的是当我们看到一些外貌和人相似，却总让人感觉哪里不对的东西时，体验到的又惊恐又厌恶的感受。就这种现象让我们无法和拟真机器人、人形机器人、虚拟角色之间建立共情交互的效果而言，几乎所有的相关研究都是在机器人学和计算机图像领域中开展的——恐怖谷在这些领域主要被看作一种技术上的挑战。在本

　　1　很多时候，研究人员不可能等待一些假设被证实之后再开始自己的科研工作，因此研究人员会把一些尚未被证实的假设接受为真，从而在这些假设的基础上开展自己的研究。这些假说就被称作"工作假设"（working hypothesis）。——译者注

　　2　公平地讲，虽然"令人熟悉的'奇特'感""恐怖感的长远影响"和"一个技术上的挑战"这三节内容是由三位作者合力完成的，但"哲学上的挑战和工作假设"这一节主要是玛丽亚·格拉齐亚·罗西的创作成果。本章的早期版本已经发表，引用信息如下：Angelucci, A., M. Bastioni, P. Graziani, and M.G. Rossi. 2014. "A Philosophical Look at the Uncanny Valley." *In Sociable Robots and the Future of Social Relations: Proceedings of Robo-Philosophy 2014*, edited by Johanna Seibt, Raul Hakli and Marco Nørskov, 165-171. Amsterdam: IOS Press Ebooks. doi: http://dx.doi.org/10.3233/978-1-61499-480-0-165. 此次再版已经获得了出版社的许可。

章中，我们将回顾几种克服这种技术挑战的途径，然后转向这样的结论：我们认为恐怖谷现象不仅会带来技术上的挑战，同时还会带来一个关键的哲学挑战，后者源于一种不想把落入恐怖谷的形象看作人类的抗拒心理。我们提出的假设是，在这种模糊的**恶心感**（the emotion of disgust）和恐怖谷现象之间建起概念桥梁的，正是**去人类化**这一观念。

令人熟悉的"奇特"感

早在 1906 年，德国心理医师恩斯特·詹奇就第一次使用了德语单词"诡异的"（unheimlich，uncanny）来描述人类在看到那些外貌似人，却总让人感觉哪里不对的东西时，体验到的"不自然"的奇怪感觉。在 1919 年，精神分析之父西格蒙德·弗洛伊德（Sigmund Freud 1953）就已经开始研究这个现象的起因了。但由于他（自己承认）对这一现象还不够熟悉，他的研究并没有得出对这种现象完整的理解。两位作者虽然不一定把这种奇特的感觉称为惊恐厌恶（repulsion），但他们都认为它是由某种似曾相识（déjà vu）的情景，或某个宛如梦境的现实场景引发的奇特感知（sensation）。

半个世纪以后，人们再一次开始了对这种现象的系统研究。1970 年，日本机器人学家森政弘就用"恐怖谷现象"（Bukimi no Tani Genshō）这个短语来指称那种被精心设计出人类外观的机器人在我们心中引起的诡异感（bukimi，eerie sensation）或厌恶感。现在已经成为专业术语的**恐怖谷**一词，指的也是森政弘的开创性研究最早使用的

124

图表所呈现出的一种显著特征。森政弘借助了一些并不十分严谨的传闻数据，把**熟悉感**（shinwakan）制作成了一个关于**拟人度**的函数。他的图表表明[1]，直到某一个数据点之前，熟悉感和拟人度之间都保持着一种几乎完全线性的关系；而在这一数据点之后，拟人度的一点点增长都会引起熟悉感陡然下跌；在这种下跌之后，随着拟人度的继续增长，熟悉感的数值又会剧烈回升直至最大值（perfection）——这一跌一升的过程在图表上呈现出我们所说的恐怖**谷**。

森政弘的图表还提供了一个重要信息。在图表中，由于**静态**图像无法导致很高程度的熟悉感，所以它在我们心中引起的恐怖感不会像**动态**图像所引起的感觉那么强烈。举例来说，移动的僵尸肯定会比不动的尸体造成更深的恐怖谷。

尽管森政弘的图表有助于我们直观地理解恐怖谷，但它表征的现象事实上远比图表乍看上去传达的信息要复杂。其中最主要的复杂之处在于：森政弘图表中的曲线似乎有很强的**适应性**（adaptive）。后续研究也确实表明，对象的拟人度越高，人脑检测图像细节的效率也就越高，而正是这些细节引起了我们心中的怪异感（Gouskos 2006，Tinwell，Grimshaw，and Williams 2011）。这样一来，每当这些细节被发现、得到处理，人脑又会注意到更细枝末节的信息，而上述图表也需要根据这种新变化作出相应的修改（请参考本章的最后一节）。

接下来我们会看到，恐怖谷现象为我们带来了两种不同的挑战：一种是技术上的挑战，一种是哲学上的挑战。我们首先考虑前者，在

1　森政弘 1970 年这篇日语论文的英译版（包括这幅图表）收录于《恐怖谷》（Mori，MacDorman，and Kageki 2012）一书中。

这个过程中我们会介绍一些理论要素，并为更充分地分析后者作好铺垫。

恐怖感的长远影响

虽然恐怖谷现象直到最近才被系统研究，但这种现象本身（以下简称为**恐怖谷**）似乎很早就存在于人类历史上。事实上，一些研究者把它和一种对死亡的原始恐惧联系在一起——后者对我们以狩猎和采集为生的祖先来说就已经是常客了，但所谓的信息时代的到来似乎大大增强了这种恐惧的效果。于是，不同的研究领域都开始研究应对恐怖谷的方法。

仅仅在不到一个世纪以前，诸如"拟真机器人"、"数字角色"（digital character）之类的词汇对路人来说还毫无意义。但时过境迁，就在我们说话的当下，数以亿计的预设了这些观念的人机交互（human-computer interaction）正在这个星球上发生着——从使用智能手机、玩电子游戏这种比较明显的人机交互，到观看计算机图像生成的电影、被各种数字媒体平台上精巧设计的商业广告轮番轰炸这种不那么明显的人机交互都算在内。而令人毫不意外的是，计算机科学家也开始把恐怖谷看作一种潜在的麻烦，因为在他们尝试开发各种用户友好的交互界面的过程中，恐怖谷可能一举破坏掉他们追求的那种成功的人机交互所必需的共情。确实，只要人机交互还对电脑生成的图像有着决定性的依赖，那么前者很容易被不可预知、不受欢迎的恐怖谷所困扰。举例来说，程序员们在开发新的电脑桌面助手时，早已学会了避免制造合成人脸的形象，以免它在语音被切分时给人带来那种典型的厌恶感——就像双面麦斯（Max Hedroom）所导致的那样。[1]

电影工业也正在系统性地利用恐怖谷。确实，恐怖电影的制作人只要对那些看似微不足道的面部特征巧妙地作一点调整，就能轻松地在观众心中引起非常令人不安的恐惧和厌恶感。然而另一方面，恐怖谷还能带来非常长远的经济影响——有时甚至会导致大型企业的商业失利。在这一方面，3D 电影行业能为我们提供一个令人大开眼界的案例，以说明低估恐怖感的重要性是怎样将我们置于触手可及的危机之中的。一个众所周知的事实是，由罗伯特·泽米基斯（Robert Zemeckis）编剧、制作并执导的电影《极地特快》（*The Polar Express*），就差点在 2004 年 11 月首映时成为票房灾难。这部电影是由人类演员经动作捕捉技术处理后的动画形象出演的。但与制片方期待或希望看到的结果不同，这些角色被广泛地批评为"让人发毛""吓人""假模假样""像人体模型"……换句话说，大家都批评它们正好落入了恐怖谷（请参考《经济学人》[*The Economist* 2010] 的报道，参考文献列表中廷威尔的论文，以及 MacDorman and Ishiguro 2006）。

然而电影工业远不是唯一需要规避恐怖谷的行业。目前才处于起步阶段的虚拟环境技术可以让地理上相距千里的人们用非常现实的方式见面和交互。就像很多事情那样，这些为精细设计的合成世界注入生命的技术手段，同样也来自电子游戏行业。确实，用户－人

---

1 作者这里指的可能是 1987 年美国广播公司推出的电视连续剧《双面麦斯》。这部剧描述了一名记者将自己的意识电子化，并将它制作成一个电脑程序——麦克斯——来打击腐败的故事。通过电子信号，麦克斯可以任意穿梭于电脑和电视网络中，而他的形象有时会发出被切分的电子语音，正是这种搭配在观众心中引起了恐怖谷效应。——译者注

类（client-men）进入服务器 – 世界（server-worlds），并在其中参与互动和演化的角色扮演游戏已经存在很久了。我们也不难注意到，虚拟空间的存在早已开始重塑着下一代人理解社交关系（包括爱情关系）的方式了，但虚拟环境的潜能还远没有被开发出来。虚拟空间内的工作、社交活动、教育、医疗保健、心理咨询对我们来说都是非常鲜活的场景，而在这些由计算机中介的交互中，阴魂不散的恐怖谷可能会带来严重的后果。

出于显而易见的原因，机器人学可能是最关注恐怖谷的领域。虽然"拟真机器人在各种完全不相干的活动中协助人类"这件事听起来还是未来感十足，但它其实离我们已经并不遥远了。**拟真机器人**和人形机器人还是非常不同的：对人形机器人来说，和人类保持相似并不是最关键的，但拟真机器人在功能上就被刻画为"以外观和行为都与人类不可分辨为终极设计目标的人工系统"（MacDorman and Ishiguro 2006，p. 289）。如果拟真机器人设计师的终极目标是让机器人和人类保持完美的相似，那么仅就这一目标而言，恐怖谷很明显阻碍了我们通往成功的道路。这么一看，那几个最著名的日本机器人设计都不约而同地规避现实主义、采用设计感十足的高科技外形，也就不是什么巧合了。直到最近，我们才在建造外观酷似人类的机器人方面取得了一些进展，而这都要归功于石黑浩和他的**智能机器人实验室**（Intelligent Robotics Laboratory）团队。但不幸的是，直到今天，打造一个真正"在外观和行为上都和人类不可分辨"的拟真机器人在实际操作中还是不可能的。用仿生外观的材料制作出的皮肤和头发（电子动画工业界早在 1980 年代就开始这么做了）确实可以创造非常逼真的外观，但这种逼真也仅限于拟真机器人静止不动的时候。一旦机器

人动起来，它们缺少的那600多块人体才有的肌肉，以及随之缺失的流动性和和谐感都会立马被人类观察者察觉到，而恐怖谷效应也会随之出现。

在理论层面上，卡尔·麦克多曼和石黑浩（Karl MacDorman and Hiroshi Ishiguro 2006）最近也提出了一种更有趣的拟真机器人应用。具体来说，他们的研究着重强调了社会科学和拟真机器人发展之间的紧密联系。他们认为，在对社会、认知和神经科学模型的研究中，拟真机器人都可以替代人类行动者参与这些研究。我们不得不承认，这些前景虽然有很大的理论猜想成分，但确实非常令人着迷。虽然在传统上，我们需要研究社会科学和认知科学来创造行为表现近似人类的机器人，但在这些学者看来，我们现在可以逆转这个趋势，用机器人来更好地理解心理动态和社会动态。他们认为，让这一切成为可能的，正是拟真机器人往往能在我们心中引发一个人类他者的形象这一点。具体来说，正是**因为**恐怖谷的存在，拟真机器人或许反而是有助于我们找出哪些行为会被我们看作人类行为的最佳手段。确实，根据麦克多曼和石黑浩的研究：

> 一套至少表面上看与人类不可分辨的实验设备，可能会大大加深我们对社会、认知和神经科学中面对面交互的理解。它将能引发人类往往只对同类才有的一些反应，包括非语言的和潜意识的反应。这套设备使科学家们能精确调整他们的试验参数，因此可谓完美的受控实验主体；而且这套设备就实实在在地摆在那里，这也是电脑模拟出来的角色没有的优势。（同上，p. 298）

但另一方面无须多言的是，只要我们对恐怖谷还没有完整的理解，类似的研究项目基本还是无法起步的。事实上，麦克多曼和石黑浩希望将他们这种新的实验范式建立在一套完整的拟真机器人科学的基础上——这也被他们定义为研究"拟人度在人机关系中的重要性"的科学（同上，p. 302）。

在我们看来，恐怖谷现象的复杂性本身就意味着，机器人学在今天并不是研究这一现象的最佳途径。我们认为一种更好的研究途径——同时也是研究我们把哪些特征看作人类特征的途径——可能是蓬勃发展的**计算机图像学**（computer graphics）这一领域。

一个技术上的挑战

我们更偏爱计算机图像学这种工具的原因之一，就是它能够轻松克服一些主要的资金问题，比如和建造实体机器人相关的巨额投入。以著名的石黑浩克隆机器人为例，虽然它体内只有 50 个马达（其中包括了微缩液压活塞），但其造价却高达 100 万美金；相比之下，一个能模拟人体内数百块肌肉的电脑合成形象，只需便宜得多的软件就能制造出来。这样一来，之前提到的电影、游戏行业中的计算机图像应用也就更容易保住自己的研究资金。

即使不谈资金方面的考虑，我们仍然有一大堆在实践中选择数字形象而非实体机器人的理由。确实，除了它们（因为显而易见的理由）能够摆脱诸多和硬件相关的麻烦以外，数字形象还可以由天各一方的研究团队共享。另外，不像实体机器人每次升级都需要重新建造，数字形象可以像任何软件一样被更轻松地升级和改进。最后，同样重要的是，搭建数字形象和动作捕捉系统（motion capture systems）之间的交互平台，比搭建实体机器人和动作捕捉系统之间的平台容易得多，因为前者根本无需像后者一样专门处理重力、平衡性之类的问题。

128　　　　话虽如此，电脑图像仍然有自己的问题需要克服。具体来说，目前打造数字形象的路径主要有两种。一些研究者试图借助越来越复杂的数学模型，从零开始模拟人类的解剖学特征——骨骼、肌肉、肌腱、皮肤等等；另一些研究者则认为，以数字的形式捕捉真人的表情、动作，并把这些信息存储在海量数据库中以供我们随意调取才是更靠谱的方案（Bastioni and Graziani 2011）。从理论上讲，前者是实现彻底的现实主义（realism）的最有趣方式——如果我们只通过不断修正数学模型就可以完美地模拟人类的外观，那恐怖谷对我们就不再是个问题了。但遗憾的是，我们现在还无法克服这种思路面临的困难。在下面两个小节中，我们会向读者展示这两种路径各自面对的技术难关。

难以捕捉的微笑：模拟现实（Simulating Reality）

让我们专注于最常见的、跨文化的面部表情：微笑。接下来我们简要介绍，生成一个微笑着的数字形象的过程有多少困难。

人类面部的肌肉超过 30 块，其中大约 12 块会在微笑时被调动起来。在微笑时，每一块肌肉收缩的速度、强度和方向都大不相同，它们同时还阻碍或促进着周围肌肉的收缩，并将这些动作传导至面部软骨上。这些作用力的复杂样式最终传导到皮肤，而其中皮肤和肌肉之间的脂肪含量也对这一传导过程有着关键的影响。这样一来，作为这套复杂流程的结果，皮肤的表现也就变得难以处理了。对皮肤的按压和拉扯都会影响其中血液的流通，使皮肤呈现出不同的质地，并影响皮下血管的能见度。皮肤弹性、胶原蛋白水平和其他偶然因素——包括高度主观的要素，比如习惯性做出的面部表情——也会改变皱纹和（可能存在的）伤疤的能见度。另一方面，被拉扯的皮肤还会提高面部骨骼的能见度。更进一步来说，所有这些微小的变化都会对皮肤表面的光线反射率造成关键的影响。确实，光线并不仅仅是从皮肤上反射回来，它还会穿透皮肤。当光线最终抵达密度更大、颜色更红的皮下肌肉时，它就会以最无法预测的方式散射回来，并让皮肤呈现出它那种典型的粉红色调（用专业术语来说，光的这种表现通常被称为**表面散射** [surface scattering]）。这些反射率特性也可能被很多其他或多或少来自外部的因素所影响——比如面部毛发、妆容、汗液或雨水。

众所周知，人脸是一个令人赞叹的表情万花筒，每种表情都能快速而连续地化为新的表情，以至于微笑和鬼脸之间的界限可能变得极其细微。但同样无人不知的是，我们的大脑也是一个终极图式识别机。从我们发育的早期阶段开始，大脑就一直在控制和管理着巨量的信息。而人类代代遗传下来的这个神奇本领的后果就是，电脑模拟中的哪怕是微小细节上的疏忽，都可能造成令人不悦的恐怖谷效应。这种效果之所以会出现，是因为我们掌握的人脸识别能力很大程度上依赖一系列潜意识中的期待。我们期待看到面部的各个区域以特定的方式运动，期待看到它们呈现出特定的颜色，还期待这些表面特征能够和诸多内在、外在的条件对应起来。一滴汗在脸上的模样必须严丝合缝地和我们最细微的期待匹配起来，而匹配一旦失败，我们脆弱的幻觉就会立马被粉碎。

129

就我们目前的知识而言，模拟这样一套程序所需的数学模型很可能复杂得超乎想象（Bastioni and Graziani 2011），因此，当前研究的重点还放在比较容易模拟的肌肉表现上。前沿的大趋势也是通过把比较基础的肌肉收缩结合起来，从而模拟特定的面部表情。还有一些研究人员正在钻研皮肤弹性和软组织的问题。这些研究人员有时也会一起合作，尝试创造出栩栩如生的数字化人脸，但现在取得的成果还远远不足以避免恐怖谷效应的出现。事实上，正是由于数字模拟形象明显缺乏自然度，业界还是更偏好用动作捕捉技术——在真人脸上覆满传感器，并仔细记录下每个面部动作——来制作这些形象。这就是我们前文提过的目前制作数字形象的第二条路径。我们将在下一小节中讨论这种路径。

难以捕捉的微笑：捕捉现实（Capturing Reality）

很多人都认为，基于计算机存储容量的高速增长，规避恐怖谷的最佳方式不是**模拟**现实，而是用可靠的手段去**捕捉**现实。回到微笑的案例中，我们可以把各种数学模型搁置在一边，转而求助于一个有血有肉的、微笑着的人，去准确地记录和存储她的每一个面部动作，包括那些最无意识的细微表情。我们可以把演员脸上每个特定的点都对应到一个三维坐标上，然后建立一个包含数亿个坐标的数据库。而如果我们更进一步从所有可能的角度为演员的脸打光，我们还能记录和存储她皮肤的光线反射率特性，在这个基础上建立一个包含数亿张图像的数据库。然后我们用这些数据库中存储的数据，为人类演员创造一个数码克隆形象，让这个形象动起来并在对话等场景中表现得栩栩如生。

在 2008 年，在计算机科学家保罗·德贝维克（Paul Debevec）

的突破性成果的基础上，专攻电子游戏和电影中的面部动画技术的
Image Metrics 公司，和南加州大学创新科技研究所（USC Institute for
Creative Technologies）联合制作了"数字艾米丽"（Digital Emily）这一
虚拟角色。"数字艾米丽"是对演员艾米丽·奥布莱恩（Emily O'Brien）
的一次完美到惊人的数码克隆，这两所机构甚至安排了一次让这个虚
拟角色自己解释自身动画技术的采访（Alexander et al. 2009，Alexander
et al. 2013）。彼得·普兰特克（Peter Plantec）身兼作家、数码艺术家
和软件设计师数职，他最近在评价所谓的"艾米丽计划"时写道："我
正式宣布，Image Metrics 公司终于建成了一座穿越恐怖谷的桥梁，带
领我们跨'谷'成功。"随着"数字艾米丽"一同揭开面纱的，还有
相对掌控住了恐怖谷现象的技术，而这一技术已经在电影工业中找到
了自己的用武之地。[1] 下一个挑战就是把这种全新的电影技术应用到
电子游戏领域了，但这个推进过程并不轻松。数字电影的确可以花很
长时间打磨角色，短短几分钟的数字场景，往往需要几周时间的制作
加上昂贵的硬件设备才能实现。但另一方面，电子游戏中的虚拟角色
则需要在常见的游戏配置上运行，最重要的是，这些角色还要对玩家
的输入指令给出实时反馈。不过即使存在这些困难，普兰特克在 2012
年还是与南加州大学创新科技研究所和 Activision 公司合作，顺利创
造了"数字艾拉"（Digital Ira）。"数字艾米丽"还是离线渲染的预计
算模拟，但"数字艾拉"已经是实时运行的超级真实的模拟角色了。
就像它的前辈一样，"数字艾拉"在面对恐怖谷时也能表现良好，并

130

1　请参考南加州大学创新科技研究所图像实验室的网站 http://gl.ict.usc.edu（访问于
2015 年 5 月 14 日）。

把恐怖感控制在很微弱的程度内。

话虽如此，完整地捕捉现实的尝试才刚刚起步，而且还有很长的一段路要走。虽然技术层面的考量告诉我们，普兰特克憧憬的"穿越恐怖谷的桥梁"还没有我们希望的那么坚固，但恐怖谷现象本身带来的技术挑战似乎已经开始慢慢得到解决。然而我们仍需面对一个更深层的理论挑战。

哲学上的挑战和工作假设

前面的讨论已经说得很清楚了，至少在机器人学和计算机图像学这两个领域，恐怖谷带给我们的严峻挑战主要是一种技术上的挑战，这一点可能也是很好理解的。我们也看到，这个挑战涉及的是我们能不能发明更优秀的技术、实现更高的图像逼真度的问题。因此，我们把这些技术要解决的问题称为**现实主义问题**（the problem of realism）。从这个角度来看，恐怖谷产生的根本原因是产品缺乏足够的微观细节。正是这个不足之处引发了我们看到人形机器人及其动作时感到的不自然感。

现实主义问题虽然很重要，但我们认为它并不是恐怖谷的全部。更具体地说，我们希望在这最后一节中将读者的注意力从这种恐怖感的**原因**——观察对象在微观细节上的缺乏——转向这种感觉的**本质**。为什么拟人度的上升和相应的熟悉度的下降——恐怖谷——会造成厌恶和恶心感，甚至让我们和拟真机器人的交互都成了问题呢？我们觉得这个问题的答案最终应该由哲学分析来提供。事实上我们认为，

131

恐怖谷现象提出了一个深刻的哲学挑战——我们称它为**认同感问题**（the problem of recognition）。最能反映出这个问题的现象，就是那种表面上根深蒂固的、不愿把落入恐怖谷的形象看作人类或赋予它们完整的人类地位的抗拒心理。由于这个问题在本质上涉及**人性**（humanness）或**人类本性**（human nature）这些观念，而它们本身又是高度抽象、极难定位的概念，因此我们认为，认同感问题应该主要被当成一个哲学问题来处理。我们大体上可以把**认同**刻画为"愿意和某个东西以共情的方式交互"；在这个意义上，我们看到落入恐怖谷的形象时，或多或少感受到的那种惊恐和厌恶感很明显阻碍了这个交互过程。但我们也已经指出，恐怖谷本身的存在就证明了认同感和图像逼真度之间的关系远比初看上去更复杂。换句话说，我们参与共情交互的意愿并不完全是由交往角色的逼真度决定的。

在解释我们的工作假设之前，我们再看一遍森政弘的经典图表。森政弘对恐怖谷曲线形状的量化描绘最近受到了很多质疑。比如巴特内克（Bartneck et al. 2007）和廷威尔（Tinwell et al. 2011）两个研究团队收集到的实验数据，分别支持的是恐怖**墙**（uncanny *wall*）或恐怖**崖**（uncanny *cliff*），而非恐怖**谷**的存在。[1]总体来说，大家尝试修改森政弘图表的时候，基本都把注意力放在了恐怖谷曲线的右侧，而对曲线左侧基本没什么争议。这样一来，想对恐怖谷的本质以及它带来的认同感问题作定性分析，曲线左侧似乎是更合适的研究对象。

这些年来，研究人员已经从很多不同的理论视角研究了这一问

1 恐怖谷、恐怖墙和恐怖涯这三种说法分别对应着曲线右侧三种不同的形状。请参考 Bartneck et al. 2007，Tinwell et al. 2011，Tinwell，Grimshaw，and Williams 2011。

社交机器人：界限、潜力和挑战
Social Robots: Boundaries, Potential, Challenges

题。麦克多曼和石黑浩（MacDorman and Ishiguro 2006）为此提供了一个很有帮助的理论综述。借助他们选取的主要解释，我们可以对恐怖谷现象的复杂性有一个直观的理解。他们的划分如下（见表 7.1）：

132

表 7.1　恐怖谷现象的可能解释

A	违背期待	"机器人越像人类，就会引起越多（潜意识中的）与人类有关的期待。而我们感觉它们没有生命的原因之一，就是这些拟真机器人往往不能满足这些期待。"（MacDorman and Ishiguro 2006, p. 309）
B	涉及人或人类身份的悖论	根据拉米（Ramey 2005）的说法，"如果一些量化单位（quantitative metrics）挑战了一些性质上的范畴划分（qualitatively different categories），但我们的认知活动又用这些量化单位来连接这些不同的范畴，这一过程就会引起恐怖谷效应。而当其中一个范畴是我自己，或我的人性时，这种效应会格外突出。从现象学的角度来说，类人机器人创造了一种介于人类和机器人之间的范畴，并由此强迫我们去面对我们自己的存在"（Ramey 2005，引自 MacDorman and Ishiguro 2006, p. 310）。
C	进化美学	"对恐怖谷的另一种解释是，这些拟真机器人偏离了关于形体的美学标准。"（MacDorman and Ishiguro 2006, p. 310）
D	恶心感理论	"恐怖谷可能和恶心感的天然防御机制有关。"（同上，p. 312）
E	恐惧管理	"还有一种假设是，恐怖的机器人引发了我们对死亡的天然恐惧，以及一种受文化影响的、对死亡之不可避免性的防御机制。"（同上，p. 313）

鉴于上述解释中的每一个似乎都抓住了恐怖谷效应的某个方面，我们认为，这些解释不应该被看作互斥的。恰恰相反，我们认为这五个解释应该被看作对恐怖谷现象的同一个解释的不同部分。

现在我们已经准备好介绍我们的工作假设了，它的内容如下：既然**恶心的**情绪和**去人类化**过程联系在一起，那么我们就可以通过去人类化的概念更好地理解恐怖谷。我们已经说过，这个工作假设建立在两个相互联系的观念上：**恶心**和**去人类化**。让我们分别对二者作一个简短的说明。

在 1987 年，保罗·罗津（Paul Rozin）和阿普里尔·法伦（April E. Fallon）为关于恶心感的研究开创了一个新的时代，这些研究不仅细致地考察了恶心这种情感，还带来了对它在人类社会和道德交往中的关键角色的更深层理解。从进化论的角度来看，恶心和免受外界侵袭的自我保护有着紧密联系。与这种情绪相关的那些众所周知的生理反应，比如反胃，是为了身体免受病原体的侵害。从这方面来看，这些新兴研究带来的好处之一，就是强调了一种非常重要却尚未被完全搞清楚的关联，也就是作为对各种污染的纯生理反应的物理恶心（physical disgust）和作为理智反感的道德恶心（moral disgust）之间的关联（例如请参考 Rozin and Fallon 1987，Phillips et al. 1997，Rozin et al. 1999，Rozin，Haidt，and McCauley 2008，Rozin，Haidt，and Fincher 2009，Nussbaum 2004，2010，Moll et al. 2005，Pizarro，Detweiler-Bedell，and Bloom 2006，Olatunji et al. 2007，Hodson and Costello 2007，Sherman and Haidt 2011，Buckels and Trapnell 2013）。根据这些文献的主张，"恶心"这个词的这两种含义之间的关联不仅仅是比喻性的，而且还是由进化过程塑造的（Chapman et al. 2009，Rossi

133

2013）。用一些学者（Rozin Haidt and Fincher 2009）的形象描述来说，我们把恶心感这种从口腔（oral）到道德（moral）的演化描述为："一种口舌和食物导向的排斥机制，一种'把它从我身体里弄出去'的情绪，已经在文化和生物学意义上被解释为一种更广泛、意义更丰富的情绪了。这种情绪不仅保护着我们的身体，也保护着我们的灵魂。"（Rozin，Haidt，and McCauley 2008，p. 24）

人们在反思恐怖谷的本质时，已经在严肃地考虑恶心感在人际关系中扮演的角色了，因为恶心感明显阻挠了认同的过程，也就是明显阻挠了我们"和某个东西以共情的方式交互"的意愿（MacDorman and Ishiguro 2006，Misselhorn 2009）。我们认为，对这种认同失败的最佳解释，是认为恶心感和去人类化过程有所关联。

宽泛地讲，"去人类化"指的是那些或多或少有意或故意否认人类的人性特征本身，或者否认人类物种的其他成员有某些人类特征的做法。这种否认主要出现在一些旨在打击、惩罚那些与被污名化的个体或群体交往的个人行为和社会行为中。从《圣经》中记载的宗教战争，到各式各样的殖民主义，自有记录以来，人类历史已经很不幸地见证了太多去人类化的过程。在认知层面上，广义上的恶心感也是巩固这种去人类化行为的主力（Rozin and Fallon 1987，Rozin et al. 1999，Rozin，Haidt，and McCauley 2008，Rozin，Haidt，and Fincher 2009，Haslam 2006，Haslam et al. 2008）。尼克·哈斯兰（Nick Haslam）在最近调查"去人类化"这一概念的诸多理论用法时，区分了两种类型的去人类化，它们分别对应着两个不同的人性概念（Haslam 2006）。其中一种是**动物性的去人类化**（animalistic dehumanization），指的是对他人身上那些人类独有特征的否认，包括讲文明、有教养、道德

感、理性和成熟（幼稚的反面）。另一种被他称作**机械性的去人类化**
（mechanistic dehumanization），指的是否认他人身上那些人性的本质要
素，包括回应情感的能力，人际交往中的温情（warmth），认知上的
开放性、能动性以及思想深度（肤浅的反面）。正如这些术语所说的
那样，我们在第一种去人类化的过程中把他人看成了**动物**，在第二种
去人类化的过程中把他人看成了**机器**。我们认为，在这一区分的背景
下，我们可以更好地理解恐怖谷的本质。确实，在某种意义上，去人
类化过程很明显在我们对拟真机器人和非常真实的虚拟角色的直觉与
情感回应上起了关键作用。

　　一言以蔽之，我们的工作假设的核心理念如下：去人类化的观念
虽然还需要进一步的仔细澄清，但它在恶心感和恐怖谷之间架起了
一座很有前景但至今未被探索的概念桥梁。具体来说，我们认为之
前表格中的五个理论都尝试解释的森政弘图表中的恐怖谷左侧曲线
所表征的那种复杂现象，完全可以被定位在哈斯兰的两个去人类化
概念——动物性和机械性的去人类化——的交界处。这样一来，我
们就可以通过探索这一交界地带，获得对恐怖谷现象的本质的珍贵
洞见。

参考文献

Alexander, O., G. Fyffe, J. Busch, X. Yu, R. Ichikari, A. Jones, P. Debevec, J.
Jimenez, E. Danvoye, B. Antionazzi, M. Eheler, Z. Kysela, and J. von der
Pahlen. 2013. "Digital Ira: Creating a Real-Time Photoreal Digital Actor."

ACM SIGGRAPH 2013 Posters, Anaheim, California. doi: http://dx.doi. org/10.1145/2503385.2503387.

Alexander, O., M. Rogers, W. Lambeth, M. Chiang, and P. Debevec. 2009. "The Digital Emily Project: Photoreal Facial Modeling and Animation." ACM SIGGRAPH 2009 Courses, New Orleans, Louisiana. doi: http://dx.doi. org/10.1145/1667239.1667251.

Angelucci, A., M. Bastioni, P. Graziani, and M.G. Rossi. 2014. "A Philosophical Look at the Uncanny Valley." In *Sociable Robots and the Future of Social Relations: Proceedings of Robo-Philosophy 2014*, edited by Johanna Seibt, Raul Hakli and Marco Nørskov, 165-171. Amsterdam: IOS Press Ebooks. doi: http:// dx.doi.org/10.3233/978-1-61499-480-0-165.

Bartneck, C., T. Kanda, H. Ishiguro, and N. Hagita. 2007. "Is the Uncanny Valley an Uncanny Cliff?", Robot and Human Interactive Communication, 2007. ROMAN 2007. The 16th IEEE International Symposium on, 26-29 Aug. 2007. 368-73. doi: http://dx.doi.org/10.1109/ROMAN.2007.4415111.

Bastioni, M. and P. Graziani. 2011. "Quanta Matematica Serve Per Costruire Un Essere Umano?" *Lettera Matematica PRISTEM* 78: 26-37.

Buckels, E.E. and P.D. Trapnell. 2013. "Disgust Facilitates Outgroup Dehumanization." *Group Processes & Intergroup Relations* 16(6): 771-80. doi: http://dx.doi. org/10.1177/1368430212471738.

Chapman, H.A., D.A. Kim, J.M. Susskind, and A.K. Anderson. 2009. "In Bad Taste: Evidence for the Oral Origins of Moral Disgust." *Science* 323(5918): 1222-1226. doi: http://dx.doi.org/10.1126/science.1165565.

Freud, S. 1953. "The 'Uncanny'." In *The Standard Edition of the Compelete Psychological Works of Sigmund Freud*, edited by James Strachey, 219-52. London: The Hogarth Press.

Gouskos, C. 2006. "The Depths of the Uncanny Valley." CBS Interactive Inc Accessed April 21, 2015. http://www.gamespot.com/articles/the-depths-of-the-uncanny-valley/1100-6153667/.

Haslam, N. 2006. "Dehumanization: An Integrative Review." *Personality and Social Psychology Review* 10(3): 252-64. doi: http://dx.doi.org/10.1207/s15327957pspr1003_4.

Haslam, N., Y. Kashima, S. Loughnan, J. Shi, and C. Suitner. 2008. "Subhuman, Inhuman, and Superhuman: Contrasting Humans with Nonhumans in Three Cultures." *Social Cognition* 26(2): 248-58. doi: http://dx.doi.org/10.1521/soco.2008.26.2.248.

Hodson, G. and K. Costello. 2007. "Interpersonal Disgust, Ideological Orientations, and Dehumanization as Predictors of Intergroup Attitudes." *Psychological Science* 18(8): 691-8. doi: http://dx.doi.org/10.1111/j.1467-9280.2007.01962.x.

MacDorman, K.F. 2005. "Androids as Experimental Apparatus: Why Is There an Uncanny Valley and Can We Exploit It?" *CogSci-2005 Workshop: Toward Social Mechanisms of Android Science*, CogSci-2005 Workshop, Stresa, Italy, July 25-6. 108-18.

MacDorman, K.F., R.D. Green, C-C. Ho, and C.T. Koch. 2009. "Too Real for Comfort? Uncanny Responses to Computer Generated Faces." *Computers in Human Behavior* 25(3): 695-710. doi: http://dx.doi.org/10.1016/j.chb.2008.12.026.

MacDorman, K.F. and H. Ishiguro. 2006. "The Uncanny Advantage of Using Androids in Cognitive and Social Science Research." *Interaction Studies* 7(3): 297-337. doi: http://dx.doi.org/10.1075/is.7.3.03mac.

MacDorman, K.F., S.K. Vasudevan, and C-C. Ho. 2009. "Does Japan Really Have Robot Mania? Comparing Attitudes by Implicit and Explicit Measures." *AI & Society* 23(4): 485-510. doi: http://dx.doi.org/10.1007/s00146-008-0181-2.

Misselhorn, C. 2009. "Empathy with Inanimate Objects and the Uncanny Valley."
Minds and Machines 19(3): 345-59. doi: http://dx.doi.org/10.1007/s11023-009-9158-2.

Moll, J., R. de Oliveira-Souza, F.T. Moll, F.A. Ignácio, I.E. Bramati, E.M. Caparelli-Dáquer, and P.J. Eslinger. 2005. "The Moral Affiliations of Disgust: A Functional
MRI Study." *Cognitive and Behavioral Neurology* 18(1): 68–78.

Mori, M., K.F. MacDorman, and N. Kageki. 2012. "The Uncanny Valley." *IEEE*
Robotics & Automation Magazine 19(2): 98-100. Original edition, 1970. doi:
http://dx.doi.org/10.1109/MRA.2012.2192811.

Nussbaum, M.C. 2004. *Hiding from Humanity: Disgust, Shame, and the Law.*
Princeton, NJ: Princeton University Press.

Nussbaum, M.C. 2010. *From Disgust to Humanity: Sexual Orientation and Consti-*
tutional Law, Inalienable Rights. Oxford: Oxford University Press.

Olatunji, B.O., N.L. Williams, D.F. Tolin, J.S. Abramowitz, C.N. Sawchuk,
J.M. Lohr, and L.S. Elwood. 2007. "The Disgust Scale: Item Analysis, Factor
Structure, and Suggestions for Refinement." *Psychological Assessment* 19(3):
281-97. doi: http://dx.doi.org/10.1037/1040-3590.19.3.281.

Phillips, M.L., A.W. Young, C. Senior, M. Brammer, C. Andrew, A.J. Calder,
E.T. Bullmore, D.I. Perrett, D. Rowland, S.C.R. Williams, J.A. Gray, and A.S.
David. 1997. "A Specific Neural Substrate for Perceiving Facial Expressions of
Disgust." *Nature* 389(6650): 495-8. doi: http://dx.doi.org/10.1038/39051.

Pizarro, D.A., B. Detweiler-Bedell, and P. Bloom. 2006. "The Creativity of
Everyday Moral Reasoning: Empathy, Disgust, and Moral Persuasion Creativity
and Reason in Cognitive Development." In *Creativity and Reason in Cognitive*
Development, edited by James C Kaufman and John Baer, 81-98. Cambridge:
Cambridge University Press.

Plantec, P. 2008. "The Digital Eye: Image Metrics Attempts to Leap the Uncanny Valley." *VFXWorld Magazine*, August 7, 2008. Accessed May 14, 2015. http://www.awn.com/vfxworld/digital-eye-image-metrics-attempts-leap-uncanny-valley.

Ramey, C.H. 2005. "The Uncanny Valley of Similarities Concerning Abortion, Baldness, Heaps of Sand, and Humanlike Robots." *Proceedings of the Views of the Uncanny Valley Workshop*, 2005 IEEE–RAS International Conference on Humanoid Robots Tsukuba, Japan, December 5.

Rossi, M.G. 2013. *Il Giudizio Del Sentimento: Emozioni, Giudizi Morali, Natura Umana*. Rome: Editori Riuniti University Press.

Rozin, P. and A.E. Fallon. 1987. "A Perspective on Disgust." *Psychological Review* 94(1): 23-41. doi: http://dx.doi.org/10.1037/0033-295X.94.1.23.

Rozin, P., J. Haidt, and K. Fincher. 2009. "From Oral to Moral." *Science* 323(5918): 1179-80. doi: http://dx.doi.org/10.1126/science.1170492.

Rozin, P., J. Haidt, and C.R. McCauley. 2008. "Disgust: The Body and Soul Emotion in the 21st Century." In *Disgust and Its Disorders*, edited by B.O. Olatunji and D. McKay, 9-29. Washington, DC: American Psychological Association. https://sites.sas.upenn.edu/sites/default/files/rozin/files/260disgust21 centolatunji2008.pdf.

Rozin, P., L. Lowery, S. Imada, and J. Haidt. 1999. "The CAD Triad Hypothesis: A Mapping between Three Moral Emotions (Contempt, Anger, Disgust) and Three Moral Codes (Community, Autonomy, Divinity)." *Journal of Personality and Social Psychology* 76(4): 574-86. doi: http://dx.doi.org/10.1037/0022-3514.76.4.574.

Sherman, G.D. and J. Haidt. 2011. "Cuteness and Disgust: The Humanizing and Dehumanizing Effects of Emotion." *Emotion Review* 3(3): 245-51. doi: http://

dx.doi.org/10.1177/1754073911402396.

The Economist. 2010. "Crossing the Uncanny Valley." *The Economist*, November 18, 2010. Accessed May 14, 2015. http://www.economist.com/node/17519716.

Tinwell, A. 2014. "Applying Psychological Plausibility to the Uncanny Valley Phenomenon." In *Oxford Handbook of Virtuality*, edited by M. Grimshaw, 173-86. Oxford: Oxford University Press.

Tinwell, A., M. Grimshaw, D.A. Nabi, and A. Williams. 2011. "Facial Expression of Emotion and Perception of the Uncanny Valley in Virtual Characters." *Computers in Human Behavior* 27(2): 741-9. doi: http://dx.doi.org/10.1016/j.chb.2010.10.018.

Tinwell, A., M. Grimshaw, and A. Williams. 2011. "The Uncanny Wall." *International Journal of Arts and Technology* 4(3): 326-41.

第八章

舞台上的谎言：人机同台剧
《工作的我》中的表现性

冈希尔德·伯格格林

本章要从平田奥里扎和石黑浩 2008 年联合执导的人机同台日语剧《工作的我》说起。我对这部剧作的分析会引出一些对人机交互过程中意图（intention）、效果和文化传统等各种复杂层面的探究。"机器人如何撒谎"这一问题，能把舞台制作的虚构过程和模拟真实场景的实验室测试环境联系起来。我们根据不同类型的参演机器人来展开讨论：从人机交互研究中的"绿野仙踪"法（Wizard-of-Oz method），到英国语言哲学家约翰·奥斯丁在《如何以言行事》（*How To Do Things With Words*）一书中关于表现性言语行为（performative speech acts）的理论，都会被用来帮助我们理解机器人是如何"撒谎"的。本章将会讨论性别规范以及其他社会规范如何引导着我们对未来科技的想象。本章还将说明，机器人如何以"寄生"（parasitic）的方式在正常场景（normal circumstance）中行动；借助雅克·德里达（Jacques

Derrida）和朱迪斯·巴特勒（Judith Butler）的反复（iteration）理论与表现性（performativity）理论，我将指出"正常"这一概念所面临的困难。反复过程为人机交互带来了潜在的主观能动性，并强调了美学在机器人研究中作为反思框架的重要性。

导言

  我在 2011 年春天赴日本科研时，曾有幸观看了《工作的我》的现场演出。这部剧由导演平田奥里扎和机器人科学家石黑浩在 2008 年联合执导，并由人类和机器人一同出演。当时这部剧作为东京表演艺术大会（Tokyo Performing Arts Meeting，TPAM）年会的展出项目，与日本其他最新的戏剧和表演艺术作品，一同面向国内外学者、制片人和大众展出。那一年东京表演艺术大会为人机同台剧设置了特别展区，还展出了平田奥里扎和石黑浩的另一部作品《再会》（*Sayonara* 2010）。活动现场还邀请到了这两部戏剧的幕后管理者——东京日本青年团戏剧公司(Seinendan Theatre Company)的经理野村正史(Nomura Masashi）进行演讲。野村正史的演讲强调了此次展出人机同台剧的双重目的：它们既是一次表演，也是一个社会实验，因为这两部剧揭开了他所谓的"新的篇章"。野村正史说："虽然此时此刻大家还在观众席上欣赏这些表演，但在不远的将来，大家注定都要成为这个舞台上的演员。"（TPAM Direction 2011）

  《工作的我》这部剧，讲述的是人类和机器人在不远的将来如何互动和交流的虚构案例。在这个意义上，野村正史所说的"现在在

140

台上表演的，就是每个人多年以后的日常生活"这一评价还是很正确的。为了把这部剧用作窥探未来社会的"窗户"，工作人员在剧终观众离开剧院之后向他们发了问卷，请观众回答"你能否轻易区分那两个参演的机器人"或"你觉得这些机器人在多大程度上能理解其他角色的心情"等问题。当然，这部剧首先是对两位作者关于人机交互的场景想象的一种美学展示，但它对社交机器人学的科研工作也有一定贡献。因此当我们用分析性的视角审视《工作的我》这部剧时，一个重要的问题就是对"现实生活"与艺术之间界限的观照：艺术家（比如平田奥里扎）和机器人工程师（比如石黑浩）能从彼此身上学到什么？为什么机器人艺术和美学对科学技术的发展来说是重要的？此外，《工作的我》和其他形式的艺术作品，又如何能为——对社交机器人学这一领域来说至关重要的——本体论探究（inquiry of ontologies）作出贡献呢？

《工作的我》有一幕的剧情是机器人宣称："机器人是不能撒谎的。"这句台词出现在两个机器人和一个人类的一段对话中，这句话在整个台词中也没有被特别强调。但我将在下文中论证，这其实是剧本中的一个关键时刻，因为这句话某种意义上是一次本体论上的试金石：如果机器人事实上**能够**撒谎，那么这句话本身就是个谎言。而另一方面，如果机器人确实不能撒谎，那么说谎这种特殊能力或许就是区分人类和机器人的标志之一。为了对这些分析进行展开讨论，我会专门考察"撒谎"的概念，并借此进入我对《工作的我》这部剧的分析；之后，我会讨论戏剧美学和"表现性"这一概念（Borggreen 2014）。

家庭中的机器人

《工作的我》关注的是人类和机器人之间的对话和细微互动。该剧的主人公是一对年轻情侣，宇智（Yūji）和池江（Ikue），而故事就发生在他们家的客厅。宇智和池江没有孩子，但他们有两个人形机器人伴侣在家帮忙打理家务，一个是被设计为男性的机器人泷泽（Takeo），另一个是全程穿着围裙的、被设计为女性的机器人桃子（Momoko）。在剧中，宇智和池江是人类演员扮演的，两个机器人角色则由三菱重工的两台明黄色的若丸机器人（Wakamaru robots）扮演。两个机器人都身高一米，底部装有滚轮，它们能移动手臂，还能转动自己的头部和身体；机器人也说日语，但和人类演员的自然嗓音不同，它们发出的是人工合成的声音。这部剧可能受到了社交机器人领域内诸多场景的启发，其中的内容包括了一系列人类和机器人互动、对话的日常场景。日本很多研究项目都专注于创造能在日常生活中帮助人类、充当人类伴侣的人形机器人，虽然这些研究都还停留在实验阶段。由于日本社会正受到人口老龄化、生育率下降等人口方面的挑战，日本政府设定了在很多社会机构中推广社交机器人的计划——比如学校和医院，以及作为重点的家庭环境。日本内阁办公厅在 2008年就推出了一项名为"创新 2025"（Innovation 25）的计划，这项计划描绘了一系列 2025 年前要实现的目标，其中很多目标都涉及机器人。举例而言，其中的 9 号提案就提出了在租约基础上要实现"每户一台机器人"（one robot in each home）的目标，并把这一目标作为日本新型服务型经济打造计划的一部分。根据这一构想，家政机器人能够完

141

成诸如清扫、洗衣之类的家务劳动，从而让我们有更多的时间照顾孩子、工作或从事兴趣爱好。对于那些想待在家里的老人和病人，家政机器人也可以照顾他们（Inobeeshon 25，2008）。

人类学家珍妮弗·罗伯逊（Jennifer Robertson 2014）从多个维度研究了日本的家政机器人，并阐述了"人形机器人在未来甚至会成为合法家庭成员，作为日本大家庭'户'（ie）的成员注册在户口登记册（koseki）上，并获得公民身份"的可能性。罗伯逊认为，日本传统的户口登记制度维系了性别分工和家庭结构，还通过强调血脉的传承与名分（decent）增进了日本的民族同质性（ethnic homogeneity）。与此同时，日本内阁办公厅开展的全国调查似乎也显示，很多日本人不愿意让外国护工在自己年迈多病的时候照顾自己，因此，"创新 2025"中的家政机器人提案很好地契合了医疗保健行业的需求。不过现在预测这个让每个日本家庭拥有家政伴侣机器人的宏伟计划到底能实施到什么程度、在现实中效果如何，还为时过早：一般的日本家庭内部空间都十分有限，因此如何克服机器人在家中活动空间不足的限制就是一个问题，而这还只是未来无数挑战中的一个而已。

罗伯逊在对日本机器人的研究中还讨论了性别分工问题，以及机器人与生育率之间的关系（Robertson 2007，2010）。很多人认为，日本总人口数量不断减少的原因之一就是年轻女性对结婚与生育的抗拒。因此按照罗伯逊的说法，内阁办公厅的机器人推广计划的其中一个目标，就是通过让科技来帮忙打理家务，从而恢复家庭主妇和母亲的身份对年轻女性的吸引力。在日本，平均每名已婚女性只育有 1.3 个孩子，而学者们把这样的低生育水平看作民众对日本社会中男女机会不平等、女性持续被视为"二等公民"这些现状的抗议（Robertson

142

2010，p. 10）。换句话说，在日本机器人工业的支持下，政府似乎想用科技来解决一个具有广泛社会、政治和经济影响的问题。把女性看作未来家政机器人技术的主要用户，并因此给予她们特别关注的这种行为，足以说明新兴科技的相关想象和发展总是在社会文化实践的现有框架内部进行的，而社交机器人学也因此是民族、性别分工、国籍身份等高度意识形态化领域中不可分割的一部分。这一点也和罗伯逊对日本推广社交机器人的研究结论一致：在医疗保健和娱乐行业内推广机器人技术，往往会强化那些传统的社会价值与社会结构。

身份危机

《工作的我》中展示的性别分工和核心家庭结构确实与日本社会的传统观念是一致的。剧中出现的对话都植根于人们（包括机器人）的日常沟通之中，而且对白也是非正式的口语形式。台词里的句子都很短，也没有过分情绪化。但这些句子以潜台词的方式揭示了人机共存的互动模式，以及剧中人类和机器人相处一段时间后获得的相互了解。《工作的我》的一部分人机对话还展示了身份危机的不同方面：其中既包括人类的身份危机，也包括机器人的身份危机；与此同时，剧中不乏微妙的情感小事件以及很多相互道歉的场景。这部剧还以很间接的方式讨论了生育和养育儿女的问题。在一段剧情中，女性机器人桃子和人类女性池江展开了一段对话，她们聊到了机器人技术发展的初始阶段——那时最难的事情还是如何让机器人握住鸡蛋而不把它捏碎。但如今情况已经大不相同了，桃子说："我们现在甚至能抱人类宝宝了。"对话停顿了一刻，桃子随即向池江道歉，说自己不该提起这个话题，因为池江和宇智没有孩子。池江回应说："没关系，你不用为了这件事体谅我。我猜我总有办法试着要个孩子的。"但她也对这个潜在的孩子的未来表示担忧（Hirata 2010，p. 44）。这种对于下一代未来的焦虑可能很好地反映了现在日本社会中年轻女性不愿意要孩子的原因，而剧中这段对话本身，也反映出旁人（比如家人和朋友）不断提起"要孩子"这件事给女性带来的轻微和间接的压力。

另一个体现了身份危机的例子和男性机器人泷泽有关：泷泽不愿意离开家帮池江购物。在它对自己身份的理解中，这种抗拒（aversion）为了帮助人类而出门的感觉本身就是一次大危机，因为这和机器人的设计目的是冲突的。正如"工作的我"（働く私）这个名字所暗示的那样，这些身份危机的一部分就是围绕着"工作是如何成为身份塑造的一部分"这个主题展开的。泷泽说："机器人就应该工作，我们就是为工作而生的。"机器人的这种身份危机和人类的类似身份危机是同步发生的。剧中的人类男性宇智也失业在家而且不想出门。宇智的失业成了池江和她父母关系中的一个麻烦。在池江和泷泽的一次对话中，她解释了自己的父母是怎么总拿失业这件事烦宇智的，"我父母总这么跟宇智说：'人就应该工作'，'你得努力工作、养活自己'"（Hirata 2010，p. 41）。这样一来，舞台上的对白就针对性别角色、家庭价值和社会预期等话题都提出了问题，而这些话题本身也反映了很多日本人在经济衰退的后泡沫时代面临的现实问题。

《工作的我》的新颖之处当然在于，剧中与存在危机（existentialist concern）相关的情感不是由人类，而是由机器人表达出来的。这部剧反复地、明确地展示了这种借机器之口表达出来，并和人类情感形成

143

互文结构（juxtaposition）的异化（Verfremdung）效果，而这种效果本身也成了追问人和机器人之间的可能的差异和相似之处的关键要素。我之前关于机器人撒谎的论断也在这里变得关键起来。在这部剧的叙事中，人类都在很严肃地对待机器人的情绪反应。在"身份危机"之后的一幕里，人类男性宇智用 CD 机给闷闷不乐的机器人泷泽播放了《机械战警》（*RoboCop*）的主题曲，希望能用这种方法让它开心起来。但宇智随后意识到，给泷泽播放这种英雄战歌不太妥当，于是他向泷泽道歉。宇智鞠了一躬并说道："我为自己之前的行为道歉，我还以为这么做能让你开心起来。"泷泽回应说这没什么："没关系，这不是你的错。"另一个站在他们身旁的机器人补充——同时也是再次确认——道："机器人是不能撒谎的。"（Hirata 2010，p. 49）

说谎

社会人类学家约翰·巴恩斯（J. A. Barnes）在《一派谎言——关于说谎的社会学》（*A Pack of Lies: Towards a Sociology of Lying*，1994）一书中问道："谎言是什么？"在巴恩斯看来，从古希腊时期（甚至更早）以来，谎言、假象和欺骗就已经是人类文化中的一部分了，而且还是社会交往的重要组成部分。绝大多数社会都有禁止说谎的宗教或伦理规范，而人们对真相的偏好即使不是绝对无一例外的，至少也是普遍现象。在很多文化中，父母都会教导自己的孩子不要说谎，尽管如此，谎言仍然是成长中重要的一部分；因为孩子撒的第一个谎，在心理医生看来，是他们"迈向独立和自主性的决定性一步"（同上，p. 8）。

哲学家会把谎言看作主体性（subjectivity）的一部分基础，而巴恩斯
论证道，编造谎言对我们的吸引力就在于，"我们把说谎看作自由和
想象力的证明"。巴恩斯还引用了托马斯·霍布斯（Thomas Hobbes）
和其他哲学家的观点，这些哲学家强调"说谎的能力正是人类和其他
动物的区分标准之一"（同上，p. 3）。然而对人类之外的灵长类动物
的研究表明，动物们也能通过声音或其他手段故意欺骗其他动物。社
会生物学家和行为学家研究了各种类型的欺骗行为，其中一些研究人
员按照复杂程度的不同，把欺骗分为四个等级：外表欺骗（deception
by appearance）、行为欺骗（deception by actions）、习得性欺骗（learned
deception）以及规划性欺骗（planned deception）。即使是最复杂的欺
骗行为，也能被"无数的人类"以及狒狒、黑猩猩等动物实施出来。
换句话说，把说谎的概念当作区分人类和其他动物的标准是行不通
了。但这一点对机器人也成立吗？

很多科技领域内的机器人测试案例都建立在欺骗的概念之上。在
人机交互领域，我们就经常用到所谓的 "绿野仙踪法"的测试方法。
这个术语的出处是弗兰克·鲍姆（L. Frank Baum）1900 年发表的儿童
流行小说《绿野仙踪》中一个叫奥兹（Oz）的角色，这部小说也在
1939 年被改编成了电影。在小说的绝大部分篇幅里，魔法师都是隐身
的，而且魔法师即使出场也会带着伪装。这就为我们这种特殊的机器
人研究方法提供了"隐藏"（concealment）的概念。"绿野仙踪法"里
有一个人在远程操控机器人，但与机器人交互的人类被试看不到他。
机器人学家劳雷尔·里克（Laurel D. Riek 2012）系统地调查了人机交
互研究中的绿野仙踪实验并指出，"绿野仙踪法"可以用在机器人因
为不够先进而不能与人类进行自主交互的案例中，也可以用来测试交

互设计过程早期阶段的机器人。"绿野仙踪法"最常用于自然语言处理（natural language processing）和非语言行为模拟（non-verbal behavior simulation）的案例上，其中隐藏的"魔法师"可能会与机器人一起完成导航和移动相关的任务。里克总结道，"绿野仙踪法"在未来仍然会被继续使用，因为人机交互中机器人发展最具挑战性的要素，就是对人类语言的口语和书面的理解。通过"绿野仙踪法"，我们能把机器人像玩偶一样操纵，而这让我们（既包括实验被试也包括科学家）得以预见人机交互未来是什么样子的。不过正如里克指出的那样，被这样远程玩偶操纵的机器人更像是人类的代理（proxy），而不像是一个独立的实体。事实上，这种场景可能不会被描述为人机交互，而是被描述为通过机器人实现的人际交互（human-human interaction via a robot）。

戏剧中的人机交互

由于"绿野仙踪法"包含了虚构布景，我们也很容易理解"戏剧"的概念是怎么和人机交互研究对应上的。因此，很多人机交互研究项目都把戏剧看作科研的一种方法论。机器人学家辛西娅·布莉齐尔和她在麻省理工学院媒体实验室（MIT Media Lab）的同事在2003年发表了一篇关于交互性机器人戏剧的论文。他们在论文中记录了他们在自己设置的一场特别演出中的体验（Breazeal et al. 2003）。在研发作为人类合作伙伴而非单纯工具的机器人助手的过程中，一件很重要的工作就是创造能够"和人类进行自然、得体的交互"的机器人（Breazeal

145

et al. 2003，p. 78）。这篇论文的作者们并没有具体解释什么才是"自然得体"的交互，但他们指出，面部表情、手势和谈吐都是"人们用来和彼此交流的自然交互界面"，因此社交机器人需要能通过视觉、听觉、触觉等多感官渠道，去感知、辨认和阐释人类行为。交互总是无法预测的，因此它们不能被整合进机器人实验室的受控环境中。这样一来，现场的戏剧演出可以作为一种测试环境，用来测试机器人在未知场景下的导航能力。因为根据布莉齐尔和她同事的说法，现场演出中会有一些稳定的元素——比如故事线和舞台设计，而其他元素都是未知的。他们认为这种半受控（semi-controlled）场景可以帮助机器人工程师和设计师创造出更能适应人机交互核心挑战的机器人：这些机器人有着更强的感知、阐释、回应人类开放式的不可预测行为的能力。在舞台上，构成了不可预测性的元素会被表现为"即兴表演"或"观众参与"，而这些元素刻画出了一个"好"演员不仅仅会"表演"（act），更能以"令人信服的逼真方式"对他人的表演"作出反应"（react）。

另一个不太一样的案例是 LIREC[1]。LIREC 是一个由赫特福德大学（University of Hertford Shire）开展的综合性项目，该项目的研究者采用了戏剧人机交互法（Theatre-based Human-Robot Interaction methodology，THRI）。一篇在 LIREC 背景下发表的论文指出，戏剧方法可以被看作原型设计（prototyping）的一种手段，它带来了一种"实际存在（physical presence）、实时表演（real-time performance）的感

1　这里作者指的可能是 2008—2012 年赫特福德大学开展的 Living with Robots and Interactive Companions (LIREC) 项目，该项目的目标是研究人类是如何与电子互动式伴侣（比如机器人或虚拟对象）进行交互的。——译者注

觉"，而这种感觉对人机交互而言是至关重要的（Syrdal et al. 2011）。在 LIREC 项目的另一个测试场景中，一位演员在一群志愿者被试面前扮演了机器人主人的角色。这个机器人其实在被远程控制着"演戏"，因为它模拟的是现阶段还没有机器人能真正做到的行为——比如在日常环境中进行功能强大的导航、流畅的自然语言交互，以及在和人类主人的交互、对话中实现"社交智能"（Chatley et al. 2010）等行为。在 LIREC 项目中，由演员和机器人参演的场景包含了对"绿野仙踪法"的密集使用。在房间的左手边和台下，技术人员在观众不知情的情况下操作着机器人。研究报告称，假装成机器人主人的演员在表演全程以及映后交流的过程中都保持入戏的状态，为的就是"让观众相信这场实验真的是一个机器人和它主人之间的故事"。控制机器人的技术人员同样也被安排在"观众的直接视线以外，从而让观众'忘记他们的存在'"（同上，pp. 74-75）。这个案例展示了人机关系的科学性测试是怎么把表演用作一种让我们了解人类会如何反应的手段的。这些作者把他们的方法描述为"对演员如何在观众面前、在逼真的场景中和机器人互动与合作的戏剧性呈现"，而这些作者关注的正是现实主义这种美学模式（aesthetic modus；同上，p. 73）。从其他研究作为戏剧的人机交互的文献来看，大家好像普遍认为，演员和机器人的共同目标是"尽可能接近不可触及的理想状态"，也就是把真实的角色展示给观众。在这一过程中，"机器人 / 演员必须表现出他们所不是的样子"。因此很多人机交互研究人员（例如 David V. Lu and William D. Smart 2011）都会平等地看待演员和机器人，并认为戏剧舞台对人类而言，就像是现实生活场景对社交机器人而言一样：两种场景都依赖一种**"仿佛"**的效果。

146

表现性话语与不适切的话语

这种"仿佛"的效果在本质上是欺骗和谎言，它们构成了这些机器人戏剧设定的核心：人机交互看似真实（authentic），但它实则也是有剧本的，而且是事先排练过的。这一点对 LIREC 项目和《工作的我》这两种戏剧模型都成立。不过，我们在对比"戏剧舞台上的机器人"和"测试人机交互专用的类剧院场景（theatre-like scenario）中的机器人"时，还是能在谎言的布置上看到一些差别。为了分析这个差别，下面我开始讨论语言哲学家约翰·奥斯丁的表现性言语行为理论。在表演研究（performance study）中，奥斯丁因创造了"表现性话语"（performative）这个术语而出名；这个词指的是这样一些语言表达（linguistic utterance），当某个人说出了这些表达时，这些表达就表现或"做出"了一个行为（"do" an action）。奥斯丁的表现性言语行为理论最初发表于 1950 年代的系列演讲中，他的演讲稿后来作为《如何以言行事》一书出版。一个表现性语句并不仅仅陈述了某件事，而是通过言语（speech）完成了一个行动（action）。奥斯丁讲座中的一个例子是新婚夫妇在婚礼上说的"我愿意"（I do）：人们通过在合适的场合下说出这些词，从而正式结为连理。奥斯丁在讨论表现性言语的性质时，并不关心被说出的语句是真是假；相反，他关注的是这个语句有没有成功（success），因为语句的成功与否在"适切"（felicitous）和"不适切"（infelicitous）的语句之间作出了区分。"我愿意"可能只有在满足特定的习俗的时候——比如说话者是未婚的新郎或新娘——才是成功和适切的。因为奥斯丁关心的是日常场景下语言交流中的说话者意向和它对听话者的效果，所以他提出的表现性话语和我们对社会交互的研究是有关的。这样一来，奥斯丁的语言学理论就往往通过符号学和社会文化传统等理念，与人类学和社会学意义上的表演联系在一起（Carlson 1996）。

147　　　　奥斯丁的论证还展示了一系列的"不适切话语"，其中一种不适切的场景，就是没有任何真正意图的话语。根据他的论证，当表现性话语出现在戏剧舞台上或诗歌中的时候，就会变得不适切。奥斯丁说："举例而言，当表现性话语是由演员在舞台上念出来，或作为诗歌念出来的时候，它就会以某种诡异的方式变得空洞无物。"（1975，p. 22）在这些场景中，奥斯丁继续说道，语言"以某种可以理解的特殊方式没有被严肃地使用，不过这种方式是寄生在正常的使用方式上的"。对奥斯丁而言，"过关的"（happy）或顺利的表现性话语都是在日常场景中说出来的，而且必须同时存在"一套广为接受的、有特定习俗效果的习俗性流程"。他否定了那些以"不严肃的"方式说出来的表现性话语，也就是在艺术或虚构场景——比如戏剧和诗歌——中说出的表现性话语。奥斯丁认为，舞台上说的话都是"不适切的"，因为在这些话语背后没有真正的意图。

　　奥斯丁的这个观点在表演研究的领域内一直是戏剧美学、戏剧表演的讨论核心。但尽管奥斯丁富有创见地提出了"表现性话语"这些新概念，大家还是认为他对舞台艺术的特性抱有一些误解。举例来说，表演学学者理查德·谢克纳（Richard Schechner）就认为，奥斯丁没有理解"戏剧作为想象力铸成的肉身（imagination made flesh）的独特力量"（2006，p. 124）。在谢克纳看来，奥斯丁没有充分理解表现性话语是如何在舞台上创造衔接（liminal）、转换（transitional）和中介（intermediary）等空间的；艺术创造了一种和日常现实不同的现实，但二者不是彼此对立的。其他表演学学者也尝试过诠释、探讨、还原奥斯丁关于舞台语言的"寄生性"使用的说法。举例而言，表演学学者布拉尼斯拉夫·雅科夫列维奇（Branislav Jakovljević 2002）就认为，通过考量整个戏剧表演，而不仅仅是在舞台上说出的表现性语句，戏剧表演就可以达成一种类似奥斯丁所说的表现性言语行为的效果，而二者之间是没有矛盾的。奥斯丁提出的关于诗歌中和舞台上的"不严肃的"欺骗和"寄生性的"的语言使用问题，都与美学框架（aesthetic framing）以及观众的"现实"和舞台虚构环境之间的联系方式有关。

机器人戏剧的美学

对比一下上文提到的两种不同的人机同台剧的设置，我们就能清楚地看到，奥斯丁关于"寄生在正常用法上"使用语言的理念，是会随着该事件美学框架的不同而呈现出不同形式的。正是这些美学框架让这些语言使用变得大不相同了。在赫特福德大学对家政机器人伴侣的测试中，被试虽然知道他们正在参与科学实验，但他们还是**没有**意识到整件事的戏剧性框架。被试很可能认为，机器人在这些场景中真的可以像他们一样表现和说话。平田奥里扎的《工作的我》和赫特福德的机器人测试很相似：机器人在剧作和在测试中一样，被操纵着表现出一副好像能在日常环境中进行功能强大的导航的样子，并在与人类主人宇智和池江的交互、对话中展示出了"社交智能"。

148

不过，我们对这两种舞台布景的认知还有一个显著的差异：《工作的我》发生在剧院，而且在戏剧上演之前就已经开始被宣布和语境化（contextualized）为一件艺术作品了。这些观众并没有像赫特福德实验室里的观众一样被愚弄，而是知情地、自愿地参与到了由戏剧化框架实施的这场"欺骗"当中，并完全意识到了剧作中的艺术选择和设定。

机器人科学家石黑浩在《由机器人科学知人心》（"To Know the Human Heart through Robot Science"，Ishiguro 2010）这篇机器人科学论文中，解释了自己和平田奥里扎合作的理由。对石黑浩来说，平田奥里扎剧作中的那种自然主义是促成这次合作的主要原因，因为这正是艺术路径和科学路径共享了核心要素的地方。石黑浩的目标之一是理解"人心"（human heart）的理念。"我们机器人科学家没法把人心编程进机器人里，"石黑浩写道，"我们可以编程一个让机器人看起来**仿佛**有心的功能。但问题是，我们不知道'有心'看起来是什么样子。"石黑浩指出，心理学家和认知科学家都在研究人类本性的这一方面，但他们的研究总是在实验室的受控环境里展开的，因此他们"不能清楚解释人类是怎么在日常场景中的多重刺激下表达他们的心（express their heart）的"（同上，pp. 55-56）。当机器人学、心理学和认知科学这些科学路径不能给出答案时，石黑浩就转向了平田奥里扎的戏剧作品这类艺术创作来寻求帮助。

然而对石黑浩这样一个机器人科学家来说，从横滨 TPAM 艺术节里那场《工作的我》（或其他类似表演）映后发放的观众问卷中，他可能很难得到任何科学性的答案。像"你觉得机器人能理解其他角色的心情吗？"这样的问题并不好回答——造成这种困难的原因不是那种人类和机器人之间的真实或想象出来的区别，而是剧作的美学本身。在平田奥里扎的任何一部剧作里，即使所有演员都是人类，让我们对角色的情绪和心情给出确切的解释，都是一个挑战。平田奥里扎的剧作并不以戏剧化的动作为主打；所有的对话都是根据暗示性的、间接的交流而创作的；舞台布景也往往按照极简主义的风格来布置，其中很少甚至根本不涉及具体的地点，而且剧作也不会给观众提供任何关于如何诠释角色之间关系、情感的线索。如果说我们很难刻画出《工作的我》中机器人的心情，那么这场剧中人类角色的心情同样是很难被刻画的。观众对这类问卷问题给出的各种答案往往是主观的，而且是建立在每个人带入戏剧空间的、关于这个世界的个人经验和知识的基础上的。通过演出和观众之间的互动，个体的经验与知识被激活了；但任何两个人的经验与知识都既不可能相同，也不会重复它们自身。这就是艺术能为科学带来的东西：不是一个具体而确凿的答案，而是一种开放的、动态的，而且可以被改动和协商的想象视域的空间（space of imaginary vision）。

149

作为人为设定的自然主义

在《工作的我》这部剧中，现实和虚构之间的关系受到了剧作中美学形式的挑战。《工作的我》很像一部自然主义的剧作，因为它包含了被表演学者彼得·埃克索尔（Peter Eckersall 2011）称作"通过肉身（corporeality）和知觉，而非道德干预（moral intervention）而实现的生命的本能条件（visceral condition）"。平田奥里扎和他的日本青年团戏剧公司因为使用了当代口语体而备受赞誉，很多评论家都对他在剧中分解平凡的日常场景的方式大加称赞。正如戏剧学者科迪·波尔顿（M. Cody Poulton；Hirata and Poulton 2002）描述的那样，平田奥里扎的美学被刻画为"静剧"（shizuka na engeki，quiet theatre）——自然主义"新剧"（shingeki，new theatre）的一种现代发展形式。静剧指的是平田奥里扎对角色对话的大量削减，这种做法和很多以传统新剧的形式被翻译成日语、在日本上演的西方剧作完全不同。平田奥里扎之所以设计这种安静的对话模式，是因为他认为在西方自然主义剧作中，那种冗长、富有情感的显白对话完全不符合我们日常的口语对话模式。因此在他包括《工作的我》在内的剧作里，对话都很少明确地讨论角色的情绪和感觉，而是把这些主题作为一种潜台词，话里话外地揭示出来。对白和真实的生活对话一样，含有很多长长的间断和停顿。这些对话可能很简洁，还会回避某些话题，而且可能没有任何对角色内心想法的直接描述。在《工作的我》这部剧里，这种对"真实"（the real）美学的回归还体现在：演出开始之前，也就是观众进场、找到座位的过程中，其中一个演员就已经躺在舞台地板上看杂志了。与此同时，机器人也会一两次滚过舞台又消失在幕后，好像它们在执行某种和戏剧空间毫不相关的任务一样——好像这部剧已经在观众进场之前就开始了一样。这种类型的创作原理（dramaturgy）植根于恢复"真实"、赋予生活"原样"（ari no mono，as it is）的愿望之中。而按照波尔顿的说法，这是平田奥里扎挑战传统新剧和自然主义戏剧传统的一种方式。这种搭建整个戏剧设置的方式——包括戏剧空间本身、观众行为和演出开始前的时间安排——很像雅科夫列维奇把整个戏剧表演而不仅仅是舞台上说出来的话称为"针对奥斯丁'戏剧中的寄生性语言使用'这一理念的协商手段（means of negotiating）"的说法。

　　《工作的我》这部剧和平田奥里扎的其他剧作的不同之处在于，这里出现的日常生活中的口语对白不是在人类之间发生的，而是在人类和机器之间发生的。自然主义戏剧中常有的即兴发挥和个性回复，在这部剧中都有可能被牺牲掉。这种自然主义的模式其实是一种人为设定：这些对话是被安排成**表现出**自然的**样子**的。在人类和机器之间的密集对白里，两位人类演员并没有情绪即兴发挥和个人化回应的空间。戏剧学者弗兰切斯卡·斯佩达列里（Francesca Spedalieri）在一篇评论平田奥里扎戏剧作品的文章（Spedalieri 2014）中指出，每个词、每个走位都是被设想、安排、指导和排练好的。在平田奥里扎的剧作里，演员不需要有心，他们只要跟着剧本走就行了。这种方法看起来正好和上文讨论过的石黑浩作为工程师在设计机器人时的看法一样。当观众意识到人类演员和机器人一样被编程和控制的时候，他们可能就会反思，人类演员到底在何种程度上和机器人演员真的有所不同。作为一种美学框架的自然主义成为一种试验性的形式，它被用作一种知识论式的反思工具，也让我们意识到了那些更宽广的问题，比如去质疑什么才是"自然"和"正常"的人类这类非常根本的问题。

150

对引用性的区分

　　这把我们带回到奥斯丁关于语言的"寄生性使用"的说法，以及他这部分理论引发的批评。哲学家雅克·德里达在他的文章《签名、事件、上下文》（"Signature Event Context"，1988）中很有创意地阐释了奥斯丁的观点。德里达和奥斯丁不同，他并不排斥演员在舞台上、诗人在诗歌中说出不适切的话语，相反，他扭转了这种论证，并指出在所有的表现性话语中都存在着一个引用性元素（citational element）或一种反复。在婚礼现场说"我愿意"之所以是适切的，是因为这个语句是通过重复（repetition）而被编码的：这些话在以前的一种对环境和语境的重复设定中已经被说过了。在某种意义上，所有表现性话语都是一种引用。德里达并不把引用性（citationality）当作一种"判定不适切话语的标准"而排斥它，相反，他提出了一种对引用性的区分。他讨论了表现性话语的"相对纯粹性"（relative purity），这指的是表现性话语"不是引用性或反复性的对立面，而是一种一般意义上的可反复性（iterability）内部的、其他类型的反复性的对立面"（Derrida 1988，p. 18）。在类似的思路下，《工作的我》中的机器人乍看上去好像是一种对人类规范（norms of the human）的不适切的、寄生性的使用。但借助德里达的论证，我们就可以把机器人理解成运动、行为表现和对话中的一种对人类的引用或反复。但机器人的表现性并不是人类意图和情感"纯粹性"的对立面，而是一种在一般意义的可反复性内部的、其他类型的反复性的对立面。如果机器人是对人类的引用，那么人类也是对其他人类的引用、对可反复的社交规范和习俗的引用。

这一点和哲学家、性别理论家朱迪斯·巴特勒在她的著作《重要的身体》（*Bodies That Matter* 1993）中的表现性理论不谋而合。巴特勒在这部著作中论证道，主体（subject）是由社会规范的表现性重复构成的。反复性的实践组成了社会交往中的表现性要素，而这种实践几乎没有给主体留下什么偏离这种实践去行动的机会。巴特勒把性别的社会性建构用作她的基本论证，并向我们指出：在性 / 性别（sex/gender）系统里对身体进行性别化的这一过程，是由主体之外的社交规范完成的，因此，这一过程也是不受个体控制的。社交规范被理解为引用先前行为的过程，而正是因为个体按照社交规范一遍遍地重复着这些行动，主体的形成才得以发生。不过这并不是说，每个人都会受这些过程的影响从而以毫无能动性的方式"变成"（becoming）（比如被性别化）某种模样。在这些反复性的过程中，在不断的重复中，仍然存在着不稳定性（instability），因为永远没有两个一模一样的行为；也正是这种不稳定性，为我们带来了拥有能动性和力量（power）的潜能。巴特勒讨论了一种具有自然化的作用（naturalizing effects）的"反复性、仪式性的实践沉积下来的效果"，但正是通过这种反复性的实践，能动性才得以可能；因为"在这种构建（construction）过程中，一些构成性的不稳定性的缺口和裂缝被打开了，它们逃脱、超出了社交规范，也不能被跟随这一规范的重复性劳动完全定义或修复"（同上，p. 10）。巴特勒指出，我们在两个反复行为之间改变的可能性，正是取消了反复过程的稳定化效应（stabilizing effect）的那股力量。这种由前一次运动带来的、施加在下一次运动之上的轻微偏差（displacement），让逃脱、超越社交规范成为可能。

小故障

讽刺的是，这正是在《工作的我》的 DVD 版本身上发生的事情（Robot Theatre 2010）。我们在上文描述了剧中的一幕，其中宇智对男性机器人泷泽的道歉让另一个机器人说出了"机器人是不能撒谎的"的台词。而在这一幕戏的录像版本中却发生了一个小小的故障。在宇智向男性机器人道了歉、后者也澄清了这并不是宇智的错之后，另一个机器人补充说"这是真的"（hontō desu，it is true）。正在这时，一个机械小故障发生了：在男性机器人说这句话的同时，女性机器人说了本该跟在这句台词之后的话，"因为机器人是不能撒谎的"（robotto wa uso wa tsukemasen kara，because robots cannot lie）。这两个机器人的言语行为时机出了点问题，而由此导致的后果是，它们好像同时说了话，但两个机器人说的语句因此都变得听不清了。这时的情节是剧中一个有点尴尬的时刻，如果不是这两句台词，这一时刻应该被表现为对话中的一段沉默或长停顿。剧中任何地方都没有注明，机器人的声音到底是幕后用真人声音广播出来的实时配音（类似《绿野仙踪》中的魔法师），还是提前录制好、在演出现场回放出来的声音。这个小故障可能是编程过程中的一个人为错误，它揭示出了打造人类和机器人之间"自然"的对话到底有多难。但不管是哪种情况，这个DVD里的小偏差引发的后果都是，这两个机器人看起来好像在争夺说话的权利；他们看起来并没有得体的社交技巧，也没有让对方先说话的礼貌态度。这个偏差从机器人方面揭示了一种能动性，因为它们做了某种我们意料之外（不在剧本上）的事情，并因此逃脱、超越了社会与文化性的规范（比如让对方先说话以示礼貌）。这让观众意识到了对话中的和礼貌相关的习俗——不要在别人说话时打断对方的规则——带来的那种自然化的效果。这个小故障成了巴特勒所说的"缺口和裂缝"之一：正是它在人类的仪式中取消（un-do）稳定化效应并引发富有成效的不稳定性。

152

　　最后让我回到机器人在舞台上说出的那句模糊的、充满悖论的台词——"机器人是不能撒谎的"，并以此作为本章的总结。机器人当然会撒谎。每当我们在人机同台的剧作里、在对模拟家政机器人伴侣的测试中赋予它们以某些人类行为、社交智能或情绪反应时，它们都在撒谎。机器人之所以表现得好像"寄生"在人际交互上一样，是因为人类赋予了它们意图。而正如奥斯丁说的那样，这种由不是人类的主体作出的、对人类性（human-ness）的表演，"在某种诡异的意义上是空洞无物的"，但这些"寄生在正常用法上"的表演正是艺术对机器人领域作出的贡献：在人类如何投射、回应自己的行为和情感方面，这种表演为人类和科技的交互提供了新的洞见。人类和机器人一样，是由某种社交性的"编程"构成的，这种"编程"保证了人类会在特定的规范和习俗范围内行动。而表现性理论和美学理论向我们展示了，我们能以何种方式对这种习俗展开协商，并以同样的方式为机器人和人类带来能动性。新的交互形式正在冉冉升起的路上。

参考文献

Austin, J.L. 1975. *How to Do Things with Words*. Cambridge, MA: Harvard University Press.

Barnes, J.A. 1994. *A Pack of Lies: Towards a Sociology of Lying*. Cambridge: Cambridge University Press.

Borggreen, G. 2014. "'Robots Cannot Lie': Performative Parasites of Robot-Human Theatre." In *Sociable Robots and the Future of Social Relations: Proceedings of*

Robo-Philosophy 2014, edited by Johanna Seibt, Raul Hakli and Marco Nørskov, 157-63. Amsterdam: IOS Press Ebooks. doi: http://dx.doi.org/10.3233/978-1-61499-480-0-157.

Breazeal, C., A. Brooks, J. Gray, M. Hancher, J. McBean, D. Stiehl, and J. Strickon. 2003. "Interactive Robot Theatre." *Communications of the ACM — A Game Experience in Every Application* 46(7): 76–85. doi: http://dx.doi.org/10.1145/792704.792733.

Butler, J. 1993. *Bodies That Matter: On the Discursive Limits of "Sex"*. New York: Routledge.

Carlson, M. 1996. *Performance: A Critical Introduction*. New York: Routledge.

Chatley, A.R., K. Dautenhahn, M.L. Walters, D.S. Syrdal, and B. Christianson. 2010. "Theatre as a Discussion Tool in Human–Robot Interaction Experiments: A Pilot Study." Third International Conference on Advances in Computer-Human Interactions, 2010. ACHI '10 10-15 Feb. 2010. 73-8. doi: http://dx.doi.org/10.1109/ACHI.2010.17.

Derrida, J. 1988. "Signature Event Context." In *Limited Inc.*, edited by Gerald Graff, 1-23. Evanston: Northwestern University Press.

Eckersall, P. 2011. "Hirata Oriza's Tokyo Notes in Melbourne: Conflicting Expectations for Theatrical Naturalism." In *Outside Asia: Japanese and Australian Identities and Encounters in Flux*, edited by Stephen Alomes, Peter Eckersall, Ross Mouer and Alison Tokita, 237-43. Melbourne, Vic.: Japanese Studies Centre. Accessed 2014/05/22. http://hdl.handle.net/11343/32503.

Hirata, O. 2010. "Hataraku Watashi" [I Who Work]. In *Robotto engeki [Robot theatre]*. ed. Center for the Study of Communication-Design. Osaka: Osaka daigaku shuppankai.

Hirata, O. and M.C. Poulton. 2002. "Tokyo Notes: A Play by Hirata Oriza." *Asian*

Theatre Journal 19(1): 1-120.

Inobeeshon 25. 2008. "Yume No Aru Mirai No Jitsugen No Tame." [Innovation 25. For the realization of the future of our dreams]. Cabinet Office, Government of Japan. Accessed February 3, 2015. http://www.cao.go.jp/innovation/action/ conference/minutes/20case.html.

Ishiguro, H. 2010. "Robotto Kenkyū Towa Ningen No Kokoro O Shirukoto" [to Know the Human Heart through Robot Science]. In *Robotto engeki [Robot theatre]*. ed. Center for the Study of Communication-Design. Osaka: Osaka daigaku shuppankai.

Jakovljevic, B. 2002. "Shatterede Back Wall: Performative Utterance of a Doll's House." *Theatre Journal* 54(3): 431-48.

Lu, D.V. and W.D. Smart. 2011. "Human-Robot Interactions as Theatre." RO-MAN, 2011 IEEE, Atlanta, GA, July 31 2011 – Aug. 3 2011. 473-8. doi: http://dx.doi. org/10.1109/ROMAN.2011.6005241.

Riek, L.D. 2012. "Wizard of Oz Studies in HRI: A Systematic Review and New Reporting Guidelines." *Journal of Human-Robot Interaction* 1(1): 119-36. doi: http://dx.doi.org/10.5898/JHRI.1.1.Riek.

Robertson, J. 2007. "Robo Sapiens Japanicus: Humanoid Robots and the Posthuman Family." *Critical Asian Studies* 39(3): 369-98. doi: http://dx.doi. org/10.1080/14672710701527378.

Robertson, J. 2010. "Gendering Humanoid Robots: Robo-Sexism in Japan." *Body & Society* 16(2): 1-36. doi: http://dx.doi.org/10.1177/1357034X10364767.

Robertson, J. 2014. "Human Rights Vs. Robot Rights: Forecasts from Japan." *Critical Asian Studies* 46(4): 571-98. doi: http://dx.doi.org/10.1080/14672715.2014.9 60707.

Robot Theatre. 2010. *I, Worker.* Tokyo: National Museum of Emerging Science and

Technology.

Schechner, R. 2006. *Performance Studies: An Introduction*. New York: Routledge.

Spedalieri, F. 2014. "Quietly Posthuman: Oriza Hirata's Robot-Theatre." *Performance Research* 19(2): 138-40. doi: http://dx.doi.org/10.1080/13528165.2014.92 8530.

Syrdal, D.S., K. Dautenhahn, M.L. Walters, K.L. Koay, and N.R. Otero. 2011. "The Theatre Methodology for Facilitating Discussion in Human-Robot Interaction on Information Disclosure in a Home Environment." RO-MAN, 2011 IEEE, July 31 2011 – Aug. 3 2011. 479-84. doi: http://dx.doi.org/10.1109/ROMAN.2011.6005247.

TPAM Direction. 2011. "TPAM Direction: Masashi Nomura Program." *TPAM in Yokohama: Performing Arts Meeting in Yokohama 16th (Wed) – 20th (SUN), February 2011*, program sheet, Yokohama: TPAM Yokohama.

第九章

机器人、人类、社交世界的边界

松崎泰宪[1]

在这一章里,我们会考察一些关于社交世界边界的根本问题。触发这些问题的是自主人形机器人(autonomous human-like robot)近些年的发展和传播。我会从社会学的视角出发,讨论人形机器人如何挑战"社会成员"的现代观念,以及它对人类社会当前的制度秩序有哪些关键影响。接下来我会概述一个分析框架,借助社会理论领域中关于社会性(sociality)的核心要素,对一些基本的边界现象进行实证分析。在讨论了二元路径(dyadic approach)的方法论困难之后,我将断言,我们应该把社交的基本模型解释为三个具身主体之间的三角交互(triangulated interaction between three embodies selves)。

157

1 本章展示的研究成果来自"人形机器人和服务机器人的发展:日欧国际比较研究计 划"(Development of Humanoid and Service Robots: An International Comparative Research Project — Europe and Japan, DFG)这个研究项目,这一项目是由 DFG 德国科研基金会赞助的。我想在这里感谢 DFG 的帮助和支持。

导言

在人权价值观变得至关重要的现代民主社会中，我们理所当然地认为只有活的人类才是合法的社会成员，或者说才是"人"（person）。[1] 无论从伦理还是从法律的角度，每一个人类，就算她[2]无法表现出意识行为（例如脑损伤的病人），也都应当被看作人。那些陷入昏迷或严重痴呆的人类个体只要仍然被诊断为活着，就会被看作人而接受治疗。活人和社会成员是同一码事，而这就意味着除了活人之外的其他所有东西都被排除在社会成员的范围之外。即使非人类事物已经融入生活的方方面面，大多数人仍然认为它们无法跨越这些边界从而被接纳为社会的一员。

158

然而近年来，"社交世界 = 人类世界"的等式受到了越来越多的挑战和质疑。这些质疑源于人形机器人的崛起，这些机器人与人类的外表相似，甚至可以像人类一样完成特定的任务。很多人形机器人的研发目标就是替人类解决日常生活中的实际问题，并且至少在一定程度上能自主运行。它们要成为能控制自己并在"经验"（experience）

1　原文使用的是"living human beings"，翻译成中文之后，听上去像在强调死人不是社会成员。但读者应该注意，作者这里首先想要强调只有人类才是社会成员，其次才是强调死人已经不再是社会成员。另一个需要注意的区分是"人类"（human）和"人"（person）。根据本文作者的术语习惯，"人类"是一个生物学概念，而"人"是政治学或社会学概念。机器人显然不是人类，这是毫无争议的；但"机器人应不应该被看作人"则是本章的核心议题。——译者注

2　在这一章中，我在使用人称代词的时候会在"他"和"她"之间不断切换，以保持性别中立。

的基础上改良自己行为的独立实体（Matthias 2004）。这也是它们承担那些曾经只有人类才能承担的功能角色的必要条件。大家相应地也越来越关注，实际应用这些机器人并且与它们进行交互是否会对社会构成各种各样的挑战（例如 Foerst 2009，Darling 2012，Coeckelbergh 2010）。自主人形机器人应该被看作一些不仅只会模仿人类成员的功能角色的东西吗？如果真的是这样，那么它们的存在会不会影响我们关于能动性、人格性、伴侣关系（companionship）的观念呢？我们应该如何对待它们？它们是能为自己造成的后果承担责任的行动者（agent）吗？

这些发展提醒我们注意社会性的偶然性特征。民族学和历史学研究发现（Kelsen 1943，Luckmann 1970），西方现代性对人格性的人类中心主义式理解在很多时代和文化中并不存在。也就是说，"只有活人才是合法的社会成员"这一前提并不是永远成立的；社会成员领域的划定是一些在历史、文化上非常偶然的解读过程的结果。如果我们接受这一观点，那么我们与人形机器人的日常交往很可能会促使我们重新思考"社会成员"的观念。然而令人惊讶的是，人机交互和社交机器人学对社会性的问题并没有足够的重视。这个研究领域的很多文献[1]不是考察社会性的根本含义，而是都暗含了以下前提：在与普通人类交往时，机器人应该被看作"社会"交往的一部分，因为这个交互关系中有人类参与（例如 Alač，Movellan，and Tanaka 2011）。但考虑到人形机器人对社会的影响幅度，我们这里需要一种更系统的研究方式。

---

[1] 法顿奥尔（Pfadenhauer 2014）和迈斯特（Meister 2014）的论文算是为数不多的例外。

我在这个语境下主要关心的问题是，如何对人形社交机器人引发的边界问题展开批判性的（实地）研究。在参考了林德曼的论文（Lindemann 2005，2009a）之后，我这里采用了另一条路径。首先，我们必须停止把"只有人类才是社会成员"当作无可置疑的预设，并同时与那些和人类／非人类的区分有关的人类学假设保持距离。我们应该用分析人际交互的方式去分析人机交互。然而这种做法会导致一个关键的方法论上的困难：我们如何在不诉诸人类学知识和视角的情况下找到社会交往的前提条件呢？我认为这个困难可以通过关于社交的形式理论（formal theory of the social）来解决。在社会学中，大家关于社会现象的基本性质的看法是潜在一致的。我们可以从这个抽象的想法中发展出社交的一般概念，然后用它对人机交互实践以及机器人的能动性问题展开实证分析。

本章论文的主要结构如下。首先，我会简短概述现代社会的功能分化（functional differentiation）与边界制度（border regime）之间的关系，社交领域正是由此划定的。接下来，我会讨论人形自主机器人如何违反了现有的法律规范并且挑战了现代社会的根本制度。然后我会试图阐述对这些边界问题进行经验研究的分析框架。我的阐述由以下三个步骤构成：（1）我首先考虑社会性的构成性（constitutive）条件。这里的核心想法是关注从"具身主体"（embodied self）的交互（"我－他"）中浮现的双重偶然问题（the problem of double contingency）。要解决这个问题，我们就必须引入一个特定的规则来引导它们的关系，而这种对规则的引入在本质上是一个社会现象。（2）接下来的第二步是，如果社会性的基本模型是建立在二元组合之上的，那么我们会遭遇一个方法论困难。社会交往是由双方的相互理解驱动的，而这就要求双方各自作一个初始决定，即参与者双方都把对方看作一个会解读"我"的"你"。如果有可疑的东西出现在交互之中，一方就必须证明这个东西能不能被信任为一个真正的"你"。然而，这个问题只有引入第三者（Tertius）的视角才能回答。（3）意识到这一点后，我最终会断言，社交的核心特征在于三个东西（我－他－第三者，Ego/Alter/Tertius）之间的三角交互。

机器人与社会秩序的问题

社会学研究从一开始就被 "社会秩序如何可能"的问题驱动着（Simmel 1911，Luhmann 1985）。在日常生活中，我们或多或少地会把构成社会的秩序看作理所当然的东西，但对社会学家来说，这些秩序需要被解释。社会秩序的问题必然包括了社交世界边界的问题。任何一个社会都需要大家对"谁有资格参与社会制度的产生和维系过程"这件事有共同的理解。这里的问题不在于某个东西如何被整合进生活的某些方面，而在于它能否被看作行动主体和参与构建社会秩序的成员。对共同居住在一起的人们来说，这种理解显得尤为关键。这个想法来自以下原则，即我们可以根据社会成员范围的划定方式来区分不同类型的社会（Lindemann 2009a）。不同类型的社会对"谁是社会成员，谁不是社会成员"有不同的观念。如果想要充分理解这个制度化（institutionalization）过程，我们需要先理解这些划分及其背后的原则是如何被建构的。

在如今的绝大多数社会中，这个问题的答案都基于一个普遍标 160

准。人们大体同意，只有活的人类才是合法的社会成员。人类之所以配得上这个地位，仅仅因为他们是人类。而对非人类的事物来说，大多数人仍然认为它们无法跨越这些边界从而被接纳为社会的一员。举例来说，我们不认为机器是法权和义务（legal right and duty）的主体。尽管一些普通用户会把电脑的特征人格化，并赋予它们一些实际并不存在的能动性，但电脑本身不属于"责任主体"（responsible actor）的范畴（Nass and Moon 2000）。[1] 像天使、魔鬼、精灵这些超自然实体也不被接受为社会成员。伴随着世俗理性和自然科学的进展，我们对这个世界祛魅（Weber 1946）的结果是人与超自然事物之间的稳定关系（例如与魔鬼的契约）整体上被看作与社会无关的事情（Neumann 2007）。

这些事实体现了由西方主导的现代性的核心特征，这些特征在很大程度上已经被制度化了，并且在很多层面上影响着社会成员。如今的现实是，在日常生活中，只有活的人类把彼此看作他们需要去理解和回应的对象。这背后的规范性基础，就是普遍人权的观念被庄严地载入联合国 1948 年《世界人权宣言》（*Universal Declaration of Human Rights*）这个里程碑式的文件中这一背景。这个奠基性文件宣称，人类大家庭的所有成员都有人权和基本自由的权利。我们必须保障人类的内在尊严和被平等对待的权利，这一点不限于种族、文化背景、宗教信仰、性别、年龄和语言。法律面前人人平等这件事已经被提炼为"人"这一地位的基本内容（《世界人权宣言》第六条）。这个文件提

---

1 这个想法在有些场合会变得特别明显，比如科技产品至少目前仍然不属于有权要求补偿的主体。如果我损坏了一部手机，我或许要赔偿手机的主人，但我显然不需要赔偿手机本身（见下文）。

供了一个规范性框架，从而促进了对人权（或者更准确地说：只有人类才享有的基本权利）的普遍保护。建立在人权价值观及其制度化之上，人类个体和"我们这个世界"的合法成员在外延上是完全等同的。

这个秩序与现代社会的另一个特征，也就是功能分化，是密不可分的（Luhmann 1965，也请参考 Verschraegen 2002）。现代社会的结构是按照社交生活的重要功能来划分的，然后又进一步划分为经济、科学、法律、艺术、宗教、政治、教育、医药等等专门领域。接下来不可避免的问题就是，我们应该允许哪些人或事物来从事这些具体功能领域的活动呢？就这些社会组织而言，人权的普遍有效性扮演了重要的角色。这背后的想法是，所有活人都应该被普遍看作人这个领域中的成员。而这又意味着，只有活人才是推动那些被组织起来的实践秩序的最终力量。也就是说，社会的功能分化的前提是社会成员由同一类个体组成——人类。作为一般化的规则，任何被看作人类种族成员的个体都对所有这些社会功能领域享有同等权利，并且有权利被看待为社会成员。他们被当作有能力承担责任、有能力作出并实施理性决定的行动者，以及能够与其他成员交往并组成网络的个体。根据这一点来看，我们有理由说，当前对"人类"这个术语的理解自身就是一种规范性和认知性的制度，它也是现代社会的功能分化的基础。

"所有人类都是人"这个等式的反面，对非人类事物（包括机器人）的地位来说是决定性的。人权价值观衍生的一系列制度都基于严格区分人类成员和那些不满足生物学上的活人标准的东西。这个区分对日常世界中的各种关系都至关重要，因为它会影响我们关于应该如何对待这些东西的决定。所有非人类事物都被排除在社会的驱动要素

161

之外，也被排除在制度秩序的维系过程之外。举例来说，不管一台电脑实际上有多大程度的自主性和智能，我们基本不会认为它有资格当律师或政治选举的候选人；在现有法律下，尽管宠物有权利获得人道的对待，但它们无权享受社保。从这个方面看，人类与非人类之间的严格划分提供了社群化（sociation）的首要条件，而维持社群化对现代社会的形式结构来说是至关重要的。

林德曼（Lindemann 2009a，b）在研究人类 / 非人类的区分与社会分化之间的相关性时，提出了"社会边界制度"的概念。她论证道，社会的根本结构可以根据成员领域的界定不同而采取不同的形式。在上文提到的西方现代性中，"此岸世界的活的人类"就是一种成员领域的界定方式。这进一步引发了我们对"什么是人类"的理解如何被建构的问题。根据林德曼的看法，现代社会基于一个四元划分的过程，而人类正是通过这个四元划分与其他事物区分开来的：首先是人类生命的开端和结束这两个边界，然后是人类 / 机器和人类 / 动物这两个边界。前两个边界是人可以跨越的，于是就有了众所周知的关于堕胎和脑死亡的边界问题：一个人从哪个时间点开始才享有生命权？一个人到了哪个时间点就不再作为人而接受治疗了？与此相反，后两个边界——人类 / 机器和人类 / 动物的区分——基本是无法跨越的。

162 　　这些边界的结果是，人类被理解为一个"在某个确定的时刻获得生命，存活有限的一段时间，而且和动物、机器处于不同层次的活的物质存在"（Lindemann 2010，p. 285）。这个理解是我们指称一般意义的"人类"并将其作为社会共同体成员与之交流的认知前提。林德曼称之为"人类学四边形"（anthropological square）的四元分化，是我们成为社会领域成员的可能性条件。因此,生物学意义的活人被看作现代性的核心制度,它把人类个体和其他东西区分开,从而定义和划定了社会空间。

对社会边界制度来说,用制度性标准来维持人类和机器(或动物)之间的严格区分是非常关键的。这并不意味着非人类事物就不能对人际交互产生重大影响。事实上,当今的人际交往关系始终把科技设备作为媒介,并受到后者的重大影响。然而科技的重要后果却并不具备社会特征,也就是说,科技产品对人的影响和社会成员对彼此的影响在方式上完全不同(Lindemann 2011)。不过我们仍需注意,人类学四边形设定的边界不是永恒不变的,它们建立的仅仅是一些历史上偶然形成的、未来也可能被质疑的社会制度(Lindemann 2005,2009b)。

社会学研究早已开始关注"社交世界 = 人类世界"这个最初的等式(参考 Kelsen 1943,Luckmann 1970)。文化人类学的经验研究发现,除了活人之外,很多前现代社会也把植物、动物、神祇、死人看作合法的社会成员。一个历史上的案例是中世纪欧洲的动物审判,那个时候,包括昆虫在内的非人类动物都可能遭到犯罪诉讼(Evans 1987)。被告动物会被传讯到教堂或世俗法庭,面对犯罪(例如谋杀)的指控;如果被判有罪,它们会被处决或从指定地区流放出去。动物被告的审判和人类被告的审判在诉讼流程上没有什么区别。人们把动物被告看作有道德施动性的主体,因此它们和人类一样应该为自己的罪行受到谴责和惩罚。很多司法系统直到 18 世纪早期都还保留着动物审判。在前现代社会认知中仍然归属给非人类动物的这些社会特征,在现代化的过程中已经失效了。我们与非人类事物的关系慢慢被"去社会

化"（desocialized）了。

与此类似，一些关于科技产品能动性的理论也讨论过社会成员的问题，例如行动者 – 网络理论（Actor-Network Theory；Latour 2005，Callon 1986，Cerulo 2009）或分布式能动性（distributed agency）理论（Rammert and Schulz-Schaeffer 2002，Rammert 2012）。这些研究提出的问题是，以科技产品为代表的非人类事物——就它们对社会秩序稳定的重要影响而言——是否也应该被看作社会成员。这些学者在批评社会学理论把非人类能动性边缘化的基础上，质疑"只有人类才能是社会成员"这个观念的合理性。考虑到科技产品能帮助我们实现一些特定的（集体）行动，它们至少在一定程度上也应该被赋予相关的社会地位。然而这个想法没有触及边界问题的实质，因为它仅仅间接涉及合法社会成员领域如何界定的问题。根据这里提出的理论模型，非人类事物仅仅在不太严格的意义上也算是在"行动"。与此同时，这些理论模型预设了人类的优越地位：科技或许能保障社会秩序的稳定性，但社会性本身是由人类能动性规定的；在这个意义上，人类能够赋予或剥夺非人类事物的社会成员地位（Lindemann 2008，Matsuzaki 2011）。这意味着这些研究路径其实还是受到了现代社会的视角以及"只有活的人类才是人"这个观念的束缚。

另一种思路是去严肃地对待历史上那些与西方现代性截然不同的非现代社会形式。不同时代和文化对"谁才能是社会成员"的理解是完全不同的。换句话说，社交世界的边界是在一些历史和文化上偶然的解读过程的基础上决定的。如果接受这个思路，我们就获得了一个全新的、考虑人形机器人对现代边界制度的可能影响的机会。

近些年来，随着机器人在外观上越来越像人，并且像人类一样完成特定任务，人类的独特地位正在受到越来越多的质疑。这些科技产品正在模糊人与机器在很多方面的界限，并因此对人格性的现代观念提出了挑战。这在人形机器人学（humanoid robotics）领域尤其明显，因为这个研究领域的核心目标就是用人工的方式重建人类特征。这些研究把人体当作机器人和混合仿生系统（神经假体、机械外骨骼等等）设计的灵感来源。这项研究的首要动机就是通过学科的交叉合作来探索人体（例如 Ishiguro and Nishio 2007，Jank 2014，MacDorman and Ishiguro 2006）。借助他们建立的平台，机器人学和其他学科的研究人员正努力验证一些关于人体功能和物理特征的科学假设，或以实验的方式研究人际交互的社会学／生理学效应。人形机器人学的影响大大超出了"工程人类学"（engineering anthropology）的框架。研究人员的普遍预期是，由于社会的逐渐老龄化，机器人——例如可以自主运转的服务员——会被应用到越来越多的日常场景中去（Feil-Seifer, Skinner, and Matarić 2007）。其中一些机器人为了促进自己与普通用户之间更为平滑顺畅的交互，被设计出了近似人类的外观，而且还能模仿情绪表达和人际交往的其他方面（Zhao 2006，Yamazaki et al. 2012）。

我们这里最好也提一下科学发展的最前沿领域，例如生物学导向和神经科学导向的机器人学。生物学导向的机器人学已经成了非常活跃的研究领域，这主要是因为生物体（动物、昆虫或植物）的机电模拟（electromechanical simulation）对解决很多技术困难来说有着巨大的潜力（Menciassi and Laschi 2012）。在此之外，科学家也对把神经生物学的专业知识融入自动化技术很感兴趣——私人服务机器人就是其中的一个体现。私人医护／伴侣机器人被设计为有一定程度的情绪感受力，并且能够像医护人员那样回应病人的各种需要。[1]

　　这些技术发展向我们提出的问题是，有生物学类人特征的机器人到底处在什么地位？可想而知，把这些产品应用到日常环境中会造成社会制度的混乱，尤其是在涉及这些产品和普通机器不一样的地方：前者可以承担交往伙伴的角色、有很高程度的自主性，而且还有自主学习的能力。随着机器人的运行独立性慢慢增长、系统行为模式不断进化，它们会逐渐超出工程师的控制和监管（Matthias 2004）。这个时候再把机器人归类为单纯的物品就不够了，而我们也很难把现有的制度规范和原则应用在它们身上。当我们讨论到机器人的一般地位时，这种混乱还会加剧。自主机器人是不是能为自己制造的后果承担责任的主体呢？把机器人当作人是合理的吗？它们应该享受人类享受到的保护和保障吗？最后的最后，这些恼人的问题还带来一个更根本的问题：到底什么才是我们所说的社会性？

　　这些贴着"不仅仅是机器"标签的机器人，在关于法律学科以及非人类事物的道德施动性的争论中正在受到越来越多的讨论。科学技术研究表明，人类和科技产品之间的严格功能分化（人机二元论 [man–machine dualism]）已经慢慢不再被接受（例如 Adam 2005，

165

1　一个典型的例子是公民机器人伴侣（Robot Companions for Citizen），这是欧盟执行委员会资助的未来与新兴技术旗舰计划（Future and Emerging Technologies Flagships）下的候选计划之一。参考 https://www.robotcompanions.eu（访问于 2015 年 4 月 29 日）。这个计划的目标是研发"把知觉、认知、情绪和行动融入对自我、他人和环境的语境意识中"的感知机器人，从而促进创造可持续的福利。根据设计方案，这些机器人会成为独立自主的实体，它们不仅能模仿人类的外观和行为，而且也具有作为可靠的交往伙伴来说必不可少的那些内在特征。

Verbeek 2006，2009）。取而代之的想法是，人类与机器等事物不可分割地交织成一个混合网络，并从中产出行动和决定。根据这些思路，心灵状态（意向性、自由意志、情绪等等）不是一个事物成为行动者的必要条件，重点反而在于人类与非人类的聚集组合能产生什么样的结果（Akrich 1992，Latour 1992）。既然这里有多个事物在以偶然的方式影响着彼此，我们事后回顾时就很难说清楚到底谁才是任务的主要完成者。

在这个大背景下，弗罗里迪和桑德斯在论文（Floridi and Sanders 2004）里建议我们扩大道德主体的范围，从而把那些复杂的人工智能系统包括进来，同时把能动性和可问责性（accountability）从责任（responsibility）概念中剥离出来。在他们看来，计算机可以是道德恶行的原因，因此应该被看作可问责的道德行动者，但是计算机并不承担道德责任。另一方面，约翰逊（Johnson 2006）拒绝赋予计算机系统以独立的道德施动性。她认为，计算机之所以是规范性评价的对象，仅仅是因为设计者和开发者把他们自己的价值和意向编写进自己的产品中了，而这些价值和意向会在计算机与人类用户交互的时候被激活。同时，机器伦理领域的研究人员则在讨论如何把特定的伦理框架，比如康德主义的框架或功利主义的框架，植入机器中（Allen，Smit，and Wallach 2005，Powers 2011，Tonkens 2009，Torrance 2008，Wallach and Allen 2009）。在这些规范性模型的基础上，这些作者认为计算机和机器人能够作为代理（surrogate agent）替它的开发者或用户作出"有伦理意义的决定"。

在尝试把规范性约束应用到机器上时，复杂计算机系统能否承担法律责任呢？有些作者坚持认为让计算机系统（例如机器人）承担法律责任是毫无道理的，因为机器人又感受不到痛苦，所以我们无法惩罚它们（Sparrow 2007，Asaro 2012）。其他作者认为至少在理论上，我们没有什么根本理由认为非人类事物——包括机器人和其他计算机系统——不能是具有法律权利或法律义务的实体（Teubner 2006，Calverley 2008）。在民法框架下能否赋予软件程序以法律人格，是一个已经争论多年的问题（例如 Solum 1992，Karnow 1994，Allen and Widdison 1996，Andrade et al. 2007）。这些文献谈到的国家法规并没有明确认可软件程序的法律行为能力或民事行为能力。所以要想承认计算机的法律人格，我们要么扩展现有的法律框架，要么创造一个全新的法律框架。正是出于这个理由，当前的争论主要关注如何把现有法律制度——例如代理法中关于"未成年人"和"代理人"的法条等等——类比运用到软件程序上。这一争论的结果是，电子产品在现有法律法规下也可以有最低限度的法律地位，只不过所有的法律责任最终都要落回到自然人和法人团体身上。而另一方面，韦提格和泽恩纳（Wettig and Zehendner 2004）则拥护"电子人"（electronic person）的概念，并提议把机器人当作有限责任的法律实体，设立行动者责任基金（agent liability funds）来专门应对自动化机器使用过程中造成的问题（类似的概念可以参考 Stahl 2006，Matthias 2008，Beck 2013）。

166

两种不同的交互框架

我们在上文中对现代边界制度的评论表明，把"生物学意义上的活的人类"理解为社群化进程中的唯一主体，是现代社会独有的偶然历史现象。这项社会理论发现意味着"社会成员"和"人类"之间不能先天地画等号。在社会理论层面，我们在分析经验材料时必须重视社交世界的偶然性特征。这将导致的新问题是，我们应该如何在现实世界中针对人形机器人来界定社会空间，以及如何在不落入人类学偏见陷阱的前提下研究边界现象？这个研究课题要求我们在规范和认知的双重意义上与现代边界制度的视角保持距离。但这在方法论上会引发一个关键的困难。我们确实应该像分析人际交互那样去分析人机交互，但要达到这个要求，我们的社会学观察必须不包含任何基于人类学知识的先天假设。这就意味着我们在界定社会交往的前提时，不能借助人类 / 非人类的区分。

我认为这个困难可以通过关于社交的形式理论来解决。在社会学中，大家关于社会现象的基本性质的看法是潜在一致的（Lindemann 2005）。很多社会理论之间尽管有观念上的分歧，但涉及社会性的核心要素时还是彼此一致的。我们可以从这个抽象的观念中发展出社交的一般概念，然后用它去分析人机实践交往以及机器人的能动性。接下来我会概述这个思路的大致框架。

"我 – 他"的二元（Dyad）结构：简单交互框架

让我们先来考察什么是社会性的构成要素。这种要素的核心是两个具身主体（"我 – 他"）之间的实践关系，以及从中浮现的复杂结构。在这里主体（self）指的是：（1）一个有身体的东西；（2）可以感知外部环境事件和自身的内在状态；（3）在特定场景下根据实践要求去行动；（4）意识到它可以控制自己的感知和行动；（5）能够对环境中即将发生的事件形成预期，还能预期到其他主体在预期什么。

167

"我"作为一个具身主体，体验到自己和另一个具身主体——"他"——处于交互关系中。双方都预设对方的身体如何运动取决于对方是如何控制感知和行动的。它们通过预期和解读对方的预期和意向来相互理解。更精确地说，"我"通过期待"他"预期"我"的行为依赖"他"，从而把"他"的行为纳入"我"自己的行为；而"他"也在做同样的事情。[1]如果双方都试图让自己的行为符合自己所期待的对方的预期和意向，那么它们的行为就以一种非常复杂的方式依赖着彼此。于是这里出现了一种双重不确定性："他"和"我"都不确定接下来要预期什么。这种不确定性也叫"双重偶然"，它是一个双方必须通过交互来解决的实践问题（Parsons 1968，Luhmann 1995）。

双方若想解决"双重偶然"的困难，就必须引入一个特定的规则来引导它们解读彼此的期待和视角。首先，其中一方会犹豫地给出一个有意义的行为，比如一个眼神或一个动作。接下来的步骤则会通过交互来减少偶然性。如果这个方案成功了，那么双方就能对它们接下来的共同活动形成一些非常具体的期待。这就产生了一个双方都可以依赖的符号意义系统。从这里开始，后续步骤会产生一些生成具体规则（order）的机制，这些规则不仅允许它们采取行动来改变外部世界，同时还是它们之间多种关系的媒介，例如信任、规则、义务和符号等

1　这里的英文原文同样非常拗口："Ego incorporates the behavior of Alter into its own behavior, by anticipating that Alter expects Ego to make its own behavior dependent on Alter — and vice versa."译者这里试着给出一个简单的解释。假设我对你说："我们明天去看电影吧！"这句话之所以表达了我的意向，不仅是因为我预期你可以通过这句话了解我的意向，同时还因为我也预期你知道我说这句话的目的就是为了表达意向。只有当第二个条件也满足的时候，我才是在有意地向你表达我的意向并预期你会理解。这也是作者这里会提到二阶期待的原因。——译者注

等。这种媒介性规则从根本上说是一种社会现象，因为它一旦出现就再也不只是其中一方自己的活动（Simmel 1992，Weber 1980，Schütz 1974，Berger and Luckmann 1991），而是表现为一个双方共享的事实结构（factual structure）。

二元模型的方法论困难

如果我们接受上述这种想法，那么在双重偶然的场景中，两个具身主体之间的复杂依赖关系就会产生出一个非常基本的媒介性的社会规则。然而，这种二元交互的社会性模型会导致一种方法论上的困难。以双方共同接受的某个协议（agreement）为例，这个协议在二元关系框架之外的有效性并没有得到保障。更重要的是，二元关系中的共同协议在本质上就不稳定。即使"他"坚持只有在双方同意的情况下才能废除协议，"我"总可以自行收回或改变承诺。这种情况在双方起冲突的时候经常发生。因此，二元组合的中介秩序需要引入第三方视角才能稳定下来（Luhmann 1985）。根据同样的道理，"我 – 他"这个二元关系也需要第三方来使其客观化（objectified），才能保证这个关系在框架之外的有效性。

"我 – 他"交互借助双方对彼此的外表和谈话的关注来推进，这是因为一方对另一方的内在状态没有直接的认知渠道。这意味着我们可以把外在表达（expressive surface）和未显露的内在（non-appearing inside）区分开（Plessner 1975）。具身主体的外在表达暗示了它还有未显露的内在。这里我指的是那些无法显现出来的身体内部现象，例如自我意识、生命意识等等。直接可观察的外在和未显露的内在密不可分地交织在一起，后者只有通过前者才能被识别出来。也就是说，一

168

个事物的核心性质（"生命"等等）是通过它表现的肢体运动被实现和表达出来的。评估潜藏的内在对双方的交互来说是至关重要的，因为它会影响别的主体与这一个体打交道的方式；但这种评估只能依赖对其外在表现的观察才能进行，而社会交互总会包含对他者的未显露内在的解读。[1]

在这个语境下，我们必须从逻辑上区分这两个解读步骤。两个成员之间的解读开始于双方各自的初始决定。"我"和"他"不仅在解读对方的预期，而且都认为对方是一个会解读"我"的"你"（Lindemann 2005）。也就是说，它们首先判断对方是什么样的对象，尤其是"我需不需要预期对方的预期"。只有当它们都把对方看作另一个主体的时候，互相理解的过程才会开始。这种双重解读是所谓的"社会"交互的根本特征。为了避免某些可疑的东西出现在"他"的位置上，"我"需要证明它是一个能和"我"形成"你–我"关系的值得信赖的可靠伙伴。

然而在二元交互中，原则上可能出现不合常理的人格化情形（同上）。"我"可以随便把什么东西解读成拥有可被理解的内心世界（例如心灵状态），然后把它当成"你"。但从大众接受的标准来看，这是一个错误的解读。一方甚至可以尝试与这个对象建立亲密关系。这种诡异的解读在日常的人–物交互中并不罕见。人们建立了很多种"你–

---

1 这段话稍显拗口，所以译者在这里作一点澄清。作者认为，我们看待机器人的方式很大程度上取决于我们是否认为机器人像我们一样，也有一个"内心世界"（即作者所谓的"未显露的内在"）。如果我认为机器人没有内心世界，那么我大概只会把它当作一个电子产品，而不是当作一个有思维的智能体。但我无法直接观察对方的内心世界，而是只能根据它的外观和动作去推测。如果一个机器人能够表现出活生生的动作和面部表情，那么我就有理由推断它不只是一个物品，而是也有自己的内心世界。——译者注

我"关系：我和一条鱼之间的纽带，我和一个人体模型之间的羁绊，等等。但通常来讲，这类关系只是"我"的个人视角，整体上说不能证明对方真的也是主体。因此，"我"的对面到底是不是"你"还有待澄清。总而言之，这个问题没法在二元交互结构中得到确定的回答。要想对它给出一个融贯的理论解释，我们需要引入第三者。

169

"我－他－第三者"的三元模型：客观化的交互框架

考虑到上述这些讨论，我认为社交的核心要素应该被理解为三个主体之间的三角交互。"我"和 X 之间的二元交互要想变得稳定，就必须把这个交互关系暴露给第三方视角。引入第三方会带来两个后果：

（1）如果外部第三方正在观察"我－X"关系，那么上文提到的自我中心式解读的困难就被解决了。当双方中一方的主体性受到质疑时，我们就可以诉诸第三方视角来审视这个情况。要想在实践中实施这一过程，首先必须有一个"初始火花"（initial spark）。成员 A 处在"我"的位置，感知到 X 在交互中表现出的一些特征，她解读这些特征并从而认为 X 可能是一个潜在的"他"。这时成员 A 向另一个主体（成员 B）提出这个想法，让 B 也参与到这个场景之中。然后成员 A 和成员 B 就"X 在其环境中如何与其他事物建立关系"进行沟通。X 是在通过对预期的预期与其他主体交互吗？还是说 X 有着完全不同的存在方式？在调查过程中，A 和 B 就会作出如何看待 X 的决定。这是"我－X"关系被大家认可为一种社交关系的必不可少的步骤。换句话说，"我"对 X 的解读（"他是一个可靠的社交伙伴"）要想在二元交互框架以外成为现实，就必须通过这个三角结构的旁听和测试。如果 X 没能通过这个测试，那么成员 A 对 X 的解读就会被当作一次误判，而她与 X 的交互就不会被看作社会交互。成员 A 不能继续保持她对 X 的不合常理的解读，也不能继续把 X 放在"他"的位置。

（2）另一个主体的地位一旦被澄清，"我 – 他"关系还可以更进一步。二者之间的交互关系借由视角的三角化（triangulation）而进入稳定状态。在这里，第三方同样扮演着关键的角色。"我"与"他"在第三者面前，也就是在一个客观化视角面前，经验到"你 – 我"关系。"我"经验到自己正在第三者视角面前与"他"处于交互关系。"我"很清楚自己是在第三者在场的情况下解读"他"的预期，而"他"也同样很清楚这一点。把第三个成员包括进来的重要结果之一，是二元交互框架里观察视角的三角化（Lindemann 2005，也请参考 Berger and Luckmann 1991）。相互理解的过程吸收进了第三人称视角，这使得交互双方都可以"从外面"观察彼此的交互。双向预期的闭环就被暴露在那些"一同预期"（co-expect）的成员面前。这样做的结果是，对预期的预期的二元结构通过第三者的一同预期被变成了客观的东西。

170　　在这个三元结构中，"我"与"他"之间的解读关系同时也是一个被观察着的关系。既然是被观察着的关系，那么我们就能够区分它的当前表现和普遍模式。二元关系的三角化产生的约束效应不再完全属于任何一方的视角，这也是为什么我们能谈论三元关系中的反思性结构的原因。这里的关键已经不再是两个主体之间的封闭交互，而是一种各方都可以切换位置的关系；每一个主体都可以在"我""你""他""他们""我们"之间自由切换。在这个意义上，第三个成员正是社会关系形成的前提。

处在这三个位置上的主体并不一定都是个体——它们也可以是集体。另一个需要强调的地方是，严格来说"我－他"二元交互的双向解读并不总是需要第三者的实际在场（Luhmann 1985）。在实践中，第三者位置上的成员或许不在现场，甚至可能不是具体的个人。但在这些情况下，它们仍有介入能力，而且在必要情况下会介入实际交流。一旦我们承认外在的一方能够影响到二元交互的进程，第三方视角的重要性就变得很明显了。如果两位学生都预期老师之后会过来作为中间人听取双方的描述，那么即使这位老师（或者说她的视角）现在不在现场，她也能对两位学生之间的争论产生影响。

上文阐述的关系模型确实非常抽象。我没有采取任何人类学预设，而是把三个形象（我－他－第三者）抽象为交互过程中的三个结构性支点。在实际场景中，不同类型的事物可以先后处于不同的支点上。例如在规范冲突的案例中，"我"和"他"一起向第三名成员求助，认为他的想法对和解我们的冲突而言非常关键。具体什么事物能以这种方式互相理解，这还是一个开放的问题。谁能被看作一个可靠的"他"，被看作社会交互的真正成员，这都取决于第三者的客观化视角。尤其是当其中一方的成员地位受到质疑时，这一般都由社会普遍接受的评估标准来判断。处于"我"的位置的社会成员只有在第三方成员的客观化视角的基础上，才能捍卫自己对 X 的解读。这意味着处于第三者位置的社会成员通常是旁听成员，他们对关于处于"他"的位置的可疑事物（例如机器人）应该如何被看待的决策是有很大分量的。

结语

从上面讨论的形式理论的立场来看，自主人形机器人到底是不是

171 社会关系的合法成员仍然是一个开放的问题。这个问题的答案取决于
机器人有没有被解读和被看待为我们应该去理解的存在。从现代边界
制度的角度来看，人形机器人很可能被看作临界案例里面的可疑事
物。我们上文概述的社交的形式概念则可以引导对这些边界问题的实
证研究。在这个框架里，社会性是由具身主体之间的复杂交互定义
的。这个定义提供了一种普遍的裁定方式：原则上讲，没有哪个事物
一开始就被排除在社会成员的范围之外。这个极度"去人类学化"的
标准允许我们观察机器人在三元交互过程中的地位，以及社交边界在
现实世界的语境中具体是怎么划定的。正如上文所说，处于第三者位
置的社会成员的视角有能力影响人们对待这些事物的决策和态度。

功能分化的现代社会是一类很特殊的社会：知识是经济和社会发
展的核心资源，那些从事知识密集型职业的人在相关的政治决策中有
极高的话语权（Jasanoff 2006，Stehr and Grundmann 2011）。这些专业
知识在划分成员和非成员的时候至关重要，而在当今很多社会中，成
员／非成员的区分又等同于人类／非人类的区分。这些边界的划定通
常建立在科学依据和逻辑推理的基础上。而诸多被证实的科学事实也
被用来强调人类相比其他事物的独特性，并且捍卫人类的超然地位。
不仅如此，在论证很多有争议的边界问题时，我们都会援引伦理和法
律专业知识（或者宗教世界观）来体现自己的合理性——例如人类胚
胎、严重脑损伤、昏迷状态的个体应不应该被看作社会成员的相关争

论。这些现象告诉我们，科学、法律和伦理专业知识也会在机器人地位的争论上充当对相关决策更有影响力的第三方。

机器人能否成为社交对象，取决于它们在与人类日常交互中的表现中会不会让自己看上去有互相理解的潜能，也取决于我们对它们的解读会不会成为一个更普遍的问题。尽管有些分析并不排斥赋予机器人以完整法律人格的想法（例如 Foerst 2009，Asaro 2012），但考虑到"思考人造人的问题仍然为时过早"（euRobotics 2012，p. 63），这个想法尚未获得更深入的探索。尽管如此，当今很多与机器人相关的现象已经被看作未来发展方向的迹象。其中一个例子就是开发者和用户之间的感知差（perception gap；Lindemann and Matsuzaki 2014）。虽然机器人工程师都很清楚他们的产品不具有成为社会成员所必需的关键特征，但普通用户并不这么觉得。在他们看来，自主人形机器人简直像魔法装置甚至"后人类时代的存在"（post-human entity；Leroux and Labruto 2012，p. 7）。关于机器人特征和能力的这种双重现实可能会继续发酵，并且导致大众对机器人的道德／法律地位的看法呈现两极分化的趋势。这些冲突都只能通过三元结构的交互过程来解决。

172

参考文献

Adam, A. 2005. "Delegating and Distributing Morality: Can We Inscribe Privacy Protection in a Machine?" *Ethics and Information Technology* 7(4): 233-42. doi: http://dx.doi.org/10.1007/s10676-006-0013-3.

Akrich, M. 1992. "The De-Scription of Technical Objects." In *Shaping Technology/*

Building Society. Studies in Sociotechnical Change, edited by Wiebe E. Bijker and John Law, 205-24. Cambridge/MA: MIT Press.

Alač, M., J. Movellan, and F. Tanaka. 2011. "When a Robot Is Social: Spatial Arrangements and Multimodal Semiotic Engagement in the Practice of Social Robotics." *Social Studies of Science* 41(6): 893–926. doi: http://dx.doi. org/10.1177/0306312711420565.

Allen, C., I. Smit, and W. Wallach. 2005. "Artificial Morality: Top-Down, Bottom-Up, and Hybrid Approaches." *Ethics and Information Technology* 7(3): 149-55. doi: http://dx.doi.org/10.1007/s10676-006-0004-4.

Allen, T. and R. Widdison. 1996. "Can Computers Make Contracts?" *Harvard Journal of Law and Technology* 9(1): 25-52.

Andrade, F., P. Novais, J. Machado, and J. Neves. 2007. "Contracting Agents: Legal Personality and Representation." *Artificial Intelligence and Law* 15(4): 357-373. doi: http://dx.doi.org/10.1007/s10506-007-9046-0.

Asaro, P.M. 2012. "A Body to Kick, but Still No Soul to Damn: Legal Perspectives on Robotics." In *Robot Ethics: The Ethical and Social Implications of Robotics*, edited by Patrick Lin, Keith Abney and George Bekey, 169-86. Cambridge, MA: MIT Press.

Beck, S. 2013. "Über Sinn und Unsinn von Statusfragen — Zu Vor- und Nachteilen der Einführung einer elektronischen Person." In *Robotik und Gesetzgebung*, edited by Eric Hilgendorf and Jan-Philipp Günther, 239-60. Baden-Baden: Nomos.

Berger, P.L. and T. Luckmann. 1991. *The Social Construction of Reality: A Treatise in the Sociology of Knowledge*. Harmondsworth: Penguin. Original edition, 1966.

Callon, M. 1986. "The Sociology of an Actor-Network: The Case of the Electric Vehicle." In *Mapping the Dynamics of Science and Technology. Sociology of Sci-*

ence in the Real World, edited by Michel Callon, John Law and Arie Rip, 19-34. London: Macmillan Press.

Calverley, D.J. 2008. "Imagining a Non-Biological Machine as a Legal Person." *AI & Society* 22(4): 523-37. doi: http://dx.doi.org/10.1007/s00146-007-0092-7.

Cerulo, K.A. 2009. "Nonhumans in Social Interaction." *Annual Review of Sociology* 35: 531-52. doi: http://dx.doi.org/10.1146/annurev-soc-070308-120008.

Coeckelbergh, M. 2010. "Robot Rights? Towards a Social-Relational Justification of Moral Consideration." *Ethics and Information Technology* 12(3): 209-21. doi: http://dx.doi.org/10.1007/s10676-010-9235-5.

Darling, K. 2012. Extending Legal Rights to Social Robots, "We Robot" Conference, Miami, FL, 21-22 April 2012.

euRobotics. 2012. Suggestion for a Green Paper on Legal Issues in Robotics, edited by Christophe Leroux and Roberto Labruto. http://www.eu-robotics.net/cms/upload/PDF/euRobotics_Deliverable_D.3.2.1_Annex_Suggestion_GreenPaper_ELS_IssuesInRobotics.pdf (accessed February 8, 2015): euRobotics.

Evans, E.P. 1987. *The Criminal Prosecution and Capital Punishment of Animals*. London: Faber and Faber. Original edition, 1906.

Feil-Seifer, D., K. Skinner, and M.J. Matarić. 2007. "Benchmarks for Evaluating Socially Assistive Robotics." *Interaction Studies* 8(3): 423-39.

Floridi, L. and J.W. Sanders. 2004. "On the Morality of Artificial Agents." *Minds and Machines* 14(3): 349-79. doi: http://dx.doi.org/10.1023/b:mind.0000035461.63578.9d.

Foerst, A. 2009. "Robots and Theology." *Erwägen Wissen Ethik* 20(2): 181-93.

Ishiguro, H. and S. Nishio. 2007. "Building Artificial Humans to Understand Humans." *Journal of Artificial Organs* 10(3): 133-42. doi: http://dx.doi.org/10.1007/s10047-007-0381-4.

Jank, M. 2014. *Der Homme Machine Des 21. Jahrhunderts: Von Lebendigen*

Maschinen Im 18. Jahrhundert Zur Humanoiden Robotik der Gegenwart.
Paderborn: Fink.

Jasanoff, S. 2006. "Ordering Knowledge, Ordering Society." In *States of Knowl-edge: The Co-Production of Science and the Social Order*, edited by Sheila Jasanoff, 13–45. London & New York: Routledge.

Johnson, D.G. 2006. "Computer Systems: Moral Entities but Not Moral Agents." *Ethics and Information Technology* 8(4): 195-204. doi: http://dx.doi.org/10.1007/s10676-006-9111-5.

Karnow, C.E.A. 1994. "The Encrypted Self: Fleshing out the Rights of Electronic Personalities." *The John Marshall Journal of Computer and Information Law* 13(1): 1-16.

Kelsen, H. 1943. *Society and Nature: A Sociological Inquiry.* Chicago, IL: University of Chicago Press.

Latour, B. 1992. "Where Are the Missing Masses? The Sociology of a Few Mundane Artifacts." In *Shaping Technology/Building Society. Studies in Socio-technical Change*, edited by Wiebe E. Bijker and John Law, 225-58. Cambridge, MA: MIT Press.

Latour, B. 2005. *Reassembling the Social: An Introduction to Actor-Network-Theory.* Oxford: Oxford University Press.

Leroux, C. and R. Labruto. 2012. "Eurobotics Project — Deliverable D3.2.1 Ethical Legal and Societal Issues in Robotics." Accessed February 7, 2015. http://www.eurobotics-project.eu/cms/upload/PDF/euRobotics_Deliverable_D.3.2.1_ELS_IssuesInRobotics.pdf.

Lindemann, G. 2005. "The Analysis of the Borders of the Social World: A Challenge for Sociological Theory." *Journal for the Theory of Social Behaviour* 35(1): 69-98. doi: http://dx.doi.org/10.1111/j.0021-8308.2005.00264.x.

Lindemann, G. 2008. "Lebendiger Körper-Technik-Gesellschaft." In *Die Natur der Gesellschaft. Verhandlungen Des 33. Kongresses der Deutschen Gesellschaft Für Soziologie in Kassel 2006*, edited by Karl-Siegbert Rehberg, 689-704. Frankfurt am Main & New York: Camups.

Lindemann, G. 2009a. *Das Soziale Von Seinen Grenzen Her Denken*. Weilerswist: Velbrück Wissenschaft.

Lindemann, G. 2009b. "Gesellschaftliche Grenzregime und soziale Differenzierung." *Zeitschrift für Soziologie* 38(2): 92-110.

Lindemann, G. 2010. "The Lived Human Body from the Perspective of the Shared World (*Mitwelt*)." *Journal of Speculative Philosophy* 24(3): 275-91.

Lindemann, G. 2011. "On Latour's Social Theory and Theory of Society, and His Contribution to Saving the World." *Human Studies* 34(1): 93-110. doi: http://dx.doi.org/10.1007/s10746-011-9178-9.

Lindemann, G. and H. Matsuzaki. 2014. "Constructing the Robot's Position in Time and Space: The Spatio-Temporal Preconditions of Artificial Social Agency." *Science, Technology & Innovation Studies* 10(1): 85-106.

Luckmann, T. 1970. "On the Boundaries of the Social World." In *Phenomenology and Social Reality. Essays in Memory of Alfred Schutz*, edited by Maurice Natanson, 73-100. The Hague: Nijhoff.

Luhmann, N. 1965. *Grundrechte Als Institution: Ein Beitrag Zur Politischen Soziologie. Vol. Bd. 24*. Berlin: Duncker & Humblot.

Luhmann, N. 1985. *A Sociological Theory of Law*. London: Routledge & Kegan Paul. Original edition, 1972.

Luhmann, N. 1995. *Social Systems*. Stanford, CA: Stanford University Press. Original edition, 1984.

MacDorman, K.F. and H. Ishiguro. 2006. "The Uncanny Advantage of Using

Androids in Cognitive and Social Science Research." *Interaction Studies* 7(3): 297-337. doi: http://dx.doi.org/10.1075/is.7.3.03mac.

Matsuzaki, H. 2011. "Die Frage Nach Der „Agency" Von Technik und die Normenvergessenheit der Techniksoziologie." In *Akteur-Individuum-Subjekt: Fragen Zu ‚Personalität' und ‚Sozialität'*, edited by Nico Lüdtke and Hironori Matsuzaki, 301-325. Wiesbaden: VS Verlag für Sozialwissenschaften.

Matthias, A. 2004. "The Responsibility Gap: Ascribing Responsibility for the Actions of Learning Automata." *Ethics and Information Technology* 6(3): 175-83. doi: http://dx.doi.org/10.1007/s10676-004-3422-1.

Matthias, A. 2008. *Automaten als Träger von Rechten. Plädoyer für eine Gesetzesänderung.* Berlin: Logos.

Meister, M. 2014. "When Is a Robot Really Social? An Outline of the Robot Sociologicus." *Science, Technology & Innovation Studies* 10(1): 107-34.

Menciassi, A. and C. Laschi. 2012. "Biorobotics." In *Handbook of Research on Biomedical Engineering Education and Advanced Bioengineering Learning: Interdisciplinary Concepts*, edited by Ziad O. Abu-Faraj, 490-520. Hershey, PA: Medical Information Science Reference.

Nass, C., and Y. Moon. 2000. "Machines and Mindlessness: Social Responses to Computers." *Journal of Social Issues* 56(1): 81-103. doi: http://dx.doi.org/10.1111/0022-4537.00153.

Neumann, A. 2007. Teufelsbund und Teufelspakt (Mittelalter). Lexikon Zur Geschichte Der Hexenverfolgung.

Parsons, T. 1968. "Interaction: I. Social Interaction." In *International Encyclopedia of the Social Sciences*, edited by David L. Sills and Robert K. Merton, 429-41. New York: McGraw-Hill.

Pfadenhauer, M. 2014. "On the Sociality of Social Robots." *Science, Technology &*

Innovation Studies 10(1): 135-53.

Plessner, H. 1975. *Die Stufen des Organischen und der Mensch. Einleitung in die philosophische Anthropologie.* Berlin: de Gruyter. Original edition, 1928.

Powers, T.M. 2011. "Incremental Machine Ethics: Adaptation of Programmed Constraints." *IEEE Robotics & Automation Magazine* 18(1): 51–8. doi: http://dx.doi.org/10.1109/MRA.2010.940152.

Rammert, W. 2012. "Distributed Agency and Advanced Technology, Or: How to Analyze Constellations of Collective Inter-Agency." In *Agency without Actors? New Approaches to Collective Action*, edited by Jan-Hendrik Passoth, Birgit Peuker and Michael Schillmeier, 89-112. London: Routledge.

Rammert, W. and I. Schulz-Schaeffer. 2002. Technik und Handeln: Wenn soziales Handeln sich auf menschliches Verhalten und technische Artefakte verteilt. In *TUTS Working Paper*. Berlin: Technische Universität Berlin – Institut für Soziologie.

Schütz, A. 1974. *Der sinnhafte Aufbau der sozialen Welt: Eine Einführung in die verstehende Soziologie.* Frankfurt am Main: Suhrkamp. Original edition, 1932.

Simmel, G. 1911. "How Is Society Possible?" *American Journal of Sociology* 16(3): 372-91. Original edition, 1910.

Simmel, G. 1992. *Soziologie: Untersuchungen über die Formen der Verge-sellschaftung, Gesamtausgabe Bd. 11.* Frankfurt am Main: Suhrkamp. Original edition, 1908.

Solum, L.B. 1992. "Legal Personhood for Artificial Intelligences." *North Carolina Law Review* 70(4): 1231-87.

Sparrow, R. 2007. "Killer Robots." *Journal of Applied Philosophy* 24(1): 62-77. doi: http://dx.doi.org/10.1111/j.1468-5930.2007.00346.x.

Stahl, B.C. 2006. "Responsible Computers? A Case for Ascribing Quasi-

Responsibility to Computers Independent of Personhood or Agency." *Ethics and Information Technology* 8(4): 205-13. doi: http://dx.doi.org/10.1007/s10676-006-9112-4.

Stehr, N. and R. Grundmann. 2011. *Experts: The Knowledge and Power of Expertise*. London: Routledge.

Teubner, G. 2006. "Rights of Non-Humans? Electronic Agents and Animals as New Actors in Politics and Law." *Journal of Law and Society* 33(4): 497-521. doi: http://dx.doi.org/10.1111/j.1467-6478.2006.00368.x.

Tonkens, R. 2009. "A Challenge for Machine Ethics." *Minds and Machines* 19(3): 421-38. doi: http://dx.doi.org/10.1007/s11023-009-9159-1.

Torrance, S. 2008. "Ethics and Consciousness in Artificial Agents." *AI & Society* 22(4): 495-521. doi: http://dx.doi.org/10.1007/s00146-007-0091-8.

United Nations. 1948. "The Universal Declaration of Human Rights." United Nations. Accessed March 10, 2015. http://www.un.org/en/documents/udhr.

Verbeek, P-P. 2006. "Materializing Morality: Design Ethics and Technological Mediation." *Science, Technology & Human Values* 31(3): 361-380. doi: http://dx.doi.org/10.1177/0162243905285847.

Verbeek, P-P. 2009. "Ambient Intelligence and Persuasive Technology: The Blurring Boundaries between Human and Technology." *NanoEthics* 3(3): 231-42. doi: http://dx.doi.org/10.1007/s11569-009-0077-8.

Verschraegen, G. 2002. "Human Rights and Modern Society: A Sociological Analysis from the Perspective of Systems Theory." *Journal of Law and Society* 29(2): 258-81. doi: http://dx.doi.org/10.1111/1467-6478.00218.

Wallach, W. and C. Allen. 2009. *Moral Machines: Teaching Robots Right from Wrong*. Oxford: Oxford University Press.

Weber, M. 1946. "Science as a Vocation." In *From Max Weber: Essays in Sociolo-*

gy, edited by Hans Heinrich Gerth and Charles Wright Mills, 129-56. New York: Oxford University Press. Original edition, 1922.

Weber, M. 1980. *Wirtschaft und Gesellschaft. Grundriß der verstehenden Soziologie*. Tübingen: Mohr. Original edition, 1921-22.

Wettig, S. and E. Zehendner. 2004. "A Legal Analysis of Human and Electronic Agents." *Artificial Intelligence and Law* 12(1-2): 111-35. doi: http://dx.doi.org/10.1007/s10506-004-0815-8.

Yamazaki, R., S. Nishio, H. Ishiguro, M. Nørskov, N. Ishiguro, and G. Balistreri. 2012. "Social Acceptance of a Teleoperated Android: Field Study on Elderly's Engagement with an Embodied Communication Medium in Denmark." *Lecture Notes in Computer Science* 7621: 428-37. doi: http://dx.doi.org/10.1007/978-3-642-34103-8_43.

Zhao, S. 2006. "Humanoid Social Robots as a Medium of Communication." *New Media & Society* 8(3): 401-19. doi: http://dx.doi.org/10.1177/1461444806061951.

第十章

分布式的智能他者：作为道德和法律行动者的非本地化机器人的本体论

马修·格拉登

177　　　人们已经花了很多时间思考，到底应该由谁来为机器人的行为负道德责任和法律责任。一些人论证道，那些具有近似人类的自主性和元意愿能力（metavolitionality）的机器人能够承担责任，然而尽管具有空间上单一的聚合身体（compact body）的机器人有潜力做到这一点，那些空间上离散的、去中心化的集合体——例如机器人群（robotic swarm）或机器人网络——是不能做到这一点的。然而普适机器人学（ubiquitous robotics）和分布式计算（distributed computing）的高速发展为一类全新形态的机器人实体打开了这扇大门。这种机器人具备单一的智能，但它的认知计算过程并不是被局限在一个单一的、空间上聚合的、持续存在的、可辨认的身体中的。这种"非本地化"（nonlocalizable）机器人的身体可能是由无数个彼此远程交互的组件构成的，而且其中可能不断有新的组件被加入，旧的组件被剔除。在本章中，我们在这种机器人的自主性、意愿性和可本地化的基础上，提出了一个能对这种机器人进行归类的本体论框架。借助这个本体论框架，我们会探讨非本地化机器人——包括那些在认知能力上与人类相当，甚至更胜人类一筹的机器人——在什么意义上能被当作可以为自己的行为承担责任的道德行动者和法律行动者。

导言

关于如何为机器人的行为分配道德和法律责任的挑战，哲学家、机器人学家和法学家都已经有过很多相关的思考。这个问题的其中一个困难之处就在于，"机器人"这个词描述的并非单一种属的存在物，而是在形态和功能方式上迥然不同的实体构成的汪洋大海。

时至今日，研究道德和法律责任问题的学者基本都只关注两类机器人。首先是人类可以远程遥控操作的远程机器人（telepresence robot），人们用这些机器人来完成手术、演讲、从卫星上发射导弹等任务（Datteri 2013，Hellström 2012，Coeckelbergh 2011）。这类机器人显然不需要为自己的行为承担道德或法律责任；我们在人类使用工具和技术这些方面上有成熟的法律和道德框架，可以把这些行为的责任分配给机器人的操作员、设计师或制造商。这样的机器人可能在一个国家被设计和制造，然后被部署到另一个国家运行，之后再由另一个国家的操作员远程控制；这当然涉及了到底应该根据哪个国家的法律为机器人的行为归属责任的问题。但原则上讲，追踪因果链条并确认机器人各个行为阶段的物理位置还是相对比较容易的。

学者们试图为其行为分配道德和法律责任的另一类机器人，是像自动驾驶汽车（Kirkpatrick 2013）和自主战场机器人（Sparrow 2007）

178

这类机器人。在这里，法律和道德责任的问题会更加复杂，因为我们一时间说不清到底是谁——或者到底有没有这么一个人——"决定"了机器人的行为。在不同的场合下，人们提出了不同的论证来把机器人行为的责任归属给编程人员、制造商、机器人的拥有者，甚至机器人自己（前提是机器人有特定的认知属性；Sparrow 2007，Dreier and Spiecker genannt Döhmann 2012，p. 211）。与此同时，机器人行为的法律责任归属问题，相比第一类机器人来说更简单了，因为引导自主机器人行为表现的计算过程一般发生在机器人自己的、在空间上聚合的身体中，因此，这种机器人的行为过程不太可能跨越国界发生。

虽然我们对上述两种机器人行为的研究努力已经很深入了，但在普适机器人学、纳米机器人学、分布式计算、人工智能的前沿领域中，专家们正在尝试创造一种全新形态的机器人实体。这种机器人的存在、决策和行动方式都和之前的机器人大相径庭，以至于我们很难，甚至根本不可能用传统的概念框架去分析这种机器人是否要对自己的行为承担道德和法律责任。这种全新的存在物就是**非本地化**机器人，它的认知过程并不在一个处于特定地理位置的、随时间变化而持存的、单一的、可辨认的身体内部进行（Yampolskiy and Fox 2012，pp. 129-138，Gladden 2014b，p. 338）。比方说，这种机器人的形态可能是一个超大的数字－物理生态系统（digital-physical ecosystem），其中数以百万计的互联设备都参与到了共享的认知过程中，并一同达成了决策和行动，甚至可能不断地有设备加入或退出这个网络。这种机器人的形态也可能是由无数纳米机器人组成的一个松散耦合的、自由飘荡的海洋云（oceanic cloud），这些纳米机器人一边通过电磁信号与彼此交流，一边在海洋上空飘浮。这种机器人的形态还可能是一个会进化的计算机病毒，它的认知过程躲藏在全世界范围内、千变万化的网络计算机里——它不仅可能出现在家庭和企业计算机里，甚至可能出现在飞机、轮船、轨道卫星上。

非本地化机器人的行为及其责任的问题，带来了各种还没有被仔细研究过的、复杂的哲学和法律问题。举例来说，在一个包含了非本地化机器人的环境中，可能 "某些"机器人实体很明显做出了行为，但我们不可能把这个行为和某一个机器人关联起来，因为每个联网设备可能同时是很多个非本地化机器人的一部分，而在几毫秒到几分钟的时间里，一个联网设备就能完成"被整合进一个非本地化机器人网络，作为这个机器人身体的一部分行动，从这个机器人网络中脱离"的全过程。一个更根本的本体论问题是，我们甚至不可能清楚地确定某个机器人**存在**——也就是不可能辨认出它、把它和其他实体区分开、勾画出它的物理存在和认知存在的边界。这么一个在空间上呈分布式（甚至有可能全球分布）的机器人身体，未来某一天或许能拥有匹敌人类认知能力的人工智能（Yampolskiy and Fox 2012，pp. 133-138）。这件事带来了一个新的维度，我们在提出一个新框架来确定非本地化机器人对自己的行为承担哪些道德和法律责任时，必须考虑这个维度。

179

在本章中，我们会提出一些初步的框架提纲。从下一节开始，我们要提出一种关于自主性、意愿性和可本地化的本体论，它将让我们得以描述非本地化机器人在物理和认知上的本质特征，并且分析它们在什么意义上是能承担道德和法律责任的行动者。[1]

1　"行动者"（actor）这里指的是"对自己的行为承担道德或法律责任的实体"。这里我可以避免使用"施动者"（agent）这个词，因为它在道德哲学、法律和计算机科学的语境中有着完全不同（甚至相互冲突）的含义。与此类似，我也避免追问非本地化机器人能否被看作道德或法律"人"的问题，因此在某些语境中，人格性并不总意味着对行为承担道德和法律责任。

提出一个本体论框架

本体论的目标

计算机科学家曾经试图为机器人学发展一套普遍的"本体论"，用"机器可以理解的语言，例如一阶逻辑，以形式化的方式刻画"术语和工程原则（Prestes et al. 2013，p. 1194）。这种高度专业化的技术纲领促进了机器人工程的标准化和不同机器人系统之间的操作互通，然而这并不是要勾画机器人那浩瀚无垠的存在方式和行为方式，因此哲学家不能只依赖这个纲领去探索越来越复杂的机器人形态的出现所导致的社会、伦理和法律问题。

一种更强劲的本体论应该既能在最基础的物理现实层面，也能在机器人与环境之间的上层交互所产生的现象生成层面，描述机器人实体（Gladden 2014b，p. 338）。这样一个本体论将会允许我们从机器人在本质上作为"能组织物质、能量和信息的自主可行系统"的角度分析机器人（Gladden 2014a，p. 417）；它还可以让我们从机器人作为"整合了传感器、执行器、计算处理器的有形物理设备"的形态和功能角度，以及从机器人在人类或人工社会内部作为"社会、政治、法律和文化的主体或对象"的角色视角去分析机器人。

这里我们关注的是这种本体论的其中一个要素，这个要素对"机器人能否为自己的行为承担道德和法律责任"的争论提出了一个重大的，但至今尚未被探究的挑战。我们现在要引入的概念就是机器人的**可本地化**，而且我们会特别考虑非本地化机器人——也就是虽然拥有物理身体，但这个身体并不随着时间的变化而持续存在于任何一个特定地点的机器人——对自己的行为能否承担道德和法律责任的问题。我们的本体论框架还囊括了另外两个相关要素：机器人的**自主性**层次和**意愿性**层次。接下来我们简短地讨论一下这三个概念。

自主性

自主性关乎一个东西不被操控时的行动能力。对机器人来说，自主性意味着"能够在没有任何形式的长时间外部控制的情况下，在真实世界场景中运行"（Bekey 2005，p. 1）。自主性最完整的形态不仅涉及完成设置好的目标和作出决策这类认知任务，还涉及完成特定的物理活动，例如在没有人类干预的情况下找到能量源和自我修复。根据约定俗成的机器人自主性分类（Murphy 2000，pp. 31-34），我们可以说，现在已有的机器人要么是**非自主的**（nonautonomous；例如完全由人类操作员才能完成预定目标的远程机器人，或没有预定行为目标的机器人），要么是**半自主的**（例如需要人类"持续协助"或"共享控制"才能实现预定目标的机器人），要么是**自主的**（autonomous；例如完全不需要人类的引导和介入就能实现预定目标的机器人）。我们还可以用**超自主**（superautonomous）一词来描述未来的、自主性程度远超人类的机器人——比如说机器人独立获取新知识的能力让它们完全不需要某一方面人类专家的任何指导，或者它们的身体内部已经有一个保证整个生命周期续航的能量源。

意愿性

意愿性关乎一个东西以自我反思的方式形成能指导行为的意向的

181

能力。如果机器人既没有内在目标或实现特定结果的"欲望"，也没有任何预期或关于"什么样的行为才能实现这个结果"的"信念"，那么这个机器人就是**无意愿的**（nonvolitional）。有些远程机器人就是无意愿的，因为它们的行为对应的欲望和信念是由人类操作员提供的；机器人在这种场景下只是一个被摆布的、不起眼的工具。而如果机器人有目标或预期，但不能把目标和预期联系起来，那么这个机器人就是**半意愿的**（semivolitional）。举例来说，半意愿机器人的编程中可能有"移动到屋子另一边"的目标，但它无法解读自己从环境中获得的感知数据，因此它不知道自己在哪儿，也不能理解"激活执行器就能移动"这件事。如果机器人能把目标和预期结合起来，换句话说，如果它能拥有意向，也就是拥有一个同时包含了一个欲望和一个关于"怎么做才能满足某个欲望"的信念的心灵状态，那么这个机器人就是**有意愿的**（volitional；Calverley 2008，p. 529）。[1]举例来说，诊疗型社交机器人既有在人类用户心中唤起积极情感反应的目标，它预编好的程序也告诉它，只要遵守特定的社交策略就很可能成功做到这一点。

我们还可以用**元意愿的**（metavolitional）来描述一些学者所谓的拥有"二阶意向"（second-order volition）的机器人，其中二阶意向就是**关于**意向的意向（Calverley 2008，pp. 533-535）。举例来说，设想一个更复杂的诊疗型社交机器人，它能意识到自己正在运用精湛的心理学技艺"操纵"人类用户的心理、引诱他们表现出积极的情感反

1　在这个文本中，"意向性"是在通常的哲学意义上使用的，也就是描述一个东西具有指向性心灵状态的能力；指向性心灵状态就是指向或关于某个对象的心灵状态。这种现象比我在这里所谓的拥有"意向"范围更广。

应。如果这个机器人能对在它看来是"不真诚"的强迫行为产生警觉，并希望自己不要被强求去操纵人类的心理，那么这个机器人就展示出了元意愿性。元意愿性是一种典型的、只有成年人类才能表现出来的意愿形态。我们还可以用**超意愿的**（supervolitional）来描述未来能经常形成更高阶意向的机器人。比方说，或许这样的机器人拥有一个强大的心灵，能同时体验上千种不同的二阶意向，同时能用三阶意向以非常活跃的方式引导和转化这些二阶意向，从而重塑自己的性格。

可本地化

可本地化关乎一个东西是否拥有处于一个或多个具体位置的、稳定的、可辨认的物理身体。如果一个机器人的"感知体"（环境传感器）、"行为体"（执行器以及可控的物理部件）和"大脑"（执行认知过程的中枢）都在同一个地点，并且它们都拥有容易辨认的、独立的物理形态，还能随着时间的变化而持续存在，那么这个机器人就是**本地的**（local）。本地机器人可能包括真空吸尘机器人，也包括由教学挂件控制的铰接式工业机器人——其中挂件通过物理电缆和机械臂相连接，还包括一个身体在迷宫中移动的滚轮机器人——它的数据分析和决策是在一个专用的桌面计算机中进行的，而且该计算机与机器人的感知体和行为体位于同一个房间并无线连接。

如果一个机器人是由多个稳定的、可清晰辨认的物理组件构成的，而且这些组件之间相距很远，那么这个机器人就是**多本地的**（multilocal）。多本地机器人的各个组件原则上可以分布在世界各地，比如远程手术机器人就包括医院病房中的一个手术设备，以及一个与手术设备通过网络连接的身处另一个国家的人类医生手中的控制单元。再比如说，自主战场机器人系统可能包括一台处于军事基地的中心计算机，而且这台计算机实时控制着身处另一个国家冲突区域的机器人身体参与军事行动。如果一个机器人有非常多的组件，而且这些组件彼此之间的距离甚远，那么这个机器人就是极多本地的（intensely multilocal）——但这只是量的差别，不是质的差别。只要机器人实体的物理组件都可以辨认而且随着时间的变化持续存在，不管它的组件数量有多少，空间分布有多广，都仍然是多本地机器人。很多现有的和未来的环境智能（ambient intelligence）系统和普适机器人系统都是多本地的（Défago 2001，Pagallo 2013，Weber and Weber 2010）。

如果一个机器人的确切位置、身体外延和认知过程中核心活动的执行地点在任何时候都绝对不可能被明确指出，那么这个机器人实体就真的是**非本地化的**。我们或许能知道这个机器人的存在，并且从它的行为本质中能知道这个机器人肯定有物理传感器、执行器和执行认知过程的物理基底（substrate），却不可能说清楚这些组件到底存在何处、以什么形态存在。

非本地化的根源

很多条件都可能导致机器人的非本地化。举例来说，一个机器人的物理外延可能在任何时刻都包括了组成身体的部件、正在从身体中脱离的部件和正在变成身体一部分的部件。如果机器人能以非常高的速率添加新部件、移除旧部件，那么这个机器人在某个时刻的身体可能和它几秒钟之前的身体之间没有任何共享部件。[1]在这种情况下，机器人的同一性（identity）并不来自它的物理部件，因为这些部件处于抛弃和替换的永恒轮回中；倒不如说，机器人的同一性来自这些部件之间的关系——它把物质、能量、信息安排成一个持续可行的系统所依赖的组织原则（organizing principle；Gladden 2014a，p. 417）——正是这些东西让机器人成为潜在的道德和法律行动者。[2]另一个非本地化的根源是，机器人的首要认知过程是统一的神经计算过程，但这个计算过程不是由某一个线性处理器执行的程序，而是被分布到了一个处理器群或处理器网络上（Gladden 2014b，p. 338）。最后，非本地化的另一个根源还可能是，像传感器和执行器这样的单一联网设备可能同时是很多个机器人"身体"的一部分，这就造成了不同机器人之间的身体存在重合的情况，从而使得说清楚"到底哪个机器人拥有这个组件或做出了这个行为"的问题变得异常复杂。

值得注意的是，就现实而言，常规的机器群和机器人网络最多只是极多本地的，它们还不是彻底非本地化的。虽然机器人身体组件的微小化和它们数量的暴增都可能会对机器人的非本地化有所贡献，但它们都不是非本地化的充分条件，因为一个由很多微小部件组成的机

1　当然，人体由于新陈代谢也处于一个不断更换部件的过程；但非本地化机器人的部件更新是有重要意义的，因为机器人身体转化发生的时间段与机器人作出决策和行动的时间范围是重合的，后者正是我们讨论潜在的道德和法律责任时的主题。

2　机器人的同一性到底源自物理部件，还是源自物理部件内部的某些生成过程的争论，在某种意义上和古代哲学的很多讨论和概念一样古老，例如亚里士多德的灵魂概念（灵魂是使得实体获得生命的形式）、新柏拉图主义的灵魂概念（ψυχή，即 psyche 的词源）、由天主教会的希腊教父们提出的对逻各斯的理解（λόγος，或 logos，这里指个体人类拥有的灵魂或理性）。

器人仍然可能是稳定的、可辨认的。不仅如此，如果机器群的组件们缺乏一个能控制单独组件行为的、被中央化的认知过程，那么这些组件更像是一大堆独立机器人的集合，而非一个身体由很多部分构成的单一机器人。非本地化机器人不只是多智能体系统或很多自主机器人的集合，而是一个拥有单元性身份（unitary identity）的单一实体，而且在理论上能够具有自主性和元意愿性。

目前关于机器人行动者的道德和法律责任的争论

184   把我们上述本体论框架关于机器人的 4 种自主性等级、5 种意愿性等级和 3 种可本地化等级结合起来，这个本体论能够描述一共 60 种机器人实体的原型。对于其中一些机器人类型来说，只用那些常常被用来分析人类行为的传统框架，就可以搞定关于它们行为的道德和法律责任的问题了。接下来我们考察几个这样的例子。

作为供人类使用的工具的机器人

我们再来考虑一遍多本地远程手术机器人。它由两个部件组成：一个在病人端运行的机械手术工具，和一个由人类手术师——这个人可能身处另一个国家——操纵的控制器，这个控制器通过网络连接到手术设备上，从而让医生能远程指导手术。如果医生必须为手术设备的每个动作下达非常直接和具体的指令，那么手术设备大概率是非自主和非意愿的。如果人类医生只需要下达一般化的指令（例如"取出腹腔镜"），然后由机器人自己解读和执行指令，那么这个机器人

就是在某种形式的"持续协助"或"共享控制"下运行的（Murphy
2000，pp. 31-314），因此它能算作半自主和半意愿，甚至是有意愿的
机器人。

　　这种机器人作为人类使用的工具，它们的有害行为带来的法律责
任问题早已被透彻地研究过了——要么是制造商一侧的产品设计缺陷
的责任（Calverley 2008，p. 533，Datteri 2013），要么是人类操作员的
职业操作失误的责任，要么是在一般化层面上的、那些任由这个设备
被创造和使用的立法机构或许可机构的政治责任。这种由人类操作员
操纵机器人在另一个国家运行的国际化事件，可能会引起法律管辖权
的问题、各国法律之间冲突的问题，以及治外法权（extraterritoriality）
的问题（Doarn and Moses 2011），但现有的法律制度还是能处理这些
问题的。

　　机器人行为的道德责任问题也可以用类似的方式解决，也就是把
机器人当作为了满足人类自身目的、由人类生产和使用的被动工具。
这种机器人对自己的行为是不需要承担责任的（Hellström 2012，p.
104），但用斯塔尔的表述（Stahl 2006，p. 210）来说，它们可以承担
某种作为占位符的"准责任"（quasi-responsibility），这种准责任最终
还是要追溯到人类操作员和人类制造商身上。从根本上讲，机器人的
行为还是要由这些人来承担责任。

能替代（Ersatz）人类的机器人

　　设想一个人形社交机器人，它在设计上不仅有近似人类的本地化
身体，还有近似人类形态的自主性和元意愿性。虽然这种机器人以今
天的标准看还是一个非常有未来感的技术突破，但与这些机器人的行

185

为相关的道德和法律责任问题大体上仍然可以用传统概念框架处理。

从法律角度来看，一个自主的元意愿机器人可以被看作对自己行为承担责任的法人（legal person；Calverley 2008, pp. 534-535）——"自主性"意味着机器人没有遵守任何人类（或其他机器人）的指令，也没有人或机器人控制着机器人的决策过程（同上，p. 532）。从法律的视角来看，这并不需要机器人有"自由意志"；确实，机器人的行为可以是被特定的偏好和欲望决定的，但只要这些偏好是由机器人自己以某种方式生成的就行（同上，p. 531）。在这个意义上，一个行为受到远程控制的机器人——或者一个事先被编程好，到了特定场景就会作特定行为的机器人——不是在自主行动。然而，自主性就自身而言不是产生法律责任的充分条件，这个东西的行为除了自主性之外还要有元意愿性。

这种机器人能不能为自己的行为承担道德责任（而不只是法律责任）的问题要更复杂一些，不过这个问题的答案还是建立在对自主性和元意愿性的传统理解上的。虽然不相容论者（incompatibilist）宣称，一个东西必须拥有在多个选项之间选择的自由才能承担道德责任，但像法兰克福（Frankfurt）这样的相容论者则宣称自由是没必要的——一个东西只要不仅能体验到欲望，也能体验到**关于**欲望的欲望（二阶欲望），它就可以承担道德责任；这一点从我们人类"仅凭自我反思就能用心灵力量改变欲望"的能力中就可以看出（同上，pp. 531-532）。赫尔斯特伦（Hellström）援引了亚里士多德的观点并指出，分析某个实体承不承担道德责任的其中一种方式，就是看它的"行为是否值得表扬和批评"（Hellström 2012, p. 102）；如果我们完全没法想象自己赞赏或责备机器人的行为，那么机器人很可能就不是可以被赋予道德责任的行动者。这个分析某个东西是不是元意愿的思路可以被看作一种依赖直觉的"捷径"。库夫利克（Kuflik 1999，p. 174）讨论元意愿性的方式与此很类似，宣称要想合理地给机器人这种计算机设备的行为分配责任，我们必须能要求它们：

> 为自己的行为提供好的辩护理由，能评估那些之前没考虑到的理由的效力，能在一些场景下愿意承认自己的理由是不充分的、那些之前没考虑到的理由才更重要，能说明一些减刑因素并请求原谅，以及能在没有充分的理由或借口的时候道歉并试图弥补自己的错误。（同上，p. 174）[1]

不过我们必须注意，"责任分配不一定是零和游戏"（Hellström 2012，p. 104）。机器人要为自己的行为承担道德或法律责任，这并不意味着那些制造机器人、教育机器人和导致机器人身处当前行为场景的人就不需要承担任何道德和法律责任。

作为本地化个体或非本体化共同体的机器群和机器人网络

机器人网络和机器人群（尤其是微型机器人组成的群）这些分布式机器人系统的创新和发展，已经成为哲学家和法学家的热门研究话题。这种复杂的机器人系统的诞生，标志着机器人终于不再只是"自

186

1　由于缺乏更恰当的翻译，这里译者将 mitigating factor 翻译为"减刑因素"，也就是一些让自己的错误显得没那么严重或糟糕的辩护。但读者请注意，这里的语境不仅是法律责任，而且也包括道德责任。这段引文想表达的主旨是，除非机器人能完成这一系列复杂的自我辩护或适时的道歉，否则我们不应该认为机器人能够承担道德责任。——译者注

主的""具有元意愿的"，而且还是真正的非本地化存在；然而，机器人群/网络的发展至今还没有激起人们对潜在的、自主的、具有元意愿的非本地化机器人是不是道德或法律行动者的显著关注。相反，争论的焦点转向了其他方向。

一些学者已经考察过某些机器人的责任问题。这些机器人"和互联网上的一个网络库相连接，从而使得机器人可以分享在现实世界中进行对象识别、导航和完成任务所需的信息"（Pagallo 2013，p. 501）。然而如果**控制**着联网机器人行为的是一个中心化的云端数据库，那么这个系统就有一个稳定的、可辨认的"大脑"，这意味着这个系统顶多是极多本地的，而绝不是非本地的。然而另一方面，如果个体机器人的行为并不是由一个中心化的数据库控制的，那么每个机器人都可能拥有自主性和元意愿性，但作为整体的系统却没有这些性质。在这种情况下，我们可以把机器人网络看作由很多不同的机器人组成的共同体，也就是某种多智能体系统（Murphy 2000，pp. 293-314）。随着时间的变化，共同体的"成员"确实会由于个别机器人的加入和退出而不断变化，但是这个共同体本身不是一个拥有单一共享认知过程和元意愿的实体。它更像是一个法人，例如国家或企业，它能为自己的行为承担法律责任，但没有道德责任所必需的元意愿性：我们只是在比喻的意义上说一个企业感到"自豪"或"后悔"，因为作出企业决定和行动的不是什么自主的企业"心灵"，而是这个企业中那些一起工作的人类成员的心灵们（Stahl 2006，p. 210）。斯塔尔（同上）改造了利科（Ricoeur）用来指称国家行为的"准能动性"（quasi-agency）这一术语，由此创造了"准责任"的术语；并用后者来描述那些看上去拥有道德责任，但由于缺乏自主性和元意愿性，实际上并不能承担道德责任的机器人实体。准责任在这里只是一个占位符，它指向了那个对系统的集体行为负实际责任的东西（例如网络中的自主部件）。从来没有学者在这些分析中宣称过，以持续演化的网络为例的机器人实体可以既是非本地化的，又同时拥有自主性和元意愿性。

187

科克博格（Coeckelbergh 2011，pp. 274–275）甚至走得更远：他根本没有试图论证机器人群 / 网络不可能同时是非本地化的、自主的和元意愿的，他直接要论证的是"机器人"群或网络根本就不可能**存在**。每个机器人都不可分割地身处一个特定的社会和科技生态系统之中，这个生态系统既包括了机器人与人类的关系，也包括了每个机器人与其他设备的关系，是这些关系塑造了机器人的行为和存在。那些初看上去像是纯粹的机器人网络 / 群的东西，"考虑到各种各样的系统和人类在机器人决策和行为方面的参与，根本就不能称作'机器人'群"（同上，p. 274）。所以我们看到，关于机器人对自己行为的潜在道德和法律责任的相关争论，还没有直接针对那些自主的、拥有元意愿的、以非本地化的物理形态存在的机器人展开。

非本地化机器人的道德和法律责任的未来发展

非本地化机器人的相关进步发展

普适计算（ubiquitous computing）、合作型纳米机器人（cooperative nanorobotics）以及人工生命等相关领域的发展，正在为一种全新机器人实体的存在打下基础。这种机器人的身体能从一个物理基底切换到另一个物理基底上、能够占据其他机器人身体的一部分、其空间广延由大量离散部件组成，并且对人类观察者来说不可辨认（not identifiable），换句话说，这是一种真正意义的非本地化机器人。举例来说，作为移动式计算和普适计算的原则的"下一个逻辑步骤"，德法戈（Défago 2001，pp. 50-53）发展了一个"合作型机器人"的模型，其中纳米机器人可以组队，并用特别设置的无线网络或其他远程的物理交互方式来协调彼此的活动。我们还可以预期到类似复杂电脑病毒的人工生命形式的发展，这种生命形式通过在联网生态系统之间穿梭，不断更换它们占据的设备，寻找着"帮助自己生存、成长和自主选定目标的资源"（Gladden 2014a，p. 418）。在这个意义上，这种生命形式在不断地用新的身体替换旧的身体。由于普适计算和纳米科技解锁了一个巨大的可能性光谱，我们或许还没意识到，可能在未来的某一天，人类就发现自己正存在于在我们身边的非本地化机器人的"身体"中了，或者说非本地化机器人的身体就存在于我们之中。

这样的非本地化机器人或许能展示一系列与本地化机器人类似的认知能力。既然人类大脑使用的结构可能只是智能心灵的众多可能基底中的其中一种，那么在原则上，一个居住在多个不断变化的空间中离散的部件之中的单一心灵，也至少有潜力实现能与人类媲美的自主性和意愿性等级（Yampolskiy and Fox 2012，pp. 133-138）。这种人工智能的首要认知过程会横跨空间上离散的人工神经元网络，虽然我们在尝试发展这种人工智能时可能会面临一些和时间、空间、计算机处理速度相关的挑战（Gunther 2005，pp. 6-7），但我认为，这些挑战对于创造人工智能来说绝不是无法克服的（Loosemore and Goertzel 2012， pp. 93-95）。现在已经有正在进行的相关工作在尝试设计出一个神经元之间能无线交流的人工神经网络（ANNs），从而创造出高度灵活、易扩展的"网络物理系统"（cyber-physical systems，CPSs）了，这些系统包括了"地理位置分布广阔的大量内置设备，例如传感器、执行器、控制器等等"（Ren and Xu 2014，p. 2）。这样的无线神经网络或许能展示出人类大脑永远不可能实现的能力，因为这个网络中的神经元已经不仅仅能和三维空间上相邻的神经元交换信息了，而且它们还可能连接着距离更远的神经元、创造出具有不同拓扑性质和空间维度的网络。

借助我们的这个本体论框架，我们现在可以开始考察各种类型的非本地化机器人对自己的行为能否承担道德和法律责任的问题了。我们首先从自主性和意愿性等级最低的机器人开始讨论。

作为环境魔法的机器人

先来考虑这么一种机器人：它的首要认知过程可以在大量的离散联网计算设备之间传播（Gladden 2014b，p. 338），还能随着时间把认知过程中的要素从旧设备转移到新设备上。这个机器人的"身体"将会由某个时刻中的所有执行（或至少是储存）认知过程的设备组成。通过将一部分认知过程复制到邻近联网设备上，并且从之前的存储设备中删除，这个机器人可以说能像变形虫一样"移动"，只不过它既不在空气中也不在海洋中，而是在联网设备组成的全球生态系统中飘浮。它的分布方式可以大到"'身体'中任何一个部件都可以舍弃"的程度。

如果这个非本地化机器人是非自主和非意愿的，它在某些方面可

能和自然现象类似，例如闪烁的火光或流动的小溪：当它与人类行动者进行物理交互或数字交互时，可能会以非常有趣和奇妙的方式展示出可以观察到的规律，但不会有可观察的意愿。这种机器人可能会被人类看作一种"自然之力"，甚至一种潜在的魔法能量，比如某种内在于环境的气（qi）或法力（mana），而人类专家则有能力操纵它们来制造特定效果（Clarke 1973，p. 36）。这么一个机器人对自己的行为既没有法律责任，也没有道德责任，但或许能拥有一种指向其创造者的准责任（Stahl 2006，p. 210），当然前提是它真的是人类有目的地创造出来的，而不是在与其他机器人实体的交互和繁殖过程中"在野外"自然演化出来的。

作为分布式动物他者的机器人

如果我们刚才描述的这种机器人能够体验到欲望和预期，还能有目的地把认知处理过程转移到它喜欢的联网计算设备上（比如那些有更强处理性能，或者有特殊的传感器和执行器的设备），并从它不喜欢的设备中自我移除，那么这个机器人看上去就更接近一个动物，而不是某种中立的力量。它不再在物联网中随机移动，也不再受外力的操纵，而是积极主动地探索自己的环境，去寻找那些包含信息、存储价值的行动者或物质资源（Gladden 2014a，p. 417）——它们能满足它自我保存和繁殖的动机，或为之提供帮助（Omohundro 2012）。

这种机器人在很多方面都可以被看作某种数字 – 物理"动物"，它具有和自然有机动物类似的、承担道德和法律责任的能力（确实，有些情况下机器人自己就是一个有机存在；Pearce 2012）。虽然这些机器人不是能为自己行为负责的道德行动者，但与"作为环境魔法的机器人"相比，如果它们能够体验到物理或心理的折磨（suffering；Gruen 2014），那么它们就可能成为我们需要为之进行道德考量的道德受动者。[1]

作为分布式拟人他者的机器人

我们来设想一种可能性，其中刚才描述的机器人现在还拥有近似人类的推理、情绪、社交、意向性等能力，并且成了拥有自主性和元意愿的存在。那么就它承担道德和法律责任的能力而言，这种机器人很像我们之前提到的"能替代人类的机器人"，但是出于它的非本地化属性，这种机器人一方面缺乏人类拥有的某些特点，另一方面又具有一些人类不可能拥有的特征。

通过运用自己离散化、网络化的身体去操纵环境，这种机器人看上去像鬼魂一样，它们能从数字－物理生态系统中实体化，并对话、观察，甚至触碰人类，然后瞬间消失——下一秒钟，它或许就在地球的另一个角落和另一个人进行类似的社会交往。由于人类有机肉体的局限性，虽然我们能用电话、视频会议、虚拟现实等技术和其他国家的环境进行间接式的交互，但我们在每一时刻都只能身处一个特定的物理位置。然而非本地化机器人，顾名思义，真的能同时"身处"很多不同的空间位置；原则上，我们没办法说某个交互地点是这个机器人的"真实身体"所处的位置，仿佛它也用了某种"中介技术"把自己的身体虚拟地投影到其他位置一样——机器人的身体本身就是这项技术的全部。机器人在某个时刻身处"这里"，不意味着它在这个时

190

---

1 关于什么是道德受动者的问题，请读者阅读本文集第三章的开头部分。——译者注

刻就不在别的地方了。

当我们尝试分析这种机器人能否为自己的行动承担责任时，我们就会遇到很多困难。原则上，它似乎有能力承担近似人类的责任。但我们人类承担道德责任的能力是建立在我们能拥有"**预期**"这种元意愿能力的基础上的：意向总是既需要欲望，也需要关于"某个行为会导致什么结果"的信念。一种在身体上和我们人类肉体大相径庭的存在，或许并不能体验到相同的信念或关于行为如何改变环境的预期——因为对这种存在而言，"环境"和"行为"的概念可能有着迥然不同的意义。与此类似，法律责任的问题也受到"应该用哪国法律约束机器人"这一问题的困扰，因为这种机器人的身体可能分布在各个大洲、大洋和轨道卫星里。要想确认到底是机器人身体的哪个部件作了某个决定，就像要确认到底是人脑中哪个神经元导致了某个行为一样困难（Bishop 2012，p. 97）。不仅如此，传统法律框架对"奖赏"和"惩罚"的运用，对这么一个非本地化的实体到底有没有意义，也是不确定的。

作为分布式外星智能的机器人

我们终于可以来考虑一下具有超自主性和超意愿性的非本地化机器人了。原则上，我们可能倾向于把法律和道德责任施加到机器人身上，因为这种机器人的自主性和意愿性等级至少可以和人类媲美。但是这个想法忽视了一个事实：机器人对自己的超自主性和超意愿性的体验，很可能与我们人类对自己那种远远比它们简单的自主性和元意愿性的体验没有共同之处。扬波尔斯基和福克斯（Yampolskiy and Fox 2012，p. 129）论证道，"在可能心灵的设计空间中，人性只占了很少的一部分"，而"未来超级智能的心灵结构和目标不一定要有人类心灵的绝大多数属性"。[1] 我们或许能通过观察这些机器人的彼此交互，从而察觉到它们的行为遵守着一些非常复杂和优美（也可能很恐怖）的规律；但我们可能永远无法确定，这些规律中有多少是机器人的道德情感体现出的普遍自然法则的结果，有多少是机器人为自己建构的法律框架的结果（Michaud 2007，p. 243），有多少是它们的文化传统的结果，又有多少只是工程要求、数学或逻辑法则以及物理法则的结果。我们可能永远无法理解塑造了这些机器人的思想、决定和行为的内部过程，因为它们没有办法，也没有兴趣用我们能领悟的语言概念向我们解释这些事情(Abrams 2004)。机器人若尝试解释它们的道德、社会、法律框架，它们可能必须用一些类比意象来让我们的感官"超载"（overload），就像宗教中的神圣启示会让人类心灵的逻辑推理过程"超载"一样（Gladden 2014b，p. 337）。

191

我们若尝试把人类的"法律"概念应用到这些外星存在身上，这也会导致很多严重的问题。法律"设定了规范，而社会也决定用这些规范来划定一个边界，并以此昭示和法律相对应的、可接受范围内反应的边界"（Calverley 2008，p. 534）；然而此时此刻，我们很难指称一个单一的、由人类和人工超级智能组成的"社会"，并规定社会成员可接受行为的边界（确实，跨人类基因工程和机器人增强技术

1　作者在这里诉诸的是"心灵的多重可实现性"（multiple realizability of mind）这个著名的心灵哲学理论。根据这种理论，心灵与人脑之间的关系就像软件和硬件的关系一样：同一个软件能在很多种彼此完全不同的硬件上执行。如果这个类比成立的话，那么有可能存在着很多种和人脑有着完全不同的物理和生理结构，却能实现相同心灵功能的东西。这些东西构成了作者这里所谓的"可能心灵的设计空间"。——译者注

[cybernetic augmentation] 的蓬勃发展甚至可能导致人类分裂成多个互相无法理解的文明；Abrams 2004）。尽管人类与这些机器人共享同一个数字 – 物理生态系统，并与它们在因果上存在着交互，但我们最多只是在"和花园里的鸟和昆虫共享同一个社会"的意义上说，我们和这些机器人共享同一个"社会"。

作为受爱戴的立法者和道德灯塔的机器人

如果人类社会与这么一个外星机器人的社会之间确实存在交流的话，说不定是我们人类才在交流之后形成了新的"法律、习俗和态度"（Michaud 2007，p. 293）。我们或许会发现，这种非有机的智能实体所拥有的道德和法律框架，在优美性、一致性、公正性和智慧上都远远胜过我们自己的制度。这么好的系统或许会显得不可抗拒、值得一试，以至于我们不禁希望这些机器人能教授甚至统治我们。它们可能会成为我们人类社会的道德和法律领袖，但它们并非通过恐吓、强迫或利用它们的科技知识才做到了这一点，而是因为我们真心**钦佩**它们的善，并且渴望变得像它们一样（Gladden 2014b，pp. 329-333，Kuflik 1999，p. 181）。因此，可能最终并不是由我们人类去决定机器人在多大程度上要为它们的行为承担道德和法律责任，而是机器人提供给了我们一些全新的、更丰富的、更正确的框架，来帮助我们人类理解所有智能生物——包括我们人类自己——要承担的道德和法律责任。

发展自主非本地化机器人的法律和伦理框架

当我们试图针对非本地化机器人的责任问题发展一套法律和伦理 192
框架时，我们可以从法学和伦理学的很多分支中汲取洞见和灵感。
由于机器人的自主性和意愿性等级不同，相关的法律领域也会有所
变化。

拥有低等级自主性和意愿性的非本地化机器人

自主性和意愿性等级较低的非本地化机器人可能会被看作供人类
利用的无生命环境资源（或需要防治的危害）。这些机器人活动的责
任要下放到它们的创造者身上，但它们的非本地化特征可能让我们无
法确定谁才是创造者。类似的争论也会出现在人类的集体（collective）
法律和集体伦理责任上，比如全球变暖导致的环境损害——一个国家
遭受的局部损害可能是全世界范围内"大量不可溯源的温室气体污染
源"导致的结果（Vanderheiden 2011）。另一方面，如果非本地化机
器人是可以被利用的资源，那么我们可以在很多国际协定和机构中找
到相关的法律模型，例如保持生物多样性，以及管理人类对海洋、南
极、外太空的使用方式的管理机构；这些全球现象背后制度的法律和
哲学根据，很明显是建立在发展和保存"全人类共同利益"这一需求
的基础上的（Berkman 2012，p. 158）。

拥有动物等级自主性和意愿性的非本地化机器人

如果非本地化机器人展示出了大概和动物相当的自主性与意愿性

等级，那么它们就不再只是环境中的一个被动的方面，而是一个也能根据自己的预期和欲望去行动的实体。在这里，我们可以从现有的法律和伦理争论中汲取洞见，比如围绕着那些出于特定目标被基因编辑、之后又被放归自然的转基因动物的争论（Beech 2014）。这些生物对自己的行为不承担道德或法律责任，但它们能表现出某种准责任，从而把我们的注意力引到那些应该负实际责任的人类设计者身上去（Stahl 2006，p. 210）。

我们还可以借鉴与人造卫星的生产和使用相关的现存法律和伦理。很多人造卫星实际上是非常复杂的轨道机器人，它们有着非常强大的机载计算机"大脑"，能够对地球表面的活动进行远程感知和记录（Sadeh 2010），并且还能接受、传递甚至干扰地球和其他卫星的通信与网络流量（Vorwig 2010）。能在物理上拦截、操纵、重新部署其他卫星——更不要说卫星的计算机控制系统还可能被电脑病毒或黑客控制——的机器人轨道卫星的诞生，为我们打开了一种全新的可能性：一些人造卫星的用途可能会被调整，从而不再受最初的人类设计者的控制，而这会让卫星行为的责任归属问题变得更加复杂。这些设备不是非本地的，而只是多本地的，因为任何一个卫星在任一时刻都处于一个特定的空间位置上，而且我们也很容易确定是哪个国家在为这个卫星的生产、发射和运行负责。然而，这些卫星在太空运转，其行为却对一些国家的人类有重大影响，这意味着我们需要一个统一的法律框架来约束它们的行为。

拥有人类等级自主性和元意愿性的非本地化机器人

在考虑具备更高等级的自主性和意愿性非本地机器人时，我们可以借鉴一些与"非人类的人"（nonhuman person）的行为相关的现存法律和伦理。[1]并非"自然人"的"法人"已经是一个被广泛接受的法律概念，它也被用来解释国家和企业的法律地位（Dreier and Spiecker genannt Döhmann 2012，p. 215，Calverley 2008，Hellström 2012）。国际人权法已经在鼓励，甚至强制各个国家设立境外法了，这些法律的目的是要控制那些在本国注册的企业，使得它们要为自己在其他国家、公海、外太空的行为承担法律责任（Bernaz 2012）。这种境外法律架构也可以应用到那些最初在特定国家研发，或者在特定国家注册为"人造国民"的非本地化机器人。

与此类似，互联网和现在的物联网，相比未来那种住满了拥有自主性和元意愿性的非本地化机器人的全球网络，可以说是一个尚显粗糙的先驱。结合跨政府网络、国际立法者和自我监督这套组合拳来一同管理物联网的提议，可能就和这里的问题相关（Weber and Weber 2010，pp. 27–28）。尤其是自我监督，它可能成为"软法律"（soft law）的一种重要形态：在其中，因为政府没有办法对这种快速演化的复杂技术领域作出足够快速、专业化的反应，所以政府只设定一些宽泛的规范，把具体的执行留给私有企业去做（同上，p. 24）。对于拥有人类等级的自主性和元意愿性的非本地化机器人来说，自我监督或许意味着机器人不再由制造商管理，而是让它们通过创造一个机器人社会来自己管理自己。

1　译者在前文已经解释过 human 和 person 之间的区别。在社交机器人学的讨论中，human 是一个生物学概念，而 person 是一个社会学／法学／伦理学／政治学概念，后者在本文中大体指的是道德责任或法律责任的主体。在概念上，person 并不一定是 human，所以"是否存在着不是 human 的 person"是一个开放的问题。——译者注

194 **拥有超自主性和超意愿性的非本地化机器人**

从法律和道德的视角来看，具有超自主性和超意愿性的非本地化机器人不能简单地和有感觉能力的动物或有智能的人类进行比较，它们更像是人类未来可能会接触到的超级智能的外星人。然而有趣的是，学术界很多研究都在讨论人类的法律和道德与外星智慧生命的关系。米乔提醒我们，"最早从康德开始，人们就开始沉思一种适用于宇宙中所有智慧生命的法律系统了"（Michaud 2007，p. 374）。这几个世纪以来，发展一套普遍原则的努力变得越来越复杂，因为外星生物学、神经科学、复杂系统理论、人工智能、人工生命等领域的发展提供了更多关于"外星智慧是什么样"的洞见。

米乔指出，传统人类道德规范中的那些金科玉律，对我们与外星智慧的交往可能没什么帮助：人类的动机、志向、直觉、推理过程和外星生物可能大相径庭，如果我们只知道**我们**希望如何被对待，这对于外星生物被如此对待的时候会不会体验到快乐或痛苦、平等或不公的问题是没有参考意义的（同上，p. 300）。人类在当代严肃地提出一些更完善的原则来约束人类与外星智慧的潜在接触的第一次尝试，是在"半个世纪前，太空律师安德鲁·哈雷（Andrew Haley）提出的他所谓的**元法律的伟大法则**（the Great Rule of Metalaw）：**它们希望你怎么对待它们，你就怎么对待它们**"（同上，p. 374）。想要以外星智慧希望的方式去对待它们可不简单；米乔指出，"在缺乏关于另一个文明的系统知识时，我们并不太清楚如何遵守这个原则——我们需要通过更细致和复杂的交流才能做到这一点"（同上，p. 374）。然而我之前也提到了，在两个如此迥异的智慧形式之间建立交流，或许本身就是极其困难甚至不可能的。想要理解外星生物的道德世界中的那些细微之处，这可不像把一个文本翻译成另一种语言那么简单；两种文明可能都没有能力和意愿进行这个层面的交流。不过尽管如此，伦理学家和法学家为了这种相遇而作出的奠基性努力，也在帮助我们作好充足准备，在未来迎接我们和来自这个星球的超级智能非本地化机器人的接触。

结论

在确定机器人是否要为自己的行为承担道德和法律责任时，很多实践层面的问题都会出现。举例来说，我们可能需要研究机器人首要的认知基底和认知过程的实质，才能确定它们是不是有自主性和元意愿性；我们可能需要收集大量的数据，才能重构机器人某个行为的因果链条。不过，假设我们已经获得了这些信息，那么现有法律和道德哲学的理论框架，原则上足以确定本地或多本地机器人要在多大程度上对自己的行为负责。根据机器人自主性和意愿性等级的不同，它们可能会被当作没有道德或法律责任的被动工具，也可能会被当作近似人类的道德和法律行动者从而承担相关责任。

然而我们已经看到，本地化机器人的出现会改写这些道德和法律公式。当机器人的身体不断形变，并在全球数字 – 物理生态系统中飘浮的时候，我们或许不可能再确定，到底哪个国家（或是没有任何国家）能把这个机器人称作本国的"公民"或"资源"，并说它受到的是自己国家的法律的约束。不仅如此，我们或许也不可能再在"世界

195

中发生的某个行为"和"某个大概率上可能做了这个行为的可辨认的机器人实体"之间建立一对一的联系了。除了这些实践层面的法律问题之外，还有一个更深刻的道德问题：非本地化机器人的存在方式和行动方式，都和人类、动物或其他已知的存在物太不一样了，以至于我们人类不应该，也不可能再把我们那些已经是最基础（甚至最"普遍"）的道德原则应用到这些实体的行为上了。

学者们已经开始准备相关的道德和法律框架，并让这些框架能为我们未来可能遭遇的智慧外星生物的行为提供一些洞见；这些外星生物的物理形态、动机、思想、交流和社交形式、行为规范准则可能和我们人类大相径庭。我们人类对那些帮助我们处理未来机器人——这些机器人的思维、行动和存在方式和外星生物很像，但它们的起源是地球——行为的道德和法律框架的思考，对我们人类自己也是大有助益的。即使我们还没开始与这样的存在进行交互，我们在分析它们为自己的行为承担的道德和法律责任时展开的那些细致的反思，也会丰富我们对和人类自身相关的责任的理解。

参考文献

Abrams, J.J. 2004. "Pragmatism, Artificial Intelligence, and Posthuman Bioethics: Shusterman, Rorty, Foucault." *Human Studies* 27(3): 241-58. doi: http://dx.doi.org/10.1023/B:HUMA.0000042130.79208.c6.

Beech, C. 2014. "Regulatory Experience and Challenges for the Release of Gm Insects." *Journal für Verbraucherschutz und Lebensmittelsicherheit* 9(1): 71-6.

doi: http://dx.doi.org/10.1007/s00003-014-0886-8.

Bekey, G.A. 2005. *Autonomous Robots: From Biological Inspiration to Implementation and Control.* Cambridge, MA: MIT Press.

Berkman, P. 2012. "'Common Interests' as an Evolving Body of International Law: Applications to Arctic Ocean Stewardship." In *Arctic Science, International Law and Climate Change,* edited by Susanne Wasum-Rainer, Ingo Winkelmann and Katrin Tiroch, 155-73. Berlin and Heidelberg: Springer. doi: http://dx.doi.org/10.1007/978-3-642-24203-8_17.

Bernaz, N. 2012. "Enhancing Corporate Accountability for Human Rights Violations: Is Extraterritoriality the Magic Potion?" *Journal of Business Ethics* 117(3): 493-511. doi: http://dx.doi.org/10.1007/s10551-012-1531-z.

Bishop, P. 2012. "On Loosemore and Goertzel's 'Why an Intelligence Explosion Is Probable'." In *Singularity Hypotheses: A Scientific and Philosophical Assessment,* edited by Amnon H. Eden, James H. Moor, Johnny H. Søraker and Eric Steinhart, 97-8. Berlin and Heidelberg: Springer.

Calverley, D.J. 2008. "Imagining a Non-Biological Machine as a Legal Person." *AI & Society* 22(4): 523-37. doi: http://dx.doi.org/10.1007/s00146-007-0092-7.

Clarke, A.C. 1973. "Hazards of Prophecy: The Failure of Imagination." In *Profiles of the Future: An Inquiry into the Limits of the Possible,* 36. New York: Harper & Row.

Coeckelbergh, M. 2011. "From Killer Machines to Doctrines and Swarms, or Why Ethics of Military Robotics Is Not (Necessarily) About Robots." *Philosophy & Technology* 24(3): 269-78. doi: http://dx.doi.org/10.1007/s13347-011-0019-6.

Datteri, E. 2013. "Predicting the Long-Term Effects of Human–Robot Interaction: A Reflection on Responsibility in Medical Robotics." *Science and Engineering Ethics* 19(1): 139-60. doi: http://dx.doi.org/10.1007/s11948-011-9301-3.

Défago, X. 2001. "Distributed Computing on the Move: From Mobile Computing to Cooperative Robotics and Nanorobotics." *Proceedings of the 1st International Workshop on Principles of Mobile Computing (POMC 2001)*. 49-55.

Doarn, C. and G. Moses. 2011. "Overcoming Barriers to Wider Adoption of Mobile Telerobotic Surgery: Engineering, Clinical and Business Challenges." In *Surgical Robotics*, edited by Jacob Rosen, Blake Hannaford and Richard M. Satava, 69-102. New York: Springer. doi: http://dx.doi.org/10.1007/978-1-4419-1126-1_4.

Dreier, T. and I. Spiecker genannt Döhmann. 2012. "Legal Aspects of Service Robotics." *Poiesis & Praxis* 9(3-4): 201-17. doi: http://dx.doi.org/10.1007/s10202-012-0115-4.

Gladden, M. 2014a. "The Artificial Life-Form as Entrepreneur: Synthetic Organism-Enterprises and the Reconceptualization of Business." *Artificial Life 14: Proceedings of the Fourteenth International Conference on the Synthesis and Simulation of Living Systems*. 417-18.

Gladden, M. 2014b. "The Social Robot as 'Charismatic Leader': A Phenomenology of Human Submission to Nonhuman Power." In *Sociable Robots and the Future of Social Relations: Proceedings of Robo-Philosophy 2014*, edited by Johanna Seibt, Raul Hakli and Marco Nørskov, 329-339. Amsterdam: IOS Press Ebooks. doi: http://dx.doi.org/10.3233/978-1-61499-480-0-329.

Gruen, L. 2014. The Moral Status of Animals. In *The Stanford Encyclopedia of Philosophy*, edited by Edward N. Zalta: Stanford University.

Gunther, N. 2005. "Time — the Zeroth Performance Metric." In *Analyzing Computer System Performance with Perl::Pdq*, 37–81. Berlin and Heidelberg: Springer. doi: http://dx.doi.org/10.1007/978-3-642-22583-3_3.

Hellström, T. 2012. "On the Moral Responsibility of Military Robots." *Ethics and Information Technology* 15(2): 99-107. doi: http://dx.doi.org/10.1007/s10676-012-9301-2.

Kirkpatrick, K. 2013. "Legal Issues with Robots." *Communications of the ACM* 56(11): 17-19. doi: http://dx.doi.org/10.1145/2524713.2524720.

Kuflik, A. 1999. "Computers in Control: Rational Transfer of Authority or Irresponsible Abdication of Autonomy?" *Ethics and Information Technology* 1(3): 173-84. doi: http://dx.doi.org/10.1023/A:1010087500508.

Lemonick, M. 2013. "Save our Satellites." *Discover* 34(7): 22-4.

Loosemore, R. and B. Goertzel. 2012. "Why an Intelligence Explosion Is Probable." In *Singularity Hypotheses: A Scientific and Philosophical Assessment*, edited by Amnon H. Eden, James H. Moor, Johnny H. Søraker and Eric Steinhart, 83-98. Berlin and Heidelberg: Springer.

Michaud, M.A.G. 2007. *Contact with Alien Civilizations: Our Hopes and Fears About Encountering Extraterrestrials*. New York: Springer.

Murphy, R.R. 2000. *Introduction to Ai Robotics*. Cambridge, MA: MIT Press.

Omohundro, S. 2012. "Rational Artificial Intelligence for the Greater Good." In *Singularity Hypotheses: A Scientific and Philosophical Assessment*, edited by Amnon H. Eden, James H. Moor, Johnny H. Søraker and Eric Steinhart, 161-79. Berlin and Heidelberg: Springer.

Pagallo, U. 2013. "Robots in the Cloud with Privacy: A New Threat to Data Protection?" *Computer Law & Security Review* 29(5): 501-8. doi: http://dx.doi.org/10.1016/j.clsr.2013.07.012.

Pearce, D. 2012. "The Biointelligence Explosion." In *Singularity Hypotheses: A Scientific and Philosophical Assessment*, edited by Amnon H. Eden, James H. Moor, Johnny H. Søraker and Eric Steinhart, 501-8. Berlin and Heidelberg: Springer.

Prestes, E., J.L. Carbonera, S. Rama Fiorini, V.A.M. Jorge, M. Abel, R. Madhavan, A. Locoro, P. Goncalves, M.E. Barreto, H. Maki, A. Chibani, S. Gérad, Y. Amirat, and C. Schlenoff. 2013. "Towards a Core Ontology for Robotics and

Automation." *Robotics and Autonomous Systems* 61(11): 1193-204. doi: http://dx.doi.org/10.1016/j.robot.2013.04.005.

Ren, W. and B. Xu. 2014. "Distributed Wireless Networked H∞ Control for a Class of Lurie-Type Nonlinear Systems." *Mathematical Problems in Engineering* May 5, 2014: 1-14. doi: http://dx.doi.org/10.1155/2014/708252.

Sadeh, E. 2010. "Politics and Regulation of Earth Observation Services in the United States." In *National Regulation of Space Activities*, edited by R.S. Jakhu, 443-58. Dordrecht: Springer Netherlands.

Sparrow, R. 2007. "Killer Robots." *Journal of Applied Philosophy* 24(1): 62-77.

Stahl, B.C. 2006. "Responsible Computers? A Case for Ascribing Quasi-Responsibility to Computers Independent of Personhood or Agency." *Ethics and Information Technology* 8(4): 205-13. doi: http://dx.doi.org/10.1007/s10676-006-9112-4.

Vanderheiden, S. 2011. "Climate Change and Collective Responsibility." In *Moral Responsibility*, edited by Nicole A. Vincent, Ibo van de Poel and Jeroen van den Hoven, 201-18. Dordrecht: Springer Netherlands. doi: http://dx.doi.org/10.1007/978-94-007-1878-4_12.

Vorwig, P.A. 2010. "Regulation of Satellite Communications in the United States." In *National Regulation of Space Activities*, edited by Ram S. Jakhu, 421-42. Dordrecht: Springer Netherlands.

Weber, R.H. and R. Weber. 2010. "General Approaches for a Legal Framework." In *Internet of Things*, 23-40. Berlin and Heidelberg: Springer.

Yampolskiy, R.V. and J. Fox. 2012. "Artificial General Intelligence and the Human Mental Model." In *Singularity Hypotheses: A Scientific and Philosophical Assessment*, edited by Amnon H. Eden, James H. Moor, Johnny H. Søraker and Eric Steinhart, 129-45. Berlin and Heidelberg: Springer.

第十一章

性别设计：社交机器人学中的性别规范[1]

格兰达·肖－加洛克

　　本章的关注焦点是社交机器人的性别设计。我会借助传播学的视　　199
角来审视不同文化中的情感社交机器人学（affective sociable robotics），
尤其是那些在功能和外观上受到女性性别规范影响的机器人。传播学
作为一个跨学科的研究进路，塑造了我仔细审视科技的社交塑形维度
（social shaping dimension）的研究方法。赋予机器人性别的过程证明
了"性别不仅是身体的特征，同时也是身体被嵌入的社会、言谈或符
号系统的特征"（Wajcman 2004）。本章会针对社交机器人学领域对性
别的研究方式，以及性别被有意赋予社交机器人的多种方式作一个综

　　1　本章的早期版本已经发表了，经出版社允许，在此再版。原版的出版信息为：Shaw-
Garlock, G. (2014). "Gendered by Design: Gender codes in Social Robotics." in *Sociable Robots and
the Future of Social Relations: Proceedings of Robo-Philosophy 2014*, edited by Johanna Seibt, Raul Hakli
and Marco Nørskov, 309-317. Amsterdam: IOS Press Ebooks. doi: http://dx.doi. org/10.3233/978-1-
61499-480-0-309。

述。我会考虑对机器人进行性别化处理（gendering）的可能后果，并针对机器人设计如何对简化的性别刻板印象起反作用的思路提供一些初步想法。

导言

　　这一章的核心关切是社交机器人的性别化。关心性别问题的学者常常提醒我们注意，性别在科学技术发展过程中正在被边缘化(Sedeno 2001)。此外我也认为，性别作为正在被边缘化的要素，目前在人机交互的研究领域中也没有受到充分的理论重视。这还挺令人吃惊的，因为社交机器人即将进入各种各样的公共空间和私人空间，例如家庭、教室和医院，而人机交互研究必须考虑的一个重要问题，就是机器人如何适应这些场景，以及人们又将如何在具体场景中回应它们。因此在"让人类与机器人的交互更舒适和平滑顺畅"的整体规划下，以性别为代表的模仿人类行为的特征是这些设计的重要组成部分（Ezer, Fisk, and Rogers 2009）。在面对不确定的社交关系，例如在初次遇到社交机器人的时候，机器人如果能够符合人类的预期，那么用户与社交机器人之间的交互会让人觉得更舒服。"机器人的外观和结构是很重要的，因为它可以帮助建立社交预期（social expectation），而机器人的外观会影响到互动的基本预设。一个狗形机器人和一个人形机器人，至少一开始肯定会被区别对待。"（Fong, Nourbakhsh, and Dautenhahn 2003, p. 149）出于这个理由，很多研究者都会对机器人采用拟人化的性别设计。

上述论文还提醒我们注意另一个关键点："技术是人类设计的，是身处特定的经济、政治和历史境况中的男人和女人们设计的；这些人由于性别不同而有着不同的利益诉求，并身处不同的权力位置。"（Sedeno，p. 131）在人机交互研究中，这些和性别设计相关的决定与社交机器人本身之间的关系还没有被充分探索（Pearson and Borenstein 2014，Eyssel and Hegel 2012，Crowell et al. 2009，Carpenter et al. 2009）。在借助人机交互研究、传播学研究文献（communications study）和科学技术研究（science and technology study）的前提下，我将审视与社交机器人设计相关的性别预设，以及对社交机器人进行性别化处理可能带来的总体后果和缺点。

我首先会区分机器人的两个大类——情感社交机器人（affective social robot）和实用社交机器人（utilitarian social robot），然后我会展示拟人化（anthropomorphism；为机器人设定性别的步骤）的概念以及它在人机交互上的应用。在这之后，我会综述与性别机器人相关的前沿文献。最后，我会讨论机器人的性别化意味着什么，以及"无脑地"给机器人赋予性别可能导致的后果。

情感机器人和实用机器人

社交机器人总体上说分为两类：**实用**人形社交机器人和**情感**人形社交机器人（Zhao 2006，p. 40）。实用社交机器人有时候也被称作家政机器人或服务机器人，在设计上，它们与人类交往的目的主要是为了实现我们一些工具性或功能性的目标。我们比较熟悉的例子包括：

ATM、自动售货机、自动电话和应答系统。相对少见的例子还包括：服务台接待员、销售员、私人教师、旅行代理、医院食品服务员和博物馆导游。这个范畴的社交机器人通常会被当作"人们用来完成特定任务的复杂设备"（Breazeal 1999，p. 2）。

201　　另一方面，情感人形社交机器人则要通过游戏（play）——包括治疗性（therapeutic）游戏——甚至伴侣关系与人类在情感层面进行交互。当代的案例包括 Tiger Electronics 公司制造的外观酷似仓鼠的菲比精灵（Furby）和索尼公司出品的 AIBO 宠物狗。日本国立产业技术综合研究所制造了海豹形机器人 PARO，作为日本越来越庞大的老年人群体的伴侣（Johnstone 1999，Posner 2013）以及自闭症儿童的治疗性游戏玩伴（Dautenhahn and Billard 2002）。[1]

　　辛西娅·布莉齐尔是社交机器人的研究先驱，她以如下方式界定社交机器人：

> 在我看来，社交机器人能够用人类的方式与我们交流和交互，甚至理解我们，和我们共情。它要能通过社交概念来理解我们和它自己。而我们反过来也应该能通过相同的社交概念理解它——也就是能理解它并与它共情。当我们的研究成果达到顶峰的时候，社交机器人甚至能和我们交朋友，我们也能和它们交朋友。（Breazeal 2002，p. 1）

1　海瑞克等人（Heerink et al. 2008）认为 PARO 这种治疗社交机器人既是实用机器人（它承担了辅助医疗科技的功能），也是情感或"愉悦"机器人（它承担了特定的情感功能）。

多滕哈恩和比亚尔（Billard）以如下方式界定社交机器人：

> 社交机器人是具身智能体（embodied agent），它们属于"机器人－人类"这个混杂社会的一部分。它们能辨认彼此和参与社会交往，它们还拥有自己的历史（能通过自己的经验来感知和解释世界），并以开放的方式彼此交流、学习。（Fong, Nourbakhsh，and Dautenhahn 2003，p. 144）

特克尔等人把这类情感机器人称作"关系型人造品"（relational artifact），并把它们界定为"能够表现出像拥有'心灵状态'一样特质的人造品，人类对这些心灵状态的理解丰富了我们与它们的邂逅"（Turkle et al. 2006，p. 347）。与实用机器人不同的是，情感社交机器人需要一种社交性更强的人机交互形式，而这又需要机器人有足够程度的功能性和可用性，从而允许它在自然社会交往的场景中与人类主体进行互动。

拟人化

拟人化指的是"对无生命对象、动物等事物赋予人类特征，从而帮助我们理解它们行为"的趋势（Duffy 2003，p. 180；参考 Nass and Moon 2000，Epley，Waytz，and Cacioppo 2007）。有学者把拟人化形态定义为"反映了类人特征的无生命对象"（DiSalvo and Gemperle 2003，p. 67），这个定义既包括外观特征，也包括行为动作，以至于"拟人化形态看上去可以很鲜活很有'生机'"（同上）。

202

在机器人学的领域里，并非所有研究人员都追求高度拟人化的机器人[1]设计，其中一个原因是大家曾经觉得，拟真机器人可能会让人机交互变得让人非常不舒服。这种观点通过森政弘（Mori 1970）的理论工作在 1970 年代慢慢流行起来。森政弘的想法是，随着社交机器人越来越像人类，到时候只要机器人相比人类外观有极微小的偏差，就会激发起人类交互者的一种他称为"恐怖谷"的诡异感觉。因此森政弘警告机器人设计师，让他们不要创造出和人类过于相似的机器人，而是去创造更像机器或动物的机器人（关于恐怖谷现象的一个更细致的考察，参考 MacDorman and Ishiguro 2006，pp. 299–301）。

这种视角随着时间的推移已经逐渐衰落，而当今的社交机器人领域正在普遍采用拟人化设计（Fong, Nourbakhsh, and Dautenhahn 2003, p. 146；Breazeal 2000，2002；Złotowski et al. 2014，p. 3），其中一个原因是社交机器人的理想模型正是人类外形（MacDorman and Ishiguro 2006），这样做也能保证机器人成功融入我们为它们设计的人类环境（Duffy 2003, Breazeal 2002, Scassellati 2001）。相关研究表明，人们更愿意用人际交往的方式与机器打交道（Fong, Nourbakhsh, and Dautenhahn 2003, p. 146）。不仅如此，人们还倾向于让机器人承担的工作所要求的社会性与它的人形外观对应起来（Goetz, Kiesler, and Powers 2003, p. 55；Kuchenbrandt et al. 2012；Kuchenbrandt et al. 2014），而且相比于具有机器外观的机器人，人们对人形机器人有着更高的共情程度（Riek et al. 2009）。这些因素加在一起，拟人化设计

---

1 尽管拟真机器人和人形机器人指的都是近似人类的机器人，但在行业内，前者指的是方方面面都高度近似人类的机器人，甚至包括皮肤、牙齿、头发等方面。不仅如此，前者的行为也应该和人类行为非常相似（MacDorman and Ishiguro 2006, p. 322）。

就成了促进和加强人机交互的重要手段之一（Fong，Nourbakhsh，and Dautenhahn 2003，p. 150；参考 DiSalvo et al. 2002）。当社交科技产品利用人类用户的这种自然倾向，诱导他们赋予非人类产品以人类特征（例如性别）的时候，我们与这些产品的交互感受就会更加愉快（Duffy 2003，p. 177）。

布莉齐尔（Breazeal 2003）称，用户是借助他们已经掌握的社交模型去回应社交机器人的。与此类似，心灵模型（可以是拟人化或机械化的）也会辅助人类交互者（interactant）与社交机器人的互动，而且"人类还能把彼此冲突的形象和范畴整合成一个融贯的拟人化心灵模型。一个会讲笑话的机器人会同时激发起'机器'和'幽默的人'的观念，从而导向'令人愉悦的机器人'的观念——这个观念就整合了机械特征和拟人化特征"（Kiesler and Goetz 2002，p. 576；参考 Powers and Kiesler 2006，p. 219）。这样一来，拟人化似乎就提供了一个促进社会交互的有力机制，并在人机交互中建立了一个"共同的基础"（Kiesler 2005，Eyssel and Hegel 2012）。

我们可以通过把性别、目光、手势、性格等社交特征引入社交机器人的设计之中（Tay，Jung，and Park 2014）来建立拟人化的社交线索。相关研究表明，人们与社交机器人碰面时会注意并依赖那些可见的性别线索，例如面部特征、头发长度、嗓音的音高等设计特征（Eyssel and Hegel 2012，Nass and Lee 2001，Powers and Kiesler 2006）。还有证据表明，机器人站在他人视角观察事物的能力会影响人类交互者对机器人进行拟人化的程度（Torrey et al. 2006）。还有学者认为，社交机器人的拟人化特征（外观和行为）会导致人类交互者对机器人的能力和性格作出不由自主的判断（Goetz et al. 2003）。因此，拟人化特征从

203

根本上揭示了人类对机器人接受（拒绝）、回应（服从或合作等等）的程度（同上，p. 55）。这些研究发现，人们更喜欢让人形机器人去承担那些高度社会性的工作（例如教师、博物馆导游、办公室职员；同上，p. 57）。简而言之，人们期待并喜欢让机器人的外观和行为与它们要承担的任务相匹配（同上，p. 60）。

随着机器人技术逐渐成为现实，机器人也将成为"社会成员，并且必须融入我们的社会，并适应相关的规范、规则和规定"（Bartneck et al. 2004，p. 1731）。一些学者提醒我们，不能把设计师选取的拟人化设计看作完全中立的东西，"所有拟人化外形传达出的内容都不是完全平等的"（DiSalvo and Gemperle 2003，p. 72）。举例来说，上述论文指出了一些与拟人形态选择相关的重要问题，其中一个与本章相关的问题正是特定拟人形态的社交价值：

> 如果机器人的拟人化外观可以投射人类价值，那么我们需要反思这些价值到底是什么。当我们设计一个拟人化机器人去让它完成某个任务的时候，即使完成任务的是机器人，我们也在作出一个关于人类本身的声明。举例来说，人形机器佣仆的创造不可避免地指称着人类相互奴役的历史。我们在研究和设计新产品的时候绝不能忽视这些指称的伦理和社会后果。（同上，p. 72）

204　　　　与此类似，在考虑社交机器人的设计特征时，尤其是当机器人被置于特定的场景，例如家庭（服务机器人）、私人护理环境（医院和老年人家中）以及其他和性别相关的工作环境（餐厅、工厂、博物馆和教室）时，我们必须审视在机器人设计中包含了哪些与性别和工作相关的预设。而既然社交机器人的很多假想场景都是传统意义上以女性为主的工作环境，我们也必须考虑一下女性在家庭内部和外部工作的文化历史。

与性别社交机器人相关的人机交互文献

性别社交机器人的很多研究都建立在里弗斯和纳斯的"作为社会成员的计算机"（Reeves and Nass 1996）的范式之上，并对其展开拓展研究。他们的相关研究表明，人类在和以计算机为例的非人类实体打交道时，会把那些应用在人类身上的社交范畴"无脑地"（Nass and Moon 2000，Nass et al. 1997，Reeves and Nash 1996，Nass and Brave 2005）应用到计算机上，例如性别（Nass and Moon 2000，p. 81）、礼节和互惠等社交行为。简而言之，社会成员会把人际交互的社交脚本应用到人机交互上，从而"在本质上忽略了那些揭示了计算机的非社会性（asocial）的线索"（同上，p. 83）。

要想诱发这些无脑的社交回应，那些非人类的社交成员就必须为我们展示出足够多的社交线索（语词的使用、互动、肢体运动、意向、担任人类角色等等），从而让人类社交成员能"把它归入值得社交回应的范畴"（同上，p. 83；参考 Kiesler 2005）。其中一个人类社交范畴就是性别（Eyssel and Hegel 2012，p. 2216），这几乎是对交往对象心理影响最强的社交范畴（Bem，1981 in Nass and Moon 2000，p. 84）。很多性别社交机器人的相关研究都考察过那些有意设计出的性别线索（行为、噪音、外观等等）在人类交互者对社交机器人进行接纳、感知和评价中的意义。其中一些研究成果如下：

性别刻板印象（gender stereotype）的分配不仅适用于人际交互，而且也适用于人机交互；特定的视觉线索似乎会激发用户关于男性和女性特征的知识。科克博格指出："可以预期到，人们对机器人性别差异的回应将和人们对人类性别差异的回应非常类似。"（Coeckelbergh 2011，p. 199）换句话说，人们更倾向于在和社交机器人交互的时候直接运用自己早已掌握的性别刻板印象。

有些文献（Powers et al. 2005）考察了社交机器人的性别形象如何传达出一个"共同基础"，以及它如何影响人们与机器人分享信息的数量。这项研究假设，如果机器人的音调很高（女性嗓音）且有长头发（女性外观的传统标志），人们就会把它和女性性别联系在一起，从而认为它和女性交互用户分享了更多的"共同基础"。这个共同根基的结果是，实验参与者会认为女性机器人有人类女性拥有的那些知识——例如女性时尚和约会规范的相关知识。在恋爱交往实践中，研究还考察了人们与拥有性别特征的人形机器人（有着粉色／灰色嘴唇、女性／男性合成音）聊天时的感知情况。研究发现，参与者对女性机器人和男性机器人的态度完全不同，而且女性参与者和男性参与者的行为表现也不同。[1] 在一项讨论约会规范的任务中，参与者整体上会用一种更具体的方式和男性机器人窗口对话、为它们解释各种事情；另外，男性参与者和女性机器人窗口的对话时间更长，女性参与者和男

1　虽然这篇论文并不着重关注交互参与者的性别，研究发现男性和女性参与者在某些测试的表现上有显著差异，例如被试回答机器人口述的问卷时与独自完成纸版问卷时的差异，被试表现出来的恰当社交回应上的差异，被试在解决数学难题时机器人是否在场造成的差异（Schermerhorn et al. 2008，p. 269）。

性机器人窗口对话的时间也更长。

　　研究还发现，那些有意被设计出性别的机器人更容易说服人类交互者。一些文献（Siegel et al. 2009）研究了机器人说服人类用户的能力，并且考察了人形机器人的性别是如何影响机器人改变人类行为的能力的；研究还考察了人们在以下三个维度上对机器人的评价：信任（trust）、可信度（credibility）和参与度（engagement）。在机器人试图说服人类的场景中，研究发现用户倾向于把和自己性别相反的机器人看得更可信、更值得信任、更投入，从而认为它们善于说服（例如 Park，Kim，and del Pobil 2011，Goetz，Kiesler，and Powers 2003，Powers et al. 2005）。

　　研究文献表明，人们对女性机器人的性别线索的感知与体验，和对男性机器人性别线索的感知与体验是不同的，而且在某些情况下，人们会更偏好其中一种性别。例如在一项研究（Carpenter et al. 2009）中，研究者调查了性别线索是如何影响用户对人形家政机器人的预期的。他们发现，用户更容易觉得男性机器人具有威胁性（同上，p. 263），而女性用户在家庭环境中更喜欢女性机器人。这些发现在某种程度上削弱了之前那些认为存在着同性相似（same-sex correspondence）的研究结论的力度。另一项结合了视觉性别线索和噪音性质（人类声音或机器声音）的研究发现，参与者对他们感觉在心理上更亲近的社交机器人——例如当机器人和参与者性别相同时——表现出了更高的接受度（Eyssel，Kuchenbrandt, et al. 2012）。此外，当机器人使用的是同性别的人类嗓音（而不是机械式嗓音）时，参与者会更强烈地把这些机器人加以人格化。

　　研究还发现，高声调的女性机器人相比低声调的女性机器人，更

206

容易被看成有吸引力的对象，而这又使得人类成员和社交机器人之间的交互更加愉快。至于机器人合成音的声调到底有什么影响，2011 年的一项研究就考察了两个机器人接待员不同的声调带来的影响。研究发现，声调比较高的女性机器人被评为是更有吸引力、更有情感、更自信外向、更丰富而且更擅长理解别人的机器人。把这些特征结合到一起，这个机器人就"在令人愉快的程度、有用性、总体质量方面得到了更好的交互评价"（Niculescu et al. 2011）。同一批研究者在 2013 年又开展了另一项以声调、幽默感和共情能力作为变量的研究。研究者们再次得到了相似的结果，也就是声调更高的机器人更令人愉悦。此外，幽默感和共情能力（研究人员觉得这两个特征对接待员很关键）这两个新的维度也会以多种方式促进更正面的人机交互，但我们很难把声调的影响和这两个维度的影响严格区分开（Niculescu et al. 2013, p. 188）。这两项研究的主要发现都是声调对女性机器人的吸引力有显著影响，而这又会积极促进人机交互的整体体验（例如 Scheutz and Schermerhorn 2009，Walters et al. 2008，Steinfeld et al. 2006，Okuno et al. 2009）。

人机交互研究已经表明，机器人通过嗓音、行为和外观展示出的机器人性别（robot-gendering），会触发"几乎自发的"（almost automatic）对机器人特征的刻板印象，而这个刻板印象会影响到性别化机器人看上去更适合完成哪些任务。举例来说，一项关于明显的视觉性别线索（例如头发长度、嘴唇形状）对机器人感知的影响的研究发现，人类交互者倾向于运用性别范畴以及与性别范畴挂钩的支配性刻板印象来看待机器人（Eyssel and Hegel 2012）。实验参与者会根据头发长度赋予机器人性别，后者又会触发对机器人在刻板印象下的评价——例如男性机器人被认为更加注重自我，而女性机器人被认为更加注重集体——并触发对不同工种性别分工（sex-typing）的刻板印象（男性机器人修理机器，女性机器人照顾孩子）。另一项对家政性别社交机器人的相似研究发现，性别刻板印象也是影响用户评价在家政场景中工作的社交机器人的决定因素（Tay et al. 2013，p. 267），例如人们觉得男性机器人在家庭安全保障的功能上更值得信赖（同上，p. 266）。

机器性别化的潜在后果

说到人类与社交机器人的交互模式和人类与计算机、机器还有其他非人类实体的交互模式是否一样时，有学者对里弗斯和纳斯（Reeves and Nass 1996）的上述观点表示怀疑：

> 拟真机器人立刻让我们明白了机器人能做到什么（Gibson 1979）——或应该做到什么——人形机器人做不到的事情。[……]因此，多亏了拟真机器人维持自然交流的独特能力，我们认为 Uando（一个高度拟真的女性机器人）以及类似的拟真机器人构成了一种全新但我们又非常熟悉的信息媒介。它们在我们日常生活中能提供的交互质量，是普通计算机甚至人形机器人都达不到的。（MacDorman and Ishiguro 2006，p. 317）

与此类似，作为一个与传播及文化研究（communication and cultural

studies）高度相关的新兴领域（Roderick 2010，Thrift 2003，2004，Lee et al. 2006，Olivier 2012，Mayer 1999，Zhao 2006，Willson 2012，Spigel 2001，2005），在这个领域工作的学者把社交机器人看作一种独特的传播媒介，而这种媒介最终可能会影响到我们看待自己和理解他人的方式，甚至会"在日常生活中开拓出全新的表达、交流和交往的可能性"（Mayer 1999，p. 328；Zhao 2006）。简而言之，社交机器人被看作一种用来和人类沟通交往的特殊科技。实际上，威尔森（Willson 2012）甚至把社交机器人玩具放在"人际社交关系越来越多地借助科技来完成"这一社会潮流的大背景下加以研究。

正如我们前文概述的那样，机器人的性别化意味着让它们拥有那些男性或女性范畴中易于理解甚至是刻板印象的物理外观。不仅如此，寥寥几项性别线索就能让人类交互者为机器人赋予性别（Alexander et al. 2014）。举例来说，有学者发现，当机器人声音被性别化之后，"用户会从机器合成音中听出与性别相关的生物学属性或社会文化属性"（Nass et al. 2005，p. 15）。还有学者发现，改变机器人的头发长度就足以让人类把它们当成有性别的机器人（Eyssel and Hegel 2012；参考 Tay et al. 2014）。

在对社交机器人进行性别化这一有意的决定背后有很多考量。首先，机器人设计师想要利用一个被广泛接受的立场：人类用户倾向于人格化机器并以社交的方式与它们交互，尽管这个做法有时候显得很无脑（Nass et al. 1997）。其次，人们普遍认为，如果社交机器人符合它们的角色对应的社交线索（Dautenhahn 1999），比如把医护机器人和接待机器人设计为"女性"，那么社交机器人就更容易为人所接纳。此外，那些致力于让社交机器人拥有简单易懂的性别特征的人宣称，这些设计决定应该由机器人的使用场景和目的来驱动（Fong，Nourbakhsh，and Dautenhahn 2003）。最后，利用一些简单易懂的刻板印象也能降低事故率，从而降低人们使用社交机器人的风险，并改善人机交互经验（Eyssel and Hegel 2012）。

然而另一种声音认为，这些理由会导致那些具有代表性的习俗被进一步固化，从而导致我们越来越难以构想与此不同的设计方案和拟人形象。有学者指出，这些年来社交机器人在科幻作品和现实世界中的形象（Nao，ASIMO，Repliee，Geminoid 等机器人形象）整体上是一致的，而这会导致那些偏离传统拟人形象的创新尝试承担更高的失败风险（DiSalvo et al. 2003，p. 70）。

机器人的性别化还凸显出社会对性别刻板印象的主流态度。"如果拟人形象可以用来投射人类价值，那么我们要先反思一下这些价值到底是什么。当我们用人类形象去完成任务的时候，即使完成任务的只是机器人，我们也在发表一个关于人类自身的声明"（同上，p. 72）。在这个意义上，机器人可以被看作我们对已有的性别态度的某种投射。

人机交互领域的研究人员也意识到了，对社交机器人进行刻板印象化处理会造成潜在的负面影响。举例来说，有学者指出，人形机器人的性别化可能会强化人际交流之间已经存在的性别刻板印象（Carpenter et al. 2009；参考 Robertson 2010，Wang and Young 2014，p. 50）。遵守严格的性别标准也让研究人员开始质疑，在机器人设计上利用刻板印象是否有悖伦理。比方说，有学者指出"那些会强化性别刻板印象的设计和使用方案在伦理上是值得怀疑的"（Pearson and Borenstein 2014，p. 30）。设计师在设计机器人的时候，是应该利用性别刻板印象来"操纵用户的心灵模型"（Eyssel and Hegel 2012，p. 12），还是应该努力创造一些对抗刻板印象的机器人呢？后者的具体案例包括"可以辅助技术工人的女性机器人"或"男性医护机器人"（male CareBots；同上）。此外，韦伯（Weber 2008）也在对机器人学的技术 – 伦理研究中指出，创造女性（以及宠物和婴儿）形象的机器人是不道德的，因为这可能会维护那些错误的刻板印象。[1] 不仅如此，科技小白用户也可能会被不恰当地误导（参考 Kahn et al. 2004，Turkle，Taggart et al. 2006，Turkle，Breazeal et al. 2006）。

　　人机交互领域之外的研究人员也对社交机器人的性别设计表示出了担忧。例如有学者指出，机器人设计师倾向于根据他们自己对性别角色的常识理解来设计机器人（Robertson 2010）。在机器人设计师看来，性别分配是一件无须深思的自明事情；生理性别（sex）与社会性别（gender）被混同在一起；相关领域的研究依赖过度简化的性别差异，例如头发长度、嗓音的声调、嘴唇颜色和性别化的名字等等。这样一来，机器人学家就会"未经批判地复制并强化那些和女性男性身体相关的支配性刻板印象"（同上，pp. 5-6）。

　　1　一些研究人员已经开始质疑人机交互的道德真实性，认为这种交互关系从道德角度来看可能导致心理问题（Kahn et al. 2004），也可能是不真实的和道德败坏的（Turkle et al. 2006）。一些学者质疑机器人的"社会性"，以及它们到底有没有能力完成真正的社交行为，能不能根据它们自身的经验去解释周围世界。卡恩等人（Kahn et al. 2004）在对 AIBO 宠物狗主人的研究中发现，虽然 AIBO 成功地让人类以为自己是活生生的，但人类只有在 12% 的时间里认为 AIBO 有道德地位。特克尔研究了老年人和 PARO 海豹机器人之间的交互关系并发现，PARO 成功激发起人类的钦佩感、喜爱的表现和好奇心，但是 PARO 也带来了一些问题，即"我们对科技到底要求着什么样的真实性？我们希望机器人能说出一些它们不可能明白的话吗？我们觉得机器人与我们的孩子和老人之间的关系怎么样才是合适的？"（同上，p. 360）

有学者指出，设计师之所以决定用刻板印象的特征和行为来设计机器人，部分是因为这些情绪和人格模型很容易被写进算法里（Weber 2014，p. 190）。然而我们必须意识到，这种做法会导致性别刻板印象被强化并被整合进机器人模型（参考 Weber 2005，2008，Robertson 2010）。"正如研究人员的想法和机器人设计会影响日常用户的行为表现一样 [……] 一遍又一遍地重复社交行为中含有性别歧视的刻板印象也会再次强化这些印象，而不是对它们提出质疑。"（Weber 2014，p. 191）不仅如此，韦伯还认为我们需要反思，用人形机器人的方式将人际交互中的要素——例如友谊和共情——转化成可以买卖的商品是否真的合适（Weber 2014，p. 191；参考 Isbister 2004）。

有学者认为，人机交互领域应该向更活跃的性别研究领域取经；这样一来，机器人学的研究人员就会采取一种对性别更敏感的思路去研究人机交互，从而"实现一种更有包容性的研究思路和设计思路，并且把女人和男人的需求都考虑进来"（Wang and Young 2014，p. 49）。这种研究思路借助了科技、社会学和性别研究，并且注意到了科学、科技和性别之间的复杂交织（Wajcman 2000，Berg and Lie 1995）以及科技产品设计中的内在政治属性（Winner 2010）。[1]

---

1 温纳论证道，科技并不是中立的。恰恰相反，科技在双重意义上具有内在的政治和道德属性。首先，科技产品设计可能有意或无意地导致预期之外的社会后果。其次，有些科技和产品设计在内在的意义上就完全是政治性的。这里的典型案例就是核技术——核技术的内在风险会带来日渐增强的监视和监控，从而彻底摧毁民主。

210   **对性别化机器的跨越**

性别这个范畴正受到越来越多的质疑，因此它成了"让我们去思考机器人到底应不应该性别化，以及机器人的性别化到底意味着什么的关键问题"（Pearson and Borenstein 2014，p. 28）。有学者指出，"机器人有机会成为全新的存在 [……] 而它们的形态不应该受到拟人功能和人类美学观念的约束"（Duffy 2003，p. 184）。本章的最后一节会针对"如何把性别的复杂性加入拟人科技产品的设计和创造之中"这一点，呈现一些初步的策略。

一些学者曾对设计师应该如何通过性别化来对抗机器人刻板印象给出过建议（Nass and Brave 2005）。比方说，尽管人们对那些"典型的"男性主导学科存在刻板印象，科技产品的设计者可以通过在教育软件中发出女性的"声音"；他们既可以雇一些女性来为软件产品录制声音，也可以设计一些女性特征强烈的合成噪音。这种使用非典型噪音的方式可以对抗现存的刻板印象。"正如人们将性别期待带入科技之中，人们也可以从科技之中汲取性别期待。"（同上，p. 29）这样一来，与学科相关的刻板印象可能会慢慢被削弱甚至最终被完全克服。

还有一种被称作"再性别化"（re-gendering）的策略。这种策略把男性和女性交互者看作具有独特"物理、社会和心理属性以及需求"（Wang and Young 2014，p. 50）的用户群体。研究人员还呼吁设计师在科技产品设计中采取"性别包容"（gender-inclusive）的视角，从而不把任何性别排除在外。简而言之，这些研究者支持通过对用户性别的更深刻理解来把对性别的敏感性加入到整体设计过程中。

一些学者认为，要想克服对机器人的性别刻板印象化，我们还可以采用"去性别化"（de-gendering）的方式来解构那些体型、眼神、行动和交互方式挂钩的性别表征（Weber and Bath 2007，p. 62）。这意味着对性别与科技之间关系甚至二元性别观念的解构，并努力把性别和科技理解为一种社会建构和一种不稳定的范畴。这种去性别化的举措与科技学者提出的社会塑形之间产生了共鸣，后者同样问道，"在科技对社会产生'影响'之前，是什么塑造了科技本身"（MacKenzie and Wajcman 1985，p. 8）。科技的社会塑形意味着重新将科技放在社会性的视野下进行审视。这种重新定位使得我们能够打开科技的"黑匣子"，并揭示那些在科技产品内容之中"已经凝固的决定和政策"（Bowker and Star 1999，p. 135）。科技的社会塑形所强调的，正是人们在科技发展的多线性轨道上有意无意作出的无数选择（Bijker，Hughes，and Pinch 1987）。因此科技建构主义者（technological constructivist）发现，科技总是通过与科学、政治、经济和性别的互相影响，以某种很难解释的方式与社会交织在一起（MacKenzie and Wajcman 1985，p. 14）。

性别研究、文化研究和科技社会学研究提供的这些视角都关注了设计决定是如何受到性别脚本的影响，又如何反过来使得事物具有性别意义的。通过这种方式，这些视角也在研究性别和科技是如何相互塑形的（Oost 2003，Akrich 1992）。"'性别脚本'（gender script）指的是那些人造产品设计师本人对性别关系和性别认同给出的表征（representation）——设计师随后又把这些表征植入了人造产品的物理特征之中。"（Oost 2003，p. 195）这些研究视角考察了"女性科技产

211

品"的文化和历史语境，从而揭示并涵盖了"女性群体相关的工具、技能和知识"（McGaw 2003），例如飞利浦电动剃须刀（Oost 2003）、电话（Rakow 1987，1992）、冰箱（Cowan 1985a）和电动洗衣机（Cowan 1985b）。在此之外，考虑到未来社交机器人设想中的很多角色通常和传统的女性工作领域相关——例如家务和医护，采用一种性别敏感的研究思路就变得格外重要（Kuchenbrandt et al. 2014）。这种思路还揭示出，"人造产品绝不只是在广告和使用中才获得性别含义的中立对象"（Oost 2003，p. 194），恰恰相反，它们从一开始就是有意或无意的设计选择的结果。

我认为一个非常清楚的事实是，如果要想意识到并克服那些和社交机器人的性别分配、性别刻板印象相关的问题，机器人设计师必须首先意识到现存的性别盲点和性别偏见，然后去熟悉那些对性别敏感的研究思路。科技研究、性别研究以及其他那些关注科技发展（尤其是直接与性别相关的社会问题）的学科都可以提供这些研究思路。只有通过这种方式，性别问题才能摆脱现在的边缘地位，并被更完整地整合进当前的人机交互研究领域中。

参考文献

Akrich, M. 1992. "The De-Scription of Technical Objects." In *Shaping Technology/ Building Society: Studies of Sociotechnical Change*, edited by W.E. Biker and J. Law, 204-24. Cambridge, MA: MIT Press.

Alexander, E., C. Bank, J.J. Yang, B. Hayes, and B. Scassellati. 2014. "Asking for

Help from a Gendered Robot." Proceedings of the 36th Annual Conference of the Cognitive Science Society Quebec City, Canada.

Bartneck, C. and J. Forlizzi. 2004. "Shaping Human-Robot Interaction: Understanding the Social Aspects of Intelligent Robotic Products." CHI'04 Extended Abstracts on Human Factors in Computing Systems. 1731-1732. doi: http://dx.doi.org/10.1145/985921.986205.

Berg, A-J. and M. Lie. 1995. "Feminism and Constructivism: Do Artifacts Have Gender?" *Science, Technology & Human Values* 20(3): 332-51. doi: http://dx.doi.org/10.1177/016224399502000304.

Bijker, W., T. Hughes, and T. Pinch. 1987. *The Social Construction of Technological Systems*. Cambridge, MA: MIT Press.

Bowker, G. and S. Star. 1999. *Sorting Things Out: Classification and Its Consequences*. Cambridge, MA: MIT Press.

Breazeal, C. 1999. "Robot in Society: Friend or Appliance?", Proceedings of Agents '99 Workshop on Emotion Based Architectures. 18-26.

Breazeal, C. 2000. "Sociable Machines: Expressive Social Exchange between Humans and Robots." Department of Electrical Engineering and computer Science, MIT.

Breazeal, C. 2002. *Designing Sociable Robots, Intelligent Robots and Autonomous Agents*. Cambridge, MA: MIT Press.

Breazeal, C. 2003. "Toward Sociable Robots." *Robotics and Autonomous Systems* 42(3-4): 167-75. doi: http://dx.doi.org/10.1016/S0921-8890(02)00373-1.

Carpenter, J., J.M. Davis, N. Erwin-Stewart, T.R. Lee, J.D. Bransford, and N. Vye. 2009. "Gender Representation and Humanoid Robots Designed for Domestic Use." *International Journal of Social Robotics* 1(3): 261-5. doi: http://dx.doi.org/10.1007/s12369-009-0016-4.

Coeckelbergh, M. 2011. "Humans, Animals, and Robots: A Phenomenological Approach to Human–Robot Relations." *International Journal of Social Robotics* 3(2): 197-204. doi: http://dx.doi.org/10.1007/s12369-010-0075-6.

Cowan, R.S. 1985a. "How the Refrigerator Got Its Hum." In *The Social Shaping of Technology*, edited by Donald McKenzie and Judy Wajcman. Philadelphia, PA: Open University Press.

Cowan, R.S. 1985b. *More Work for Mother: The Ironies of Household Technology from the Open Hearth to the Microwave*. New York: Basic Books.

Crowell, C.R., M. Villano, M. Scheutz, and P. Schermerhorn. 2009. "Gendered Voice and Robot Entities: Perceptions and Reactions of Male and Female Subjects." IEEE/RSJ International Conference on Intelligent Robots and Systems, 2009. IROS 2009. 3735-41. doi: http://dx.doi.org/10.1109/IROS.2009.5354204.

Dautenhahn, K. 1999. "Robots as Social Actors: Aurora and the Case of Autism." The Third International Cognitive Technology Conference, San Francisco. 374.

Dautenhahn, K. and A. Billard. 2002. "Games Children with Autism Can Play with Robota, a Humanoid Robotic Doll." Cambridge Workshop on Universal Access and Assistive Technology, London. 179–90. doi: http://dx.doi.org/10.1007/978-1-4471-3719-1_18.

DiSalvo, C. and F. Gemperle. 2003. "From Seduction to Fulfillment: The Use of Anthropomorphic Form in Design." Proceedings of the 2003 International Conference on Designing Pleasurable Products and Interfaces. 67-72. doi: http://dx.doi.org/10.1145/782896.782913.

DiSalvo, C.F., F. Gemperle, J. Forlizzi, and S. Kiesler. 2002. "All Robots Are Not Created Equal: The Design and Perception of Humanoid Robot Heads." Proceedings of the 4th Conference on Designing Interactive Systems: Processes, Practices, Methods, and Techniques. 321-6. doi: http://dx.doi.

org/10.1145/778712.778756.

Duffy, B.R. 2003. "Anthropomorphism and the Social Robot." *Robotics and Autonomous Systems* 42(3-4): 177-90. doi: http://dx.doi.org/10.1016/S0921-8890(02)00374-3.

Epley, N., A. Waytz, and J. Cacioppo. 2007. "One Seeing Human: A Three-Factor Theory of Anthropomorphism." *Psychological Review* 114: 864-86.

Eyssel, F. and F. Hegel. 2012. "(S)He's Got the Look: Gender Stereotyping of Robots." *Journal of Applied Social Psychology* 42(9): 2213-30. doi: http://dx.doi.org/10.1111/j.1559-1816.2012.00937.x.

Eyssel, F., D. Kuchenbrandt, S. Bobinger, L. de Ruiter, and F. Hegel. 2012. "'If You Sound Like Me, You Must Be More Human': On the Interplay of Robot and User Features on Human-Robot Acceptance and Anthropomorphism." Proceedings of the Seventh Annual ACM/IEEE International Conference on Human-Robot Interaction. 125-6. doi: http://dx.doi.org/10.1145/2157689.2157717.

Ezer, N., A.D. Fisk, and W.A. Rogers. 2009. "Attitudinal and Intentional Acceptance of Domestic Robots by Younger and Older Adults." In *Universal Access in Human–Computer Interaction. Intelligent and Ubiquitous Interaction Environments*, 39-48. Berlin and Heidelberg: Springer. doi: http://dx.doi.org/10.1007/978-3-642-02710-9_5.

Fong, T., I. Nourbakhsh, and K. Dautenhahn. 2003. "A Survey of Socially Interactive Robots." *Robotics and Autonomous Systems* 42(3-4): 143-66. doi: http://dx.doi.org/10.1016/S0921-8890(02)00372-X.

Goetz, J., S. Kiesler, and A. Powers. 2003. "Matching Robot Appearance and Behavior to Tasks to Improve Human-Robot Cooperation." The 12th IEEE International Workshop on Robot and Human Interactive Communication, 2003. Proceedings. ROMAN 2003. 55-60. doi: http://dx.doi.org/10.1109/

ROMAN.2003.1251796.

Isbister, K. 2004. "Instrumental Sociality: How Machines Reflect to Us Our Own Humanity." Paper given at the Workshop Dimensions of Sociality. Shaping Relationships with Machines, University of Vienna and the Austrian Institute for Artificial Intelligence, Vienna November 18–20.

Johnstone, B. 1999. "Japan's Friendly Robots." *Technology Review* 102(3): 64–9.

Kahn, P., N. Freier, B. Friedman, R. Severson, and E. Feldman. 2004. "Social and Moral Relationships with Robotic Others?", IEEE International Workshop on Robot and Human Interactive Communication, Kurashiki, Okayama Japan. 545-50. doi: http://dx.doi.org/10.1109/ROMAN.2004.1374819.

Kiesler, S. 2005. "Fostering Common Ground in Human-Robot Interaction." IEEE International Workshop on Robot and Human Interactive Communication, 2005. ROMAN 2005. 729-34. doi: http://dx.doi.org/10.1109/ROMAN.2005.1513866.

Kiesler, S. and J. Goetz. 2002. "Mental Models of Robotic Assistants." CHI'02 Extended Abstracts on Human Factors in Computing Systems. 576-7. doi: http://dx.doi.org/10.1145/506443.506491.

Kuchenbrandt, D., M. Häring, J. Eichberg, and F. Eyssel. 2012. "Keep an Eye on the Task! How Gender Typicality of Tasks Influence Human-Robot Interactions." In *Social Robotics*, 448-57. Springer. doi: http://dx.doi.org/10.1007/978-3-642-34103-8_45.

Kuchenbrandt, D., M. Häring, J. Eichberg, F. Eyssel, and E. André. 2014. "Keep an Eye on the Task! How Gender Typicality of Tasks Influence Human-Robot Interactions." *International Journal of Social Robotics* 6(3): 417-27. doi: http://dx.doi.org/10.1007/s12369-014-0244-0.

Lee, K.M., W. Peng, S-A. Jin, and C. Yan. 2006. "Can Robots Manifest Personality?: An Empirical Test of Personality Recognition, Social Responses, and Social

Presence in Human-Robot Interaction." *Journal of Communication* 56(4): 754-72. doi: http://dx.doi.org/10.1111/j.1460-2466.2006.00318.x.

MacDorman, K.F. and H. Ishiguro. 2006. "The Uncanny Advantage of Using Androids in Cognitive and Social Science Research." *Interaction Studies* 7(3): 297-337. doi: http://dx.doi.org/10.1075/is.7.3.03mac.

MacKenzie, D.A. and J. Wajcman. 1985. *The Social Shaping of Technology: How the Refriderator Got Its Hum*. 2nd ed. Philadelphia, PA: Open University Press.

Mayer, P. 1999. "Computer Media Studies: An Emergent Field." In *Computer Media and Communication: A Reader*, edited by PA Mayer, 329-36. Oxford: Oxford University Press.

McGaw, J. 2003. "Why Feminine Technologies Matter." In *Gender and Technology: A Reader*, edited by Nina E. Lerman, Ruth Oldenziel and Arwen P. Mohun, 13–36. Baltimore, MD: The Johns Hopkins University Press.

Mori, M. 1970. "The Uncanny Valley." *Energy* 7(4): 33-5.

Nass, C. and S. Brave. 2005. *Wired for Speech*. Cambridge, MA: MIT Press.

Nass, C. and K.M. Lee. 2001. "Does Computer-Synthesized Speech Manifest Personality? Experimental Tests of Recognition, Similarity-Attraction, and Consistency-Attraction." *Journal of Experimental Psychology: Applied* 7(3): 171-81. doi: http://dx.doi.org/10.1037//1076-898X.7.3.171.

Nass, C. and Y. Moon. 2000. "Machines and Mindlessness: Social Responses to Computers." *Journal of Social Issues* 56(1): 81-103. doi: http://dx.doi.org/10.1111/0022-4537.00153.

Nass, C., Y. Moon, J. Morkes, E. Kim, and B. Fogg. 1997. "Computers Are Social Actors: A Review of Current Research." In *Human Values and the Design of Computer Technology*, edited by B. Friedman. Stanford, CA: CSLI Press.

Niculescu, A., B. van Dijk, A. Nijholt, H. Li, and S.L. See. 2013. "Making Social

Robots More Attractive: The Effects of Voice Pitch, Humor and Empathy." *International Journal of Social Robotics* 5(2): 171-91. doi: http://dx.doi.org/10.1007/s12369-012-0171-x.

Niculescu, A., B. Van Dijk, A. Nijholt, and S.L. See. 2011. "The Influence of Voice Pitch on the Evaluation of a Social Robot Receptionist." 2011 International Conference on User Science and Engineering (i-USEr). 18-23. doi: http://dx.doi.org/10.1109/iUSEr.2011.6150529.

Okuno, Y., T. Kanda, M. Imai, H. Ishiguro, and N. Hagita. 2009. "Providing Route Directions: Design of Robot's Utterance, Gesture, and Timing." 2009 4th ACM/IEEE International Conference on Human–Robot Interaction (HRI). 53-60.

Olivier, B. 2012. "Cyberspace, Simulation, Artificial Intelligence, Affectionate Machines and Being Human." *Communication: South African Journal for Communication Theory and Research* 38(3): 261-78. doi: http://dx.doi.org/10.1080/02500167.2012.716763.

Oost, E.V. 2003. "Materialized Gender: How Shavers Configure the Users' Femininity and Masulinity." In *How Users Matter: The Co-Construction of User and Technology*, edited by N. Oudshoorn and T. Pinch, 193-208. Cambridge, MA: MIT Press.

Park, E., K.J. Kim, and A.P. del Pobil. 2011. "The Effect of Robot's Body Gesture and Gender in Human–Robot Interaction." *Human-Computer Interaction* 6: 91-6. doi: http://dx.doi.org/10.2316/P.2011.747-023.

Pearson, Y. and J. Borenstein. 2014. "Creating 'Companions' for Children: The Ethics of Designing Esthetic Features for Robots." *AI & Society* 29(1): 23-31. doi: http://dx.doi.org/10.1007/s00146-012-0431-1.

Posner, M. 2013. "In Our Love Affair with Machines, Will They Break Our Hearts?" *The Globe and Mail*, F4, Focus. http://search.proquest.com.proxy.lib.sfu.ca/docview/

1470005654?accountid=13800.

Powers, A. and S. Kiesler. 2006. "The Advisor Robot: Tracing People's Mental Model from a Robot's Physical Attributes." Proceedings of the 1st ACM SIGCHI/SIGART Conference on Human–Robot Interaction. 218-25. doi: http://dx.doi.org/10.1145/1121241.1121280.

Powers, A., A.D. Kramer, S. Lim, J. Kuo, S-l. Lee, and S. Kiesler. 2005. "Eliciting Information from People with a Gendered Humanoid Robot." IEEE International Workshop on Robot and Human Interactive Communication, 2005. ROMAN 2005. 158-63. doi: http://dx.doi.org/10.1109/ROMAN.2005.1513773.

Rakow, L. 1987. "Gender, Communication and Technology. A Case Study of Women and the Telephone " PhD Dissertation, University of Illinois at Urbana-Champagne.

Rakow, L. 1992. *Gender on the Line: Women, the Telephone, and Community Life.* University of Illinois Press.

Reeves, B. and C. Nash. 1996. *The Media Equation: How People Treat Computers, Television, and New Media as Real People and Places.* New York: Cambridge University Press.

Riek, L.D., T-C. Rabinowitch, B. Chakrabarti, and P. Robinson. 2009. "How Anthropomorphism Affects Empathy Toward Robots." Proceedings of the 4th ACM/IEEE International Conference on Human Robot Interaction. 245-6. doi: http://dx.doi.org/10.1145/1514095.1514158.

Robertson, J. 2010. "Gendering Humanoid Robots: Robo-Sexism in Japan." *Body & Society* 16(2): 1-36. doi: http://dx.doi.org/10.1177/1357034x10364767.

Roderick, I. 2010. "Considering the Fetish Value of Eod Robots." *International Journal of Cultural Studies* 13(3): 235-53. doi: http://dx.doi.org/10.1177/1367877909359732.

Scassellati, B.M. 2001. "Foundations for a Theory of Mind for a Humanoid Robot." PhD dissertation, Department of Electrical Engineering and Computer Science, Massachusetts Institute of Technology.

Schermerhorn, P., M. Scheutz, and C.R. Crowell. 2008. "Robot Social Presence and Gender: Do Females View Robots Differently Than Males?", Proceedings of the 3rd ACM/IEEE International Conference on Human–Robot Interaction. 263-70. doi: http://dx.doi.org/10.1145/1349822.1349857.

Scheutz, M. and P. Schermerhorn. 2009. "Affective Goal and Task Selection for Social Robots." *Handbook of Research on Synthetic Emotions and Sociable Robotics: New Applications in Affective Computing and Artificial Intelligence*: 74-87. doi: http://dx.doi.org/10.4018/978-1-60566-354-8.ch005.

Sedeno, E.P. 2001. "Gender: The Missing Factor in STS." In *Visions of STS: Counterpoints in Science, Technology, and Society Studies*, edited by Stephen Cutcliffe and Carl Mitcham, 123-38. Albany, New York: State University of New York Press.

Shaw-Garlock, G. 2014. "Gendered by Design: Gender Codes in Social Robotics." In *Sociable Robots and the Future of Social Relations: Proceedings of Robo-Philosophy 2014*, edited by Johanna Seibt, Raul Hakli and Marco Nørskov, 309-317. Amsterdam: IOS Press Ebooks. doi: http://dx.doi.org/10.3233/978-1-61499-480-0-309.

Siegel, M., C. Breazeal, and M.I. Norton. 2009. "Persuasive Robotics: The Influence of Robot Gender on Human Behavior." IROS 2009. IEEE/RSJ International Conference on Intelligent Robots and Systems 2009. 2563-8. doi: http://dx.doi.org/10.1109/IROS.2009.5354116.

Spigel, L. 2001. "Media Homes: Then and Now." *International Journal of Cultural Studies* 4(4): 385-411.

Spigel, L. 2005. "Designing the Smart House: Posthuman Domesticity and Conspicuous Production." *European Journal of Cultural Studies* 8(4): 403-26. doi: http://dx.doi.org/10.1177/1367549405057826.

Steinfeld, A., T. Fong, D. Kaber, M. Lewis, J. Scholtz, A. Schultz, and M. Goodrich. 2006. "Common Metrics for Human–Robot Interaction." Proceedings of the 1st ACM SIGCHI/SIGART Conference on Human–Robot Interaction. 33-40. doi: http://dx.doi.org/10.1145/1121241.1121249.

Tay, B., Y. Jung, and T. Park. 2014. "When Stereotypes Meet Robots: The Double-Edge Sword of Robot Gender and Personality in Human-Robot Interaction." *Computers in Human Behavior* 38 :75-84. doi: http://dx.doi.org/10.1016/j.chb.2014.05.014.

Tay, B., T. Park, Y. Jung, Y. Tan, and A. Wong. 2013. "When Stereotypes Meet Robots: The Effect of Gender Stereotypes on People's Acceptance of a Security Robot." In *Engineering Psychology and Cognitive Ergonomics. Understanding Human Cognition*, 261-70. Springer. doi: http://dx.doi.org/10.1007/978-3-642-39360-0_29.

Thrift, N. 2003. "Closer to the Machine? Intellegent Environments, New Forms of Possession and the Rise of the Supertoy." *Cultural Geographies* 10(4): 389-407. doi: http://dx.doi.org/10.1191/1474474003eu282oa.

Thrift, N. 2004. "Electric Animals: New Models of Everyday Life?" *Cultural Studies* 18(2-3): 461-82. doi: http://dx.doi.org/10.1080/0950238042000201617.

Torrey, C., A. Powers, M. Marge, S.R. Fussell, and S. Kiesler. 2006. "Effects of Adaptive Robot Dialogue on Information Exchange and Social Relations." Proceedings of the 1st ACM SIGCHI/SIGART Conference on Human-Robot Interaction. 126-33. doi: http://dx.doi.org/10.1145/1121241.1121264.

Turkle, S., C. Breazeal, O. Daste, and B. Scassellati. 2006. "Encounters with Kismet

and Cog: Children Respond to Relational Artifacts." In *Digital Media: Transformations in Human Communication*, edited by Paul Messaris and Lee Humphreys, 313-330. New York: Peter Lang Publishing.

Turkle, S., W. Taggart, C. Kidd, and O. Daste. 2006. "Relational Artifacts with Children and Elders: The Complexities of Cybercompanionship." *Connection Science* 18(4): 347-61. doi: http://dx.doi.org/10.1080/09540090600868912.

Wajcman, J. 2000. "Reflections on Gender and Technology Studies: In What State Is the Art?" *Social Studies of Science* 30(3): 447-64. doi: http://dx.doi.org/10.1177/030631200030003005.

Walters, M.L., D.S. Syrdal, K.L. Koay, K. Dautenhahn, and R. Te Boekhorst. 2008. "Human Approach Distances to a Mechanical-Looking Robot with Different Robot Voice Styles." ROMAN 2008. The 17th IEEE International Symposium on Robot and Human Interactive Communication, 2008. 707-12. doi: http://dx.doi.org/10.1109/ROMAN.2008.4600750.

Wang, Y. and J.E. Young. 2014. "Beyond Pink and Blue: Gendered Attitudes Towards Robots in Society." Proceedings of Gender and IT Appropriation. Science and Practice on Dialogue-Forum for Interdisciplinary Exchange. 49.

Weber, J. 2005. "Helpless Machines and True Loving Caregivers: A Feminist Critique of Recent Trends in Human-Robot Interaction." *Journal of Information, Communication and Ethics in Society* 3(4): 209-18. doi: http://dx.doi.org/10.1108/14779960580000274.

Weber, J. 2008. "Human–Robot Interaction." In *Handbook of Research on Computer-Mediated Communication*, edited by Sigrid Kelsey and Kirk St. Amant, 855-63. Hershey, PA: Idea Group Publisher.

Weber, J. 2014. "Opacity Versus Computational Reflection: Modelling Human-Robot Interaction in Personal Service Robotics." *Science, Technology & Innovation*

Studies 10(1): 187-99.

Weber, J. and C. Bath. 2007. "'Social' Robot & 'Emotional' Software Agents: Gendering Processes and De-Gendering Strategies of 'Technologies in the Making'." In *Gender Designs It: Construction and Deconstruction of Information Society Technology*, edited by Isabel Zorn, Susanne Maass, Els Rommes, Carola Schirmer and Heidi Schelhowe, 54-63. Weisbaden: Verlag für Sozialwissenschaften.

Willson, M.A. 2012. "Being-Together: Thinking through Technologically Mediated Sociality and Community." *Communication and Critical/Cultural Studies* 9(3): 279-97. doi: http://dx.doi.org/10.1080/14791420.2012.705007.

Winner, L. 2010. *The Whale and the Reactor: A Search for Limits in an Age of High Technology*. Chicago, IL: University of Chicago Press.

Zhao, S. 2006. "Humanoid Social Robots as a Medium of Communication." *New Media & Society* 8(3): 401-19. doi: http://dx.doi.org/10.1177/1461444806061951.

Złotowski, J., D. Proudfoot, K. Yogeeswaran, and C. Bartneck. 2014. "Anthropomorphism: Opportunities and Challenges in Human-Robot Interaction." *International Journal of Social Robotics*:1-14. doi: http://dx.doi.org/10.1007/s12369-014-0267-6.

第十二章

劝导性机器人科技与选择行动的自由

米歇尔·拉波特[1]

219 　　自主智能的劝导性科技（persuasive technology）正在慢慢进入家庭、汽车和工作场所等日常生活的各个角落。这种形态的社交机器人学的目标是确保特定行为的发生以及预期效果的实现；为了做到这一点，劝导机器人会根据事先编程的协议来引导用户作出"正确"的决定或行动。这些设备在从事日常任务时似乎并不会给我们造成什么伦理上的担忧；但在提供我们既熟悉却又更有效的自我监督、纠正机制的同时，这些设备的部署也在挑战并重塑着用户的自由选择能力。因此，我们不仅需要重新评估用户在使用这些设备时的个人自由，同时还要注意到，当这些设备保证了"正确的行为"的发生时，它也损害了我们的个人自主性和主体性的建构（constitution of subjectivity）。

　　1　我非常感谢特拉维夫大学的萨弗拉伦理学中心（Edmond J. Safra Centers for Ethics）和哈佛大学的同事们，他们给本章的初稿提供了大量富有洞见的建设性评论。

由于这些科技与自由的关系以及它们对人类作为道德施动者（moral
agent）的影响，这些智能劝导性科技塑造了一种全新的关于行为、习
惯和手段的伦理图景。

导言

> 你等必须将我
>
> 捆绑，勒紧痛苦的绳索，牢牢固定在船面，
>
> 贴站桅杆之上，绳端将杆身紧紧围圈；
>
> 倘若我恳求你们，央求松绑，
>
> 你们要拿出更多的绳条，把我捆得更严。（《奥德赛》，第 12
> 卷，167—171 行）[1]

　　奥德修斯在与海妖诱惑人心的歌声抗争时，命令他的手下把自己
绑在船桅上，并用蜡把所有人的耳朵堵住，这样他们就不会受到海妖
歌声的勾引。与此非常类似，如今很多智能科技也承诺"有效植入能改
变行为的主观体验"（Fogg 2009），这些科技进入了市场，承诺可以让
用户对系统和设备编程，从而引导用户自己作出正确的决定，或保证
实现预期的效果，以此来满足一种奥德修斯式的需求。因此社交机器
人学就涉及了很多与行为表现相关的设备。这些设备的存在理由（raison

220

　　1　此处的中文译文来自陈中梅先生的《奥德赛》译本（北京：北京燕山出版社，
1999）。——译者注

d'être）包括实现期待的结果、引发特定的表现，以及保证那些实现预期结果的过程得以执行。它们被编程为可以实现"正确"和"恰当"行为的工具，而这些行为有时可能会和用户本来打算作的选择相冲突。

使用智能劝导设备已经不再仅仅是科幻作品的特权，实际上这些设备已经开始影响到当代个人和共同体的生活了。在这个意义上，我们必须考察这些设备对"科技 – 人类"（techno-human）这一条件的可能影响。本章会着重研究，这些由用户自愿安装部署的劝导设备是否以及如何影响了人类自由选择和自由行动的可能性。我们不会天真地预设这些智能科技仅仅是对科技的工具性（instrumentality）的某种更有效和全面的展现，也不会认为这些技术带来了一种本体论上和伦理上全新的科技体验。恰恰相反，这些科技对自由选择和自由行动的改变既是程度上的也是类型上的，既是质的改变也是量的改变。因此，虽然它们在很多方面只是提供了一种我们既熟悉却又更有效的自我监督机制，但它们也通过人类与智能科技的全新交互方式重塑了人类的个体自由。当人机交互具有了这种全新形态之后，我们理应批判性地审视这些新兴科技给人类自由带来的可能挑战和限制，并对它们的伦理后果作出回应。这也正是本章的研究目标。

智能劝导性科技

20 世纪见证了机器人学和各种形态的智能科技的诞生，它们的共同点是具有收集环境信息、处理信息、进行智能推理，最后根据推理去改变自己行动表现的能力。这些智能设备有场景感知能力，专为个人定制，还能对未知信息作出预期并适应自己所处的环境；它们创造了一个交互性的计算感知中枢，推动了人类、机器、环境之间的共生交互（symbiotic interaction）。这些智能技术通过建立联系网络来监管应用、系统和设备的运转，协调这些运转并创造出同步性的科技场景。这些设备不仅提供了效率、便捷、生产力，还可以承担很多任务，例如驱动和提供更健康的生活方式选择，或鼓励一些特定的社会规范。很多设备因此都在引导用户按照预先设定的行为模式去行动，并在这个意义上具备劝导能力（persuasive capability）。举例来说，最近几十年出现了协助用户戒除烟瘾的设备、能监控食物摄入和促进健康饮食习惯的智能冰箱、监控体重的浴室体重计，以及限制能源和自然资源消耗的智能设备。

221

很多研究人员都对智能设备的劝导能力产生了很大兴趣。例如斯坦福大学劝导科技实验室（Persuasive Technologies Lab）的福格就认为，这些新兴科技"本质上是在学习如何使得行为的改变自动化"（Fogg 2009）。这些设备的劝导能力可以有不同的形态：例如我想开快车，但我驾驶的车不允许我超速；或者我想吃冰激凌，但我的智能冰箱在得知我糖尿病的前提下拒绝购买高糖食物。这些由用户自愿安装的设备参与了用户主动进行的自我约束和自我监督过程。由此带来的科技环境或者以引导用户的方式，或者以自主运行的方式，持续地执行着用户的物理选择、社交选择和内心选择。[1]

1　这项研究只关注与用户物理行为绑定的设备，所以像"自由"（*Freedom*）这种断网生产力软件的智能在线服务（国内用户可能更熟悉 *Forest*——译者注），或者 TeVo 那种不影响人类在现实物理空间中运动的娱乐设备，我们这里就不讨论了。

自我监督机制

> 道德自由是使得一个人真正成为自己主人的东西。因此完全受欲望驱使的人与奴隶无异，而服从人为自己设定的法律才是自由。（Rousseau 1987，p. 27）

在考虑我们用来促进自我控制、自我管理、自我监督和自我约束的各种机制时，我们会发现，这些行为呈现出一种内在的二元性（binarism）和冲突状态：我想要一些我不应该想要的东西，我的欲望和我的最佳利益诉求是矛盾的。处于这种矛盾状态的个体可能会陷入不自制的（acrasia）状态，也就是没有听从自己的最佳判断，并陷入时间维度上的冲突（长期利益还是短期利益）、不同心灵官能的冲突（理性还是情感）或道德价值的冲突（自我优先还是他人优先）。这些冲突所处的框架并没有什么含混和主观的，在这些框架中，每个选择都有特定的积极／消极价值。换句话说，归根结底存在着一个**正确**的决定和随之而来的一个**正确**的行为。如果我选择了不正确的那个行为，那么可以说我在很多方面上辜负了自己。既然这些自我监督机制在本质上就和行为表现挂钩，那么机制的成功当然就意味着做出了正确的行为。在这个意义上，现在的问题不是我想不想做正确的行为，而是我事实上会不会那么做。用法兰克福（Frankfurt 1971）的话说，关键在于那些实际上使得行为"生效的"（effective）欲望，这些欲望在根本上体现了我们的意愿。

222

这种内心冲突的情况说明，存在着一个肉体性或非肉体性的"他者"与自我并列，并引导自我做正确的行为。理性这样一种对欲望和冲动进行反思、质疑的能力，具有某种超越性和权威性来促进一个不同于它的自我的胜利，"如果我想要支配自己，那么我必须由两部分组成：一个是支配性的自我，也就是我的意愿；另一个是被支配的自我，它能抵抗我的意愿"（Korsgaard 2008，p. 60）。当一个对巧克力上瘾的人把巧克力放在自己够不到的架子上时，当一个烟民故意不买烟时，他们都在自我之中引入了这样一个划分，在这个划分中，欲求性的甚至可能是摧毁性的冲动被矫正性的理性官能压制。除此之外，还有一些我们自愿施加的限制是通过把决策过程让渡给其他个体来实现的：请你提醒我要做这件事，请你鼓励我别做那件事，请你一定阻止我的特定行为。与此类似的是，很多物理对象也常常被用来促进自我监督和自我管理的过程：闹钟、体重秤、日历本、血压监测仪等等都可以帮助促进我们希望达到的结果。

根据一些制造商的说法，智能设备的工作方式与此类似，只是比这些方式更加有效，也更不易受打扰。以**营养意识烹制的智能厨房**（Smart Kitchen for Nutrition-Aware Cooking）为例，"卡路里显示"和"营养数据显示"一起引导用户实现营养均衡的饮食摄入。初步观察显示，这些智能设备会使得参与者调整食材用量来达到规定的卡路里标准，从而呈现出不同于以往的烹饪行为（Jen-Hao et al. 2010）。这项科技提供了一些信息来告知用户当前的用量和理想用量之间的差别，并由此帮助用户作出更专业的决定。与此类似，2002 年的一项专利描述了"一种监控设备，它可以自动实时监控住宅或建筑的耗电量，并把所有电器的总耗电量限制在一个预先设定的范围内"（Rodilla 1998，摘要部分）。设备用户即使不在建筑内也可以控制电量消耗，并限制总体的能源消耗。

有些智能科技的设计目标是阻止用户个体的偏好和趋向，也有一些智能科技则是在社会的规范维度上运转。这二者并不是互斥的，事实上，有些设备还可以同时做这两件事。可以为家庭和办公室自动上锁的智能锁，以及能提醒住户该清洗衣物的智能洗衣设备，都在协助用户克服他们的拖延症，并在这个意义上成为帮助用户解决特定担忧的工具。有些设备看似只是影响了人类个体作出的私人选择，但它们促进的规范和价值在本质上是社会性的。例如我们刚刚提到的限制能源消耗就不仅对个人和自己的家庭有好处，也对社会整体的可持续发展有利。这些设备不仅确保了用户考虑自己的财物消费，还会鼓励用户参与公共福祉的考量，并成为一个更有责任感的公民。在这个社会规范的维度上——这里涉及的是那些有更大社会影响的行为——智能科技成了我们称作"自由主义家长制"（libertarian paternalism）或"哄劝"（nudge）机制的一部分。

"哄劝"这个术语带有正强化（positive reinforcement）的意味，它是一种非强迫性的鼓励遵守措施；这个术语被用来描述"以可预测的方式改变人们的行为，却不强制禁止任何选项或大幅改变人类的经济动机的一种选择结构"（Thaler and Sunstein 2008，p. 6）。哄劝背后的逻辑根据是一种温和的自由主义家长制，在这个意义上，哄劝可以在表面上不限制人们自由的前提下，帮助人们作出"正确"且"合理"的决定。人们常常批评哄劝机制本质上是一种经济政策工具，它干预了我们决策过程，引导我们做出符合政府利益的行为；大家还批评它本质上是一种损害个体自主性的精神操纵。然而尽管如此，哄劝

223

机制仍然被看作保护人们免于伤害自己的合理手段，尤其是当人们的行为选择和自己的最佳利益不符的时候（例如涉及健康的选择；参考 Schnellenbach 2012, Hausman and Welch 2010, Thaler and Sunstein 2003）。具体的例子有：高中自助食堂把低热量食物放在最显眼和容易够到的位置，以及可穿戴设备通过监测肢体运动来敦促穿戴者增加锻炼活动等等。健康显然是大多数人的首要关切，但促进健康的哄劝机制也有很多社会和经济影响，例如员工病假次数、保险开支、机构性医护资源的分配等等。人们还常常批评哄劝机制利用了人类的非理性特质，并依赖人类惯性和意志软弱的特点（Bovens 2009）而运作；在这个意义上，哄劝机制让我们怀疑，人们的实际选择真的反映了他们的偏好吗？而当人们的偏好真的改变了的时候，这种改变在多大程度上是哄劝的结果，又在多大程度上归功于人类的成长和学习能力？

当我们追问人的自由选择和自由行动会不会在自我监督的过程中被智能哄劝设备影响时，我们可以在法兰克福对自由行动（freedom of action）和自由意志（freedom of will）的区分中找到一个答案。根据法兰克福的理解，人类在自由行动能力受影响的情况下仍然可以拥有自由意志。在《自由意志与人的概念》（*Freedom of the Will and the Concept of a Person*，1971）一书中，法兰克福首先区分了有效的（即引发了行动的）欲望和无效的欲望。与此相似，他还区分了一阶欲望和二阶欲望：一阶欲望指的是对欲望之外的事物的欲求，而二阶欲望是对欲望的欲求。举例来说，我可能在一阶欲望的意义上不想出门晨跑，但在二阶欲望的意义上想要自己有想要出门锻炼的欲望。如果我想要这个二阶欲望成为我的意志（will），并且我最终遵守了这个二阶欲望出门锻炼，那么它就变成了生效的欲望，并被定义为**二阶意向**。

对社交机器人学和智能设备而言，编程设计体现的是二阶欲望，也就是对欲望的欲求（我想要自己变得更健康，我想要自己按时服药）；而智能设备可以让这些欲望变成生效欲望。我或许想要自己想要变得更健康，但我总是不想去锻炼。这个时候，一个鼓励我克服懒惰的劝导设备就能帮助我实现我的二阶欲望。尽管如此，在智能设备的哄劝作用下，导致我开始锻炼的最终原因或许不是我的二阶欲望生效了，而仅仅是我的智能设备督促我这么做而已。法兰克福举的例子如下：一个男人正专注在自己的工作上，但这不是由于他有二阶欲望，而只是由于他的其他一些未知的动机；与此类似，我出去晨跑也未必就满足了保持身体健康的二阶欲望，我这么做可能仅仅是因为我的智能设备非常烦人的震动提醒，或者因为意识到我要是不运动就会影响到我后续要做的一系列事情。在法兰克福看来，如果我的行动源于我的欲望，那么我的行动就是自由的。当我的行动源于一个我希望它生效的欲望时，我就在自由地行动。即使我在行动那一刻是受智能设备的操纵或强迫的，只要我的行动对应着我的二阶欲望，这个行动就是自由的。

"正如自由行动的问题与那个人想不想作出这个行动有关，自由意志的问题也和那个人想不想有这个意愿有关。"（Frankfurt 1971，p. 15）根据法兰克福的观点，如果生效欲望是自由可控的，那么我们在自由行动之外还享有自由意志。因此，自由意志意味着我有一个二阶意向，而且我的一阶欲望和它相对应。这样看来，有毒瘾的人是没有自由意志的，因为她的二阶意向无法控制她的生效欲望或她的行为；狗也没有自由意志，因为狗只是想要吃东西，但并不想要自己想要吃东西。在现在的语境下，即使我的行动源于科技设备的劝导，我也有自由意志，因为科技设备帮助我实现了我想要实现的欲望。有趣的是，劝导性科技还会影响一阶欲望的有效性，因为既然生效欲望会引发行动，那么智能设备有可能引发一些不对应任何一阶欲望的行动。比方说，我可以有想要吃饼干的一阶欲望，但最后还是吃了蔬菜，这不是因为我想要保持健康的二阶欲望生效了，而是因为科技阻止了我把有害的一阶欲望付诸行动。

劝导设备的诞生或许不是什么范式转换（paradigm shift），但它们提供了一个强化二阶欲望的更有效的手段；它们"一次设置永远有效"（set it and forget it）的特点，让人们不需要再在微观层面不断地想起、考虑这件事。所以有人论证道，智能设备把人从糟糕欲望的统治中解放了出来，从而让人能够去欲求好的东西。法兰克福把欲望分成一阶和二阶的做法确实承认了我们之前提到的支配性官能与被支配欲望之间的二元区分。通过这个区分，法兰克福就构建了这样一个理论框架：尽管在这个框架中存在着一个支配性的控制者，具有统一性的主体在那些无法自由行动的场景中仍然实践着自由意志的能力。

然而有些人可能不认同"劝导性科技与自由意志之间不存在矛盾"的看法，而是认为实践自由意志与否的关键恰恰在于微观层面上的考虑，也恰恰在于人需要把一阶欲望和二阶欲望对应在一起的那个时刻。如果"意志（即人的有效一阶欲望）与二阶意愿吻合，人就算实践了自由意志"（同上），那么由于自由意志并不需要额外保证一阶、二阶欲望之间的吻合，它在日常生活中的重要性也就变得很低了。然而我后面将会论证，在实现习惯行为的层面上把自由意志置于一旁，是有伦理后果的；此外，我们的行动到底是不是一阶欲望（我们想要

225

什么）和二阶欲望（我们想要自己想要什么）相吻合的结果，这一点在伦理上也是至关重要的。

关于自我的科技

智能设备在个体层面和社会层面之间的汇流处，也就是它们的自我哄劝机制，值得更深入的研究。与其说它仅仅是解决"内心"冲突的手段，不如说这些劝导设备在社会维度上哄劝着人们去做那些在更大的社会背景下**应该**（should/ought to）做的事情。在这个意义上，科技成了植入价值规范的手段，因为它们将公共空间的东西引入私人领域，并把这些东西烙印在我们的身体上了。

闹钟在7点准时响起，卧室灯同时打开，厨房里的咖啡机自动开始运转。这个房子的住户鲍勃走进洗手间并打开灯。智能家庭接收到这个手动交互信号，开始在洗手间的屏幕上展示早间新闻，并自动打开淋浴。当鲍勃开始刮胡子时，智能家庭感知到鲍勃的体重比他的理想体重超出了4磅，于是调整了之后显示在厨房的今日推荐食谱。吃早餐的时候，鲍勃让扫地机器人去打扫房间。当鲍勃出门上班之后，智能家庭在他走后把所有门都锁好，然后开启草坪喷水装置。当鲍勃下班到家的时候，他的食品杂货订单也到了，房子调回了他喜欢的温度，装满热水的浴缸已经在等待他了。（Cook and Yongblood 2004，p. 623）

这些设备引导鲍勃的偏好、选择的能力是很明显的：要遵守例行程序、在截止时间之前做完任务、完成家务活、维护个人和环境的卫生并监控和纠正各项身体指标。尽管这看上去像一个根据鲍勃的独特偏好来设计的完美环境，这里面仍然存在着一种规范化的维度（normalizing dimension）。生活在这个房子里的人应该节约自然能源、采取健康的生活方式并服用特定的药物；一旦他／她开始偏离这些规定，就会被看作不负责任甚至具有危害性的存在。鲍勃被一个智能环境彻底笼罩着；他的每个行为都会被记录、归档和监控，所以与他身体健康相关的决定都已经被智能设备设定好了。他的选择和偏好被编程进设备中，然后持续不断地反馈到他身上。这在根本上讲是一个超大的哄劝机制——哄劝无时无刻不弥漫在每个角落和每个事物上。尽管这个设备网络可能为鲍勃提供了极其舒适和方便的环境，但它的规范性维度慢慢变成了一个严重影响着鲍勃的规范化和规训设置。智能设备的爆炸式增长使得公共空间中的东西大幅地入侵到了他的私人领域之中，影响着他的个人选择和行为。虽然被编程到设备中的设置体现了鲍勃的个人选择（毕竟谁不想要一个整洁、健康和开支合理的生活方式呢?），但他的身体和周边环境受到持续不断的监督，这种监督把鲍勃的身体当作某种"对象和权力的目标"，成为一个可以通过设定好的活动从而能"被支配、被使用、被转化、被改善"的东西（Foucault 1995，p. 136）。

226

根据福柯的想法，身体成了话语和权力体制书写自我的场所。在《规训与惩罚》（*Discipline and Punish*，1995）一书中，他描述了对身体的检查和重组，以及规训权力机制在 17 世纪和 18 世纪的起源。通过运用各种各样的技术，包括制作隔离开的封闭空间（教室和营房）、把时间划分成从事不同活动的单元、施加特定的姿势动作（跪着祷告、士兵训练的一些规训动作），以及身体与个别对象（枪、笔等等）之间的关系——规训机制用这种方式对温顺的身体的活动、行为和位置取得了控制权。在福柯看来，修道院正是通过控制睡眠、饮食、祷告、说话的所有方式，把人转化成了修道士；同理，重复性的例行程序，结构化的活动，以及在齐步走、穿着和洗澡方面的控制，把新入伍的人变成了士兵。

智能科技试着促进的选择中已经包含了特定的社会命令：你无法选择安装一个浪费能源或一个忘记吃药的设备，因为这种设备根本不存在。社会价值在最初的策划、设计和资助阶段就已经被写入智能社交机器人学了，它们的设计目标就是在理性、符合伦理甚至节俭的外表下影响人的决策。作为一个实现规范和价值的手段，这些设备的训诫能力不仅体现在安装、编程和运行这些设备的用户身上，还体现在用户最初安装这些设备的那个关键决定上。

尽管这些试图影响我们决策的智能设备让自我训诫和自我调节的过程更触手可及、更友好、更普遍，但它们的影响在整体上仍然只带来了量变而非质变。[1] 这样一来，我们对实现了哄劝或强制机制的智能科技的批评，就和我们对非智能设备的批评很类似了。当这些工具拥有了哄劝能力，而用户甚至对此并不知情的时候，我们自然就会有一些关于自由选择、自由行动以及行为矫正的担忧。关于哄劝和训诫技术的进一步担忧是，它们会塑造一个道德上懒惰且碎片化的自我，这

227

1　当然，有人可能论证说量变最后会引发质变。举例来说，随着越来越多的传感器、程序和监控对员工的生产力和效率进行了记录，工作场所中对员工的监督也越发严密。在这种情况下，老板与员工关系的变化绝不仅仅是程度上的。

个自我只有在被哄劝的时候才会做出正确的行为（Bovens 2009）。托马斯·内格尔（Thomas Nagel 2011）的论证还涉及对他人行为的矫正，他认为我们可能会忽视那些导致一个人作出特定选择这一过程背后的偏见，并因此忽视决策过程背后的实际基础。

结果导向的设备

智能设备除了能影响人们如何行动的决定和选择之外，还能代替人行动，并直接在实践表现的层面插手以保证特定结果的实现。这些设备并不仅仅是建议或推荐用户做什么，而是直接保证了"正确"的行为得以实现。用智能自动驾驶的领军研究者的话说："司机仍然是掌控者，但如果司机有了犯错的苗头，科技就会自动接管。"（Markoff and Sengupta 2013）当智能门允许一些人进入但禁止其他人进入，当淋浴水温被设置成"不许高于 ×× 度"，或当紧急求助服务在意外发生时自动拨号的时候，最关键的都是最终的结果，而不是实现这个结果的过程。但由此出现的问题是，这种结果导向的设备是否会带来一种全新的人类 - 科技交互范式呢？当这些设备不再哄劝或操纵用户作出期待的行动，而是直接强迫用户做特定事情并保证好的结果得以实现时，这对人类的自由选择和自由行动的可能性有什么影响呢？

对结果导向的设备而言，具体的决策过程是无关紧要的，因为用户的行为是被强制的——比如在超速的时候降低车速。不仅如此，当这些设备代用户工作的时候，它们借助的也是自己不断读取的环境

社交机器人：界限、潜力和挑战
Social Robots: Boundaries, Potential, Challenges

输入信息，而不是用户的临时决定。用户唯一能作的自发选择就是
一开始就不安装这个设备。因此，结果导向的智能科技标志着这样
一个重大改变：安装设备的用户不能再作出单次的例行决定（routine
decision），而是面临这样一个抉择——要么放弃自由选择，完全按照
设备说的来做，要么就离设备越远越好。[1]

用法兰克福（Frankfurt 1978）的"被动行为"（passive action）这
个术语来说，即使用户看上去不再需要做某些行为（因为有科技的接
管），但他们仍然是这些行为的主人（agent）：

> 一辆汽车正在靠重力沿着下坡滑行，司机对车速和行驶方向
> 都非常满意，所以他完全没有插手干预汽车的运行。但这决不意
> 味着，汽车的前进和运动不是在他的引导下发生的。关键在于，
> 他随时准备好在必要的时候插手干预，而他确实或多或少有能力
> 干预汽车的运行。（同上，p. 160）

这种有效干预——甚至强行手动控制——的能力使得设备的用户
成为行动的主人，并且要对设备接管时产生的后果负道德责任。

在《消失的大众去哪儿了？从社会学角度审视日常人造产品》
（*Where Are the Missing Masses? The Sociology of a Few Mundane Artifacts*,
1992）中，布鲁诺·拉图尔（Bruno Latour）讲述了自己为了不系安全
带而忍受自动警报系统噪音的经历：

---

1 然而这种决定可能会有其他后果。强行手动控制智能安全设备可能会使得自己丧失
保险索赔的权利，忽视提醒服药设备的建议可能会对病人与医保机构的后续合作有负面
影响。

今天早晨我心情非常差，决定逍遥法外一次，于是我在没系安全带的情况下点了火。我的车通常不太想在我系好安全带之前启动。它先闪着"系好安全带！"的红灯，然后响起警报；警报的音调特别高就不说了，还重复不停没完没了，我根本就忍受不了。10秒钟之后，我爆粗了，然后乖乖系好了安全带……这就像建立了一条排中律，它让"司机＋不系安全带"这个组合在逻辑上变得无法想象，在道德上也变得令人无法容忍。但实际则未必如此，因为我实在太烦这种被迫乖乖遵守规则的感觉了，就让车库工人把开关和传感器的连接断开了。那个被排除的"中"回来了！现在世界上至少已经有一辆车既在路上行驶又没有安全带了——那就是我的车。（Latour 1992，pp. 125-126）

正如这段话展示的那样，我们在科技的坚持下被迫按照一种方式行动，而如果不这么做就是违抗指令。警报系统具有规范化的功能，它在推荐它自己想要的行为时成为某种形式的道德化主体。可想而知，自主智能汽车的下一个发展阶段必然是适配能自动系好和打开的安全带，这些安全带能调节到事先设定好的松紧和舒适度，还能随着环境条件的变化而变化。坐在这种更智能的车里时，抵抗科技的命令将变成更加极端的做法；那时候就不再仅仅是"抵抗"（resistance）了，而是"反叛"（insurgence）。

在这里，我们面对着一种对个人自主性的威胁，因为如果我们把自主性定义为"改变自己的偏好并在行动中有效实现这些偏好的能力"（Dworkin 1988，p. 108）的话，那么智能科技不仅会让用户无法改变自己的具体偏好（因为用户必须手动控制设备中预先设定好的程

229

序），更重要的是，它弱化了我们的偏好与接下来的行动之间的关系（因为我不需要按照自己的偏好去行动，而可以让设备替我行动）。如果"我统治我自己，没有其他东西能统治我"是自主性的必要条件，那么智能设备的激增在引入了一系列"统治"我的社会话语时，就摧毁了我的个人自主权。

然而，即使在科技强迫用户做出某些行为或干脆代替用户去行动时，即使在智能科技使得我们不能仅仅忽视它的建议，而是必须违抗它时，我们也仍然是作为主体、把科技当作实现意愿的使用对象与它交互。劝导性社交机器人引发的很多涉及自由选择和自由行动能力的问题，都仍然发生在哄劝、强制甚至代替行动机制的范式框架内。而本章的最后两节会指出，正是智能科技对我们日常生活中最普遍、最习以为常、最亲近行为的渗透，使得劝导性科技成为自由的本质正在发生深刻转变这件事的标志；它影响着我们抵抗的可能，并重塑着我们的主体性。由于这些技术渗透到了我们日常生活中普遍的、习以为常的亲近行为，它们就因此入侵并最终阻碍了我们抵抗它们的可能性；基于它们影响行为和结果的能力，智能科技在塑造自由主体的过程中扮演了新的角色，并在迫使用户抵抗一些类型的主体性时，在他们身上强加了某些新的主体性。

主体的自由

在福柯看来，规训（disciplinary power）不仅仅在训练身体去遵守它的权力体制，它还制造了各种具身化形式（form of embodiment）

来建构主体性。福柯描述的"温顺的身体"（docile body）被要求
用特定的方式来展示那些最细致入微的姿势、动作，而身体在这
么做的时候就成了主体，并参与到了持续的自我检查之中，同时
还不断地把自己的动作和当前的行为规范作比较。"主体以积极
的方式自我构建"，这使得自我的这些实践"不再是由个体自身发
明的。这是他在自己的文化中找到的模型，这些模型是由他的文
化、社会、社群提出、推荐并强制他接受下来的"（Foucault 1997,
p. 291）。这种主体性是奠基于受语境塑造的**表现性**和日常实践之上
的，而把主体性概念应用到哲学、语言学和性别话语上，就解释了
一个人的行为是如何在根本的意义上建构了他**是谁**，也建构了他
是什么。

从这种对表现性的理解中可以看出，与劝导科技的交互不仅强化
了主体性的各种形态——公民、房主、司机、雇员、病人——同时也
缩减了一个人挑战那个要求他做这个、不做那个的训诫规范的能力。
用福柯式的术语来说，我们可以把智能设备刻画为一种妨碍我们的
抵抗——抵抗是自由的一种体现——并阻碍主体性新形态诞生的东
西。[1]我们对"把一个人捆绑到自己身上，让他以这种方式向他人屈
服"的抵抗（对支配的抵抗，对各种主体性形态的抵抗，对服从的抵
抗；Foucault 1982，p. 781）被限制住了，因为科技不断地统治着行
为表现，没有留下多少改变的余地，也没留下多少作为主体去"拒绝

230

1　"抵抗"这个术语是在福柯的意义上使用的，即"有权力的地方就有抵抗，然而，
或者说正因如此，对权力的抵抗从来不是某种外在于权力的东西……权力关系在本质上依赖
于多重抵抗点……抵抗点是权力的他者；抵抗把自己书写为在与权力的关系中不可还原的东
西"（Foucault 1978，pp. 95-96）。

我们所是的样子"的余地。正如智能汽车强迫一个人安全驾驶、小心停车、以对环境负责的方式控制油耗，我们除了成为大家期待中的良心司机之外别无其他选择。在日常生活中，正因为这些科技在太多习惯性的例行实践中渗透得如此之深，也正因为它们在时间和空间上都无所不在，我们才意识不到它们的规训能力，而这也让抵抗变得更难以实现。用福柯自己的例子来说，我可以拒绝参加军事训练或拒绝在祷告时摆出那副标准姿态，但要想抵抗我平时购物或洗澡的具体方式，几乎注定会失败。对于那些用户自愿安装的设备来说，抵抗就更加困难了（毕竟一开始也是我们自己选择安装的），就算我有心抵抗并希望作出改变，但如果设备都已经接管了，我还能怎么抵抗呢？

有人可能会说，智能科技没有强迫任何一个人变成一个司机 – 主体（driver-subject），而只是要求我们更谨慎和细心一些。但就智能科技意味着一种不可抵抗的主体性而言，我们还能怎么理解它呢？以安装在老人家中的智能设备为例，这些设备会监控和记录老人的身体信息，保护老人免遭意外，提醒老人按时服药；很多情况会被设备判定为异常情况，需要通过规范化过程来加以矫正。老年人的身体被当作某种"非自然"的东西，成为在智能环境促成更好结果时的矫正措施的目标。一旦这些矫正措施是可行的，不接受它们的结果就是加速自己被社会孤立的过程。一旦与年龄对应的行为方式变成自愿选择而不是生物学上的必然性，那么选择不被"改造"就会被看作不愿意积极参与新生的科技条件。这就变成一个有社会影响和社会后果的选择（例如可能会增加公共健康服务的支出），而且可能会造成这些人被边缘化，而人们甚至会认为这些人得到如此下场完全是

231

他们自己的责任。[1]

确实，智能科技不仅与人的身体相关，它们也与身体的缺点和不完美不可分割地联系在一起。在寿命问题上，智能科技与安全、健康、福祉有关；在懒惰倾向上，它们能提供效率、便捷和舒适；在健忘、精力分散和年老导致的心不在焉上，它们能延长并实现心智功能。因此，智能科技不仅强化、巩固了特定的主体性，而且在更大的意义上永久化了"正常、主动和积极的人类应该是什么样子"的理想状态。在充斥着智能科技的世界中，人们还会有遗忘、忽视、拖延、变老或生病的自由吗？或者在更琐碎的事情上：如果智能衣柜能根据当前天气状况提出穿着建议的话，我们不就被剥夺了犯错误的能力吗？因此在我们评估社交机器人学——尤其是劝导性科技——会如何重塑个人自由时，我们会发现一些同时存在却彼此矛盾的后果：一方面，这些科技通过实现更强的自主性，帮助我们获得了更大的个人自

1　凯姆（Kamm 2009）在对桑德尔《反对完美》（Sandel 2004，*The Case Against Perfection*）一书的回应中，质疑了桑德尔反对将强化看作一种支配关系的做法。桑德尔还批评了那种不愿意接纳我们被"给予"的东西，而是迷信一种"超能动性（hyperagency），也就是一种想要重塑包括人性在内的自然，让它们符合我们的目标和欲望的普罗米修斯式热情"（同上）。凯姆也反驳了桑德尔的这一立场。桑德尔持有上文所说的担忧，也就是科技的发展会让我们失去对自然条件和现状的谦逊之心。凯姆的回应则是："我们看不到常态（normality）有什么在道德上更值得维护的东西。"（Kamm 2009，p. 109）凯姆的上述回应以及她拒绝承认选择和承担责任之间存在关联的想法都与我们的讨论相关。按她所说，我可以在选择不接受"改造"的同时仍然享有和那些选择接受改造的人同等的权利和待遇。尽管凯姆对把人类缺点浪漫化的做法很警惕——本章作者也很赞同这种警惕态度——但她的思路肯定和服务提供商（例如保险公司或安保公司）的心态大相径庭。这些公司会把削减开支看作首要目标，而且肯定会利用他们收集到的用户数据，想办法让用户自己承担尽可能多的开支。举例来说，如果用户拒绝使用智能药物发放机或拒绝安装智能安保系统，那么问题不会是凯姆所谓的"这是否表达了对人类弱点的接受或拒斥"，而是"这些人会不会给我们公司造成更大开支负担"这个非常现实的问题。

由；但另一方面，它们却约束了我们接受限制和失去正常能力的自由。

超人类主义（transhumanism）的远见，也就是科技通过植入、修改和强化等一系列手段帮助人类克服自身的物理局限和有限性的想法，在超越肉体的智能科技美梦中回响着。随着身体和环境慢慢被信息化——用信息的方式来处理和加工——人们都会服从下述解释和编程过程："修改代码，你就修改了身体。"（Thacker 2003，p. 87）虽然"人类表现性的动态现实被标准化"的可能性同时也意味着"对人类生命的系统化甚至机械化"，但能够被私人定制以满足用户的特殊需要的智能科技，却为我们带来了个体性和独特性。这些技术把用户的欲望拓展到环境上，并在一种比喻甚至现实的意义上被赋予了一种声音。一旦科技被看作能对人类（告诉我们应该怎么做）以及网络连接中的其他设备说话，它就会开始被拟人化。在这个意义上，人类被机械化的过程也伴随着机械被人类化的过程。有人论证道，科技的这种个体化会使得我们更难以抵抗它的统治，因为当智能设备被编程为服从我们个体化需求的状态时，如果我们想违背它们的命令，我们就是在违背自己的个体化扩展意愿（singularized extended will）。

全新的伦理基础

> 人类行动的本质已经变了，而既然伦理学关心的是行动，那么人类行动本质的改变就要求伦理学也一同改变……（Jonas 1984，p. 2）

这项研究提出一个问题，就是智能劝导设备是不是工具性的，以及在这个意义上，它们是不是一种在本体论的意义上全新的东西，或者说当它们渗透到日常生活领域时，我们的选择能力和自由行动能力会不会被改变。我们已经看到，这些科技带来的改变可能有很多种情况。它们可能像各种哄劝机制一样拥有自我控制能力，但也要服从社会规范、书写新的自我管理形式，并且呈现出一种社会建构主体的规训化。在区分开督促用户正确行动的设备和直接替用户行动的设备之后，自由选择和行动的可能性就随着这些设备的不同运行方式而获得了不同的重塑模式。

不管我们关注的是以赛亚·伯林（Isaiah Berlin）所谓的消极自由或积极自由的丧失——换句话说，不管我们关注的是"没有阻止我的行动能力的那些干扰障碍的约束"，还是"通过自我规定和自我控制而实现的个人自主性"——对个人自由的这些全新的限制都会带来一幅全新的值得审视的伦理图景（Berlin 1969）。我们一方面发现，劝导设备帮助我们摆脱了身体的可错性和脆弱性（消极自由），并且通过建立一种支持个人选择偏好的环境，为我们带来了更多的自主性和自力更生的能力（积极自由）。然而另一方面，这些设备也强化了现有的社会规范，这些规范会影响到我们关于自己身体和环境的私人选择；在这个意义上，它们也固化了那些用来限制消极自由的社会规范和社会价值。与此类似，这些技术也妨碍了我们表达自主性和自由选择的能力，因为这些选择已经被预先决定和编程进了设备之中，在这个意义上它们也抑制了人类社会改变、发展和成长的空间。

本章的最后一个小节将考察，劝导设备促进的这种独特的人与科技的关系是否带来了一些全新的伦理挑战；如果是的话，这些挑战又

233

是什么。我们应当指出的第一个重要变革是空间上的，而且为关于自由的讨论提供了一个全新的语境。这一变革的新颖之处就在于，它把自由选择和自由行动的问题放在私人空间而不是公共空间，并且以一种全新的方式让我们看到，自由和隐私在某种意义上是矛盾和对立的。

我们传统上把隐私（privacy）看作一种赋权手段，允许人们对自己信息的公开和传播有掌控能力。就它可以使得人们能够拒绝侵扰并且维护了人们在物理空间上独处的权利而言，隐私显然是有益的。隐私是一种强化主体的身份、独立性和界限的手段。"隐私至关重要，因为它提供了一个抵抗国家和企业强大支配力量的空间。"（Hayles 2009，p. 313）然而随着智能劝导设备收集和存储了大量用户数据，了解用户的消费、卫生、健康、劳动、个人安全、娱乐等各种习惯，这些设备创造了海量数据和事实；当这些单纯的数据经过处理和解释变得有用和有意义之后，数据（data）就变成了信息（information；Introna 1997）。

由科技实现的信息整合慢慢超越了对现实的精确量化，而开始对感知现实、构建现实的方式造成影响。换句话说，信息具备了能动性（agential capacity）。[1] 随着智能环境逐步走向信息化环境的建立，不仅隐私的边界会由于私人信息数据的外流被摧毁，这些全新的信息还会塑造和重构个体空间中的实践。举例来说，如果药物摄取量和饮食习惯的信息被智能设备收集，这些信息——以及全新的信息源和知识形

---

1 例如在工作场所中，薪水信息就是保密的。人们担心这类信息一旦公开，就必然会影响和导致职场隔离（workplace segregation），并导致对社会地位获取产生变化。

态——一旦被医保公司获得，就可能会迫使用户改变自己的习惯。这样一来，信息不再是个体能控制的私人空间，也不再是个人自主性和自由的场所，而是会变成塑造和影响个体在私密空间中日常行为方式的手段。隐私空间不仅不能成为隐居和抵抗的场所，它反而由于创造了大量信息而成为暴露和服从的场所。

随着新的科技渗透进日常生活空间，这种正在发生的全新语境不仅与自由相关。这些科技还对伦理空间进行了重新定位（re-siting），使得日常生活中那些平平无奇的例行决定开始具有伦理意义。开灯、锁门、决定吃什么、怎么开车、记得服药——这些行为可不是传统意义的伦理学关注的困境。恰恰相反，这些行为是最透明和最容易被忽视的，而那些更重要的伦理问题则建立在这些行为的基础之上。其中的重点不是我们锁没锁门，而是"我们对个人安全享有的权利是否会损害别人的权利"，或者"我们个人或政府在多大程度上要为个人安全负责"这些问题。然而上述分析向我们展示的是，一旦我们开始考虑智能科技在自由选择和自由行动上带来的改变，曾经被看作不重要的行为就会登上伦理舞台。那些看上去无关痛痒的行为会被伦理的眼睛打量；那些我们之前从来不需要思考的自发行为，随着我们根据特定的标准为设备编程或安装特定设备来达到预期结果（节能、促进锻炼等等），都会变成需要仔细考量的事情。一旦科技试图渗入或取代某些日常行为，这些行为就会开始吸引我们的注意力，从而奠定全新的伦理考量领域：把室内温度设置成高于推荐温度会有什么后果？谁应该为那些暴饮暴食和不锻炼的人造成的医疗开支负责？如果我故意无视智能汽车发出的系安全带的提示，我遇到交通事故时会不会被拒赔？

234

当日常生活中这些习惯行为也具有了伦理意义之后，让科技设备在我们的私人领域展开决策和行动意味着什么呢？与哄劝和强迫机制类似，劝导性科技也同样坐落于行为和预期结果的裂缝之间，或意向和结果的裂缝之间。把我的愿望和我的实际行为关联起来确实很有挑战性，而这些设备的存在正是弥合这个不可跨越的裂缝的一种尝试。与其反复纠结对抗，想尽办法让行为符合意向，不如让劝导设备确保我们做出期待中的行为——就算你对此缺乏动机和道德推动力也无所谓。用户再也不会受自己没有能力达到预先设定的目标这件事的困扰，然而科技所剥夺的并非"正确行动"的机会，而是在意向导致行动的那一刻"**想要**正确行动"的机会。[1]

从这个方面讲，用科技手段来引导用户作出正确行为，或者干脆让智能设备替用户做出正确行为，这导致了用户个体的动机在道德上被边缘化的状况。虽然动机结构的缺失未必会影响最终的道德结果，但这会让我们怀疑行动者的美德品质（virtuousness）。实际上，正是亚里士多德提出了外在表现和内在状态之间的区分，从而允许一个行为既是正确的，但又不一定是有美德的："正义并且节制的人不仅做了正确的行为，而且还是以正义或节制的人们做事的方式做了这些行为。"（Aristotle 1999，1105b7-9）对亚里士多德来说，美德意味着养成习惯（habituation），也就是通过不断的实践来学习做正确的行为（同上，1103b21-5），并且享受着行为的过程。亚里士多德引用了爱内努

1　这里的翻译稍显拗口。作者的意思是，尽管劝导性科技保证了正确的行为一定会实现，但它使得我们的意向不再具有因果意义上的贡献。以系安全带为例，如果我即便不想系安全带也会因为忍受不了烦人的提示音而被迫系好安全带，那么我的意向和想法自然就不再重要了。——译者注

斯（Eunenus）的话："习惯……就是长时间的训练……最后它就成了人的自然本性"（同上，1152a33-5），所以如果"性格是不断重复相似活动的结果"（同上，1103b21-2），那么被哄劝着做正确的行为或由科技来做正确的行为，不仅不是行动者有美德的标志，甚至还可能使得用户原则上无法成为有美德的人，因为用户既不是自愿做有美德的行为，也没有享受这个过程。当我们节约能源的时候，我们真的考虑过环境可持续性的问题吗？当我们遵守智能汽车的指示时，我们真的在乎其他司机的安全吗？如果我们还觉得意向是有重要意义的，那么劝导设备将有可能让我们偏离这些意向，并带来一些道德上令人担忧的后果。

当智能汽车禁止司机超速或者在醉酒状态下禁止启动汽车的时候，尤其当意料之外的事故发生时，我们应该如何进行责任归属？当个人自主性严重受限的时候，我还要为智能设备替我下的决定负责吗？当劝导科技的用户是被哄劝着做出某个行为时，他的责任是否比没有被哄劝的时候更小呢？弗罗里迪和桑德斯（Floridi and Sanders 2004）给出了一个可能的回答。他们提出了一种"无责任道德"（a-responsible morality）的概念，这种概念让结果导向的智能设备有能力导致"正确"结果，但无需对实现过程负责。根据他们对归责（accountability）的理解，在使用智能设备时，我们要区分道德施动性（moral agency）和行为能动性（action agency），他们的结论是，即使用户没必要真的做出伦理行为，也仍然需要负责任。他们提出的模型在接受了"是智能设备在引导正确的结果"的同时，仍然把责任划归到人类一方，并在这个意义上允许一个"没有自由意志、心灵状态和责任的道德行动者"的存在。无责任道德意味着即使我没有选择做某个行为，我也要为这个行为负责。在这个意义上，它割断了欲望、选择、自由行动能力与对欲望、选择、行动的责任之间的直觉上成立的联系。

一些学者（例如 Coeckelbergh 2009）提供了新的论证，认为弗罗里迪和桑德斯降低了道德施动性的门槛。但不管我们是否接受他们关于有责任道德（人类）和无责任道德（科技设备）之间的区分，我们仍然会发现，我们正在讨论的是一种超越了人类中心主义的伦理学，这种伦理学的范围也远远超越了人际交互的领域。社交机器人学的劝导设备不仅是意愿的延伸，而且还是引导或实现预先设定的行为模式的工具。它们主动确保特定的结果得以实现，并在这个意义上，虽然没有施加外部限制，仍然影响了人们自由选择的能力。不仅如此，它们还界定了理性考量的边界，在提供一些选项的同时消灭了其他选项，从而可能让用户在必须行动的那一刻没有办法作出正确或错误的行动。劝导性科技尽管有时只涉及琐碎和不重要的考量，但它们在本质上就和道德话语绑定在一起，因此不应该被看作某种道德上中立的或与伦理考量无关的东西。

236

参考文献

Aristotle. 1999. *Nicomachean Ethics*. Translated by Terence Irwin. 2 ed. Indianapolis, Cambridge: Hackett Publishing Co.

Berlin, I. 1969. "Two Concepts of Liberty." In *Four Essays on Liberty*, 118-72. Oxford: Oxford University Press.

Bovens, L. 2009. "The Ethics of Nudge." In *Preference Change: Approaches from Philosophy, Economics and Psychology*, edited by Till Grüne-Yanoff and Sven Ove Hansson, 207-19. Dordrecht: Springer Netherlands. doi: http://dx.doi.org/10.1007/978-90-481-2593-7.

Coeckelbergh, M. 2009. "Virtual Moral Agency, Virtual Moral Responsibility: On the Moral Significance of the Appearance, Perception, and Performance of Artificial Agents." *AI & Society* 24(2): 181-9. doi: http://dx.doi.org/10.1007/s00146-009-0208-3.

Cook, D.J. and M. Yongblood. 2004. "Smart Homes." In *Berkshire Encyclopedia of Human-Computer Interaction: When Science Fiction Becomes Science Fact*, edited by William Sims Bainbridge, 623-7. Great Barrington: Berkshire Publishing Group.

Dworkin, G. 1988. *The Theory and Practice of Autonomy, Cambridge Studies in Philosophy*. Cambridge: Cambridge University Press.

Feinberg, J. 1973. "The Idea of a Free Man." In *Educational Judgments: Papers in the Philosophy of Education*, edited by James F. Doyle. London and Boston: Routledge & Kegan Paul.

Floridi, L. and J.W. Sanders. 2004. "On the Morality of Artificial Agents." *Minds and Machines* 14(3): 349-79. doi: http://dx.doi.org/10.1023/B:MIND.0000035461.63578.9d.

Fogg, B.J. 2009. "A Behavior Model for Persuasive Design." Proceedings of the 4th International Conference on Persuasive Technology, Claremont, California, USA. doi: http://dx.doi.org/10.1145/1541948.1541999.

Foucault, M. 1978. *History of Sexuality*. Translated by Robert Hurley. Vol. 1. New York. Original edition, 1976.

Foucault, M. 1982. "The Subject and Power." *Critical Inquiry* 8(4): 777-95. doi:

社交机器人：界限、潜力和挑战
Social Robots: Boundaries, Potential, Challenges

http://dx.doi.org/10.1086/448181.

Foucault, M. 1995. *Discipline and Punish: The Birth of the Prison*. Translated by Alan Sheridan. New York: Vintage Books.

Foucault, M. 1997. "Ethics: Subjectivity and Truth." In *The Essential Works of Michel Foucault 1954-1964, Volume 1*, translated by Robert Hurley, edited by Paul Rabinow. London: Penguin Press.

Frankfurt, H.G. 1971. "Freedom of the Will and the Concept of a Person." *The Journal of Philosophy* 68(1): 5-20. doi: http://dx.doi.org/10.2307/2024717.

Frankfurt, H.G. 1978. "The Problem of Action." *American Philosophical Quarterly* 15(2): 157-62.

Hausman, D.M. and B. Welch. 2010. "Debate: To Nudge or Not to Nudge." *Journal of Political Philosophy* 18(1): 123-36. doi: http://dx.doi.org/10.1111/j.1467-9760.2009.00351.x.

Hayles, K.N. 2009. "Waking up to the Surveillance Society." *Surveillance & Society* 6(3): 313-6.

Homer. 2000. *Odyssey*. Translated by Stanley Lombardo. Indianapolis, IN: Hackett Publishing Company.

Introna, L.D. 1997. "Privacy and the Computer: Why We Need Privacy in the Information Society." *Metaphilosophy* 28(3): 259-75. doi: http://dx.doi.org/10.1111/1467-9973.00055.

Jen-Hao, C., P.P-Y. Chi, C. Hao-Hua, C.C-H. Chen, and P. Huang. 2010. "A Smart Kitchen for Nutrition-Aware Cooking." *IEEE Pervasive Computing* 9(4): 58-65. doi: http://dx.doi.org/10.1109/MPRV.2010.75.

Jonas, H. 1984. *The Imperative of Responsibility: In Search of an Ethics for the Technological Age*. Chicago, IL: University of Chicago Press.

Kamm, F. 2009. "What Is and Is Not Wrong with Enhancement?" In *Human En-

hancement, edited by Julian Savulescu and Nick Bostrom, 91-130. Oxford: Oxford University Press.

Korsgaard, C.M. 2008. "The Normativity of Instrumental Reason." In *The Constitution of Agency: Essays on Practical Reason and Moral Psychology*, 27–68. Oxford: Oxford University Press. doi: http://dx.doi.org/DOI:10.1093/acprof:oso/9780199552733.003.0002.

Latour, B. 1992. "Where Are the Missing Masses? The Sociology of a Few Mundane Artifacts." In *Shaping Technology/Building Society: Studies in Sociotechnical Change*, edited by Wiebe E. Bijker and John Law, 225-58. Cambridge, MA: MIT Press.

Markoff, J. and S. Sengupta. 2013. "Drivers with Hands Full Get a Backup: The Car." *The New York Times*, January 12, Science. Accessed January 29, 2015. http://www.nytimes.com/2013/01/12/science/drivers-with-hands-full-get-a-backup-the-car.html?pagewanted=all.

Nagel, T. 2011. "David Brooks' Theory of Human Nature." *New York Times*, March 11, Sunday Book Review. Accessed January 29, 2015. http://www.nytimes.com/2011/03/13/books/review/book-review-the-social-animal-by-david-brooks.html?pagewanted=all&_r=1.

Rodilla, S.V. 1998. "Programmable Monitoring Device for Electric Consumption." Google Patents Accessed May 2015. http://www.google.com.ar/patents/WO1998050797A1?cl=en.

Rousseau, J-J. 1987. *On the Social Contract*. Translated by Donald A. Cress. Indianapolis, IN: Hackett Publishing Company.

Sandel, M.J. 2004. "The Case against Perfection: What's Wrong with Designer Children, Bionic Athletes, and Genetic Engineering." *The Atlantic*, April.

Schnellenbach, J. 2012. "Nudges and Norms: On the Political Economy of Soft

Paternalism." *European Journal of Political Economy* 28(2): 266-77. doi: http://dx.doi.org/10.1016/j.ejpoleco.2011.12.001.

Thacker, E. 2003. "Data Made Flesh: Biotechnology and the Discourse of the Posthuman." *Cultural Critique* (53): 72-97.

Thaler, R.H. and C.R. Sunstein. 2003. "Libertarian Paternalism." *American Economic Review* 93(2): 175-9. doi: http://dx.doi.org/10.1257/000282803321947001.

Thaler, R.H. and C.R. Sunstein. 2008. *Nudge: Improving Decisions About Health, Wealth, and Happiness*. New Haven, CT: Yale University Press.

译后记

2018 年 6 月底，我接到了 *Social Robots: Boundaries, Potential, Challenges* 一书的翻译邀请。最初我有些顾虑，不知道要不要接受这个挑战。虽然我有着不错的哲学专业背景，但毕竟对人工智能和社交机器人学的了解几乎为零。我能胜任这样一本交叉学科领域论文集的翻译工作吗？一开始我心里完全没底。花了一周左右通读全书之后，我决定作出这次尝试。首先，这本书虽然是一本严谨专业的学术论文集，但绝对称得上"深入浅出"，我有信心将作者们的洞见传达给中文世界的读者。其次，当时我即将前往美国开始在哥伦比亚大学的哲学博士项目，对尚未确定研究方向的我来说，翻译这本书也可以拓宽研究视野。在翻译期间，我对人工智能伦理这个新兴学科的刻板印象——问题域过窄，只是套用现成理论，缺乏有深度的分析——也彻底消失了。

从哲学研究上讲，这本论文集和人工智能伦理这一学科有三个非常独特的地方：

1. 我们在思考"机器人在什么意义上还不是人"的时候，也必然地在思考"到底什么才是人"。当机器人可以逼真地模仿人类的外观，可以和人类进行主观上无法区分的交互行为，甚至几乎可以胜任生活伴侣这样的角色时，我们为什么仍然感到犹豫，总觉得它们还差了点儿什么，不愿意承认它们为合法的社交成员？我们这时其实是在思考，到底是什么构成了人之为人和人类交往的本质？对人之为人而言，如果最重要的不是使用语言、使用工具、对外部世界的感知、进行复杂的逻辑推理等这些能力，那到底是什么呢？本书的作者们回答道：是舒茨所谓的"主体间理解能力"，是新情感主义者所谓的"归属道德情感的能力"，是美德伦理学家所谓的"滋养美德的能力"等。人工智能伦理看似在试图理解机器人，但实际上是在重新理解人本身。

2. 与传统意义的哲学分支不同，人工智能伦理有很强的"拿来主义"倾向。实话实说，很多职业哲学家（也包括曾经的我）都对自己研究领域之外的哲学分支嗤之以鼻。中国哲学学者和西方哲学学者相互鄙夷，欧陆哲学家嘲讽分析哲学琐碎无聊，分析哲学家嘲讽欧陆哲学自说自话……这些门户之见对推进哲学研究毫无帮助。而我惊讶地发现，这本论文集恰恰展示了一种健康和良性的哲学共同体的工作方式。在这本书中你可以见到海德格尔、舒茨、列维纳斯的现象学理论，也可以见到达米特、布兰顿等分析哲学家的断言理论，甚至还有佛教哲学、性别研究这些被主流学界相对边缘化的理论资源。这样一个让不同哲学资源多元碰撞的领域不仅难得，也是一种强调合作而非对立的哲学学术研究的范例。

3. 黑格尔在《法哲学原理》序言中说："密涅瓦的猫头鹰在黄昏时才悄然起飞。"在黑格尔看来，哲学是对世界的概念性反思，因此只有在世界已然形成之后才能开始。哲学作为一种反思性活动，总是比它反思的对象来得更晚。但在人工智能伦理这个学科上，我们第一次有了例外。哲学家第一次有机会在反思的对象——成熟的社交机器人——被建立之前，先去思考它的意义、风险和影响。这一次，哲学家不再仅仅试图理解已经形成的现实，而是以哲学反思的方式介入社交机器人的设计和监管，去参与构建正在生成的现实。这种参与是否意味着哲学可以有更直接的现实意义？其他哲学分支在未来是否也会有类似的机会？让我们拭目以待。

我在刚开始翻译的一段时期，经常与我的同学和朋友张英飒分享翻译的体会和喜悦。我把第一章的译稿拿给她看之后，她提了很多中肯的修改建议，对我的帮助很大。我便邀请她与我合译，她欣然同意。本书的第一部分和第三部分由我翻译，第二部分由张英飒翻译。我们各自完成译稿后，交给对方修改校对。翻译中的一切错误由我们共同负责。

感谢我在硕士期间的导师刘哲老师的信任和推荐，否则我们不会有机会承担这本书的翻译。感谢北大出版社的田炜老师对我们的耐心帮助。

柳　帅

2021 年 10 月 16 日于北京

.